O'Reilly精品图书系列

混沌工程

复杂系统韧性实现之道

[美] Casey Rosenthal Nora Jones 著

吾真本 黄帅 译

Beijing • Boston • Farnham • Sebastopol • Tokyo O'REILLY®

O'Reilly Media, Inc. 授权机械工业出版社出版

机械工业出版社
CHINA MACHINE PRESS

图书在版编目（CIP）数据

混沌工程：复杂系统韧性实现之道 / (美) 凯西 · 罗森塔尔（Casey Rosenthal），(美) 诺拉 · 琼斯（Nora Jones）著；吾真本，黄帅译 . -- 北京：机械工业出版社，2021.5（2024.1 重印）

（O'Reilly 精品图书系列）

书名原文：Chaos Engineering: System Resiliency in Practice

ISBN 978-7-111-68273-8

I. ①混… II. ①凯… ②诺… ③吾… ④黄… III. ①分布式计算机系统 – 系统工程 IV. ① TP338.8

中国版本图书馆 CIP 数据核字（2021）第 086776 号

北京市版权局著作权合同登记

图字：01-2020-6448 号

书　　名 / 混沌工程：复杂系统韧性实现之道

书　　号 / ISBN 978-7-111-68273-8

责任编辑 / 王春华，李忠明

封面设计 / Karen Montgomery，张健

出版发行 / 机械工业出版社

地　　址 / 北京市西城区百万庄大街 22 号（邮政编码 100037）

印　　刷 / 北京建宏印刷有限公司

开　　本 / 178 毫米 ×233 毫米　16 开本　16 印张

版　　次 / 2021 年 6 月第 1 版　2024 年 1 月第 3 次印刷

定　　价 / 119.00 元（册）

客服电话：(010) 88361066　68326294

O’Reilly Media, Inc.介绍

O’Reilly以“分享创新知识、改变世界”为己任。40多年来我们一直向企业、个人提供成功所必需之技能及思想，激励他们创新并做得更好。

O’Reilly业务的核心是独特的专家及创新者网络，众多专家及创新者通过我们分享知识。我们的在线学习（Online Learning）平台提供独家的直播培训、图书及视频，使客户更容易获取业务成功所需的专业知识。几十年来O’Reilly图书一直被视为学习开创未来之技术的权威资料。我们每年举办的诸多会议是活跃的技术聚会场所，来自各领域的专业人士在此建立联系，讨论最佳实践并发现可能影响技术行业未来的新趋势。

我们的客户渴望做出推动世界前进的创新之举，我们希望能助他们一臂之力。

业界评论

“O’Reilly Radar博客有口皆碑。”

——*Wired*

“O’Reilly凭借一系列非凡想法（真希望当初我也想到了）建立了数百万美元的业务。”

——*Business 2.0*

“O’Reilly Conference是聚集关键思想领袖的绝对典范。”

——*CRN*

“一本O’Reilly的书就代表一个有用、有前途、需要学习的主题。”

——*Irish Times*

“Tim是位特立独行的商人，他不光放眼于最长远、最广阔的领域，并且切实地按照Yogi Berra的建议——如果你在路上遇到岔路口，那就走小路——去做了。回顾过去，Tim似乎每一次都选择了小路，而且有几次都是一闪即逝的机会，尽管大路也不错。”

——*Linux Journal*

译者序

在敏捷软件开发领域，质量内建是一项广受欢迎的实践活动。这种将质量意识贯彻到软件开发各个环节，从而节省返工成本的做法，其本质就是“预防为主”。但片面强调“预防为主”会给人一个错觉，那就是软件系统的任何故障都可以通过“预防”来解决。基于这个错觉，一旦出现了线上事故，那么人们首先就会责备开发、测试和运维人员，因为他们“不能也不该出现失误”。像“绝不能将任何风险引入生产环境”这样的口号，只是人们美好的愿望。“暗债本固有”的客观事实，大家都心知肚明。

在云原生和微服务这些复杂系统盛行的年代，必须承认，一个人的大脑无法承载分布式系统的全部细节。每个人对系统的理解都存在差异，加上沟通时发生的信息损耗，当他们合作开发软件时，就必然会产生不可预知的“暗债”。

然而，这些只是我们所开发的系统的内部暗债。更可怕的是外部暗债，它们潜伏在我们的系统所依赖的外部系统和网络环境中。由于在我们的控制之外，这些外部暗债更难以预测，所以它们“不按常理出牌”就再自然不过了。

我们虽然能凭借“软件测试”和“故障演练”来提升软件质量，但这种经常采用固定测试用例和相同演练流程的手段，却让软件系统在生产环境中无法应对来自外部暗债“不按常理出牌”的种种“恶毒”考验，比如本应通畅的网络出现了延迟，本应能正常写入的磁盘被写满了，本应理智的用户不知为何开始疯狂地反复单击“提交”按钮……

我们就生活在这种充满了非线性和不确定性的世界中。

“预防为主”固然很好，但因为“人无完人”，所以“暗债”必然会产生。而其不可预知的特点导致无法做到“预防暗债”。

让我们重温一下“面向恢复的计算”所信奉的观点：

- 无论在硬件方面还是软件方面，系统失效都是不可避免的。
- 建模和分析永远都不会足够完备，用推导的方法预测所有系统失效方式是不可能的。

- 人的行为是系统失效的主要原因。

这种论断可能太悲观了。面对复杂系统中无法预知和预防的“暗债”，我们还能做什么？

我们可以做下面三件事：

- 承认“暗债本固有”。
- 发现故障时修复要快。
- 随时树立起警示牌。

下次云平台发生故障，我期望能看到这样的故障说明：“我们要为该故障树立起警示牌，并提升故障的发现和修复速度，最终达到在用户尚未察觉的情况下快速发现并修复故障。”

在承认“暗债本固有”的前提下，设计安全的方法来做“不按常理出牌”的实验，以考验软件系统的稳定性，以促进快速发现和修复故障，从而有效地对“预防为主”的质量内建进行补充。

这种工程实践就是混沌工程。

吾真本

目录

前言

谨以此书献给“老伙计”David Hussman[译注1]。正是他最初带来了星星之火，才让混沌工程社区渐成燎原之势。

混沌工程已然腾飞。在各个垂直领域，成千上万的各种类型和规模的公司都将混沌工程作为核心实践，以使公司的产品和服务更安全、更可靠。虽然相关主题的资源（尤其是会议演讲）十分丰富，但都无法描绘混沌工程的全貌。

Nora 和 Casey 着手编写了这本完整讨论混沌工程的书。因为整个行业都在广泛实践混沌工程，而且该学科也在不断地发展，所以编写本书并不轻松。本书会展现混沌工程背后的历史，讨论奠定混沌工程基础的理论、定义和原则，研究整个软件行业实现混沌工程的方式，分析传统软件无法企及的示例，以及混沌工程实践的未来。

排版约定

本书中使用以下排版约定：

斜体（*Italic*）

表示 URL、电子邮件地址、文件名和文件扩展名。

等宽字体（`Constant width`）

用于程序清单，以及段落中的程序元素，例如变量名、函数名、数据库、数据类型、环境变量、语句以及关键字。

译注 1：敏捷教练 David Hussman 创造了“老伙计定律”（Dude’s Law）——Value = Why / How，即如果想要提升价值，那么首先可以设法让 Why 尽量增大，然后让 How 尽量简单。所以作者在此处使用了“老伙计”的称呼。

O'Reilly 在线学习平台（O'Reilly Online Learning）

40 多年来，O'Reilly Media 致力于提供技术和商业培训、知识和卓越见解，来帮助众多公司取得成功。

我们拥有独一无二的专家和革新者组成的庞大网络，他们通过图书、文章、会议和我们的在线学习平台分享他们的知识和经验。O'Reilly 的在线学习平台允许你按需访问现场培训课程、深入的学习路径、交互式编程环境，以及 O'Reilly 和 200 多家其他出版商提供的大量文本和视频资源。有关的更多信息，请访问 *http://oreilly.com*。

如何联系我们

对于本书，如果有任何意见或疑问，请按照以下地址联系本书出版商。

美国：

O'Reilly Media，Inc.

1005 Gravenstein Highway North

Sebastopol，CA 95472

中国：

北京市西城区西直门南大街 2 号成铭大厦 C 座 807 室（100035）

奥莱利技术咨询（北京）有限公司

要询问技术问题或对本书提出建议，请发送电子邮件至 *bookquestions@oreilly.com*。

本书配套网站 *https://oreil.ly/Chaos_Engineering* 上列出了勘误表、示例以及其他信息。

关于书籍、课程、会议和新闻的更多信息，请访问我们的网站 *http://www.oreilly.com*。

我们在 Facebook 上的地址：*http://facebook.com/oreilly*

我们在 Twitter 上的地址：*http://twitter.com/oreillymedia*

我们在 YouTube 上的地址：*http://www.youtube.com/oreillymedia*

致谢

本书就像任何大部头一样，有无数的人在幕后奉献了宝贵的时间、精力和情感。我们在此感谢所有提供帮助的人。正是由于你们的付出，我们才得以完善本书的内容构思，让本书顺利付梓。

很荣幸能与O'Reilly的优秀编辑和工作人员一起工作。Amelia Blevins、Virginia Wilson、John Devins和Nikki McDonald都为本书做出了很大贡献。从许多方面来说，Amelia和Virginia对本书所付出的努力一点也不比作者少。

感谢以下审校者的倾情奉献：Will Gallego、Ryan Frantz、Eric Dobbs、Lane Desborough、Randal Hansen、Michael Kehoe、Mathias Lafeldt、Barry O'Reilly、Cindy Sridharan和Benjamin Wilms的评论、建议和更正极大地提高了本书的质量，加深了我们对这一复杂领域的理解，促使我们在工作中进行更多的研究。本书是大家协作的结晶，并通过审校工作得到了升华。

我们在此衷心感谢本书各篇章的作者——John Allspaw、Peter Alvaro、Nathan Aschbacher、Jason Cahoon、Raji Chockaiyan、Richard Crowley、Bob Edwards、Andy Fleener、Russ Miles、Aaron Rinehart、Logan Rosen、Oleg Surmachev、Lu Tang和Hao Weng。显然，你们每个人对本书的贡献都是必不可少的。没有你们，就没有本书。

感谢David Hussman、Kent Beck和John Allspaw。谨以此书献给David。他鼓励我们跳出硅谷，在更广的范围传播混沌工程。在很大程度上，正是由于他的支持和鼓励，混沌工程才能实际落地，立足于软件工程界的学科之林。同样，Kent Beck鼓励我们扩大混沌工程的影响，以转变人们构建、部署和运维软件的方式。John Allspaw鼓励我们在瑞典隆德大学学习人因学和系统安全，为我们提供了解释混沌工程基础的语言。他向我们介绍了韧性工程[译注2]领域。该领域已被证明是混沌工程的基础，并且可帮助我们在观察社会技术系统（例如大规模部署的软件）时，发现安全问题（包括可用性和安全性）。在隆德大学学习期间，所接触的讲师和同人也深刻地影响了我们的思想，尤其是Johan Bergstrom和Anthony "Smokes" Smoker。

我们衷心感谢上述所有人。在你们的影响下，我们更有勇气来推动混沌工程前进。你们所做的贡献，我们会永远铭记。

译注2：我们将Resilience Engineering译作韧性工程，也有人译作"弹性工程"。

导言：混沌工程的诞生

在软件开发领域，混沌工程仍然是相对较新的学科。本节会回顾一下混沌工程的历史，从其初创，一直到如今以某种形式纳入所有主流行业。在过去的 3 年中，问题已经从“我们应该进行混沌工程吗？”转变为“开展混沌工程的最佳方式是什么？”。

其实，这门新生学科的历史已经解释了如何从上面的第一个问题过渡到第二个问题。除了讲清各个故事的时间和事实，我们更想讨论这些故事是如何产生的，以便了解故事为何以这种方式展开，以及该如何从中学习，以从混沌工程中获取最大价值。

故事始于 Netflix 公司。该公司当年成立混沌工程团队并开始传播混沌工程理念时，本书的两位作者 Casey Rosenthal（*https://oreil.ly/FE9EE*）和 Nora Jones（*https://oreil.ly/Rx9-1*）就已经身在其中[注1]。Netflix 首先在实践中发现了混沌工程真正的商业价值。后来人们看到了这一点，接着社区成长了起来，并将混沌工程传播到整个技术领域。

管理理念即代码

2008 年，Netflix 对外宣布[注2]，将其基础设施从数据中心迁移到云平台。起因是那年 8 月，该公司数据中心发生了一起重大的数据库故障，导致 Netflix 连续 3 天无法为用户邮寄 DVD。这发生在流媒体视频服务普及之前，当时为用户邮寄所租赁的 DVD 是 Netflix 的主要业务。

那次故障后，Netflix 反思系统架构，认为数据中心内的大型数据库和垂直伸缩的组件等导致了单点故障。而如果迁移到云平台，势必会使用具有水平伸缩功能的组件，从而能

注 1：Casey Rosenthal 在 Netflix 公司组建了混沌工程团队，并管理了该团队 3 年。Nora Jones 在该团队成立早期就以工程师和技术负责人的身份加入了团队，负责有关工具构建和实施的重要架构决策。

注 2：参见 Yury Izrailevsky、Stevan Vlaovic 和 Ruslan Meshenberg 于 2016 年 2 月 11 日在 Netflix Media Center 上发表的文章“Completing the Netflix Cloud Migration”（*https://oreil.ly/c4YTI*）。

够减少单点故障。

然而事实并未如愿。一方面，数据中心完全迁移到云平台总共花了 8 年时间。另一方面，具有水平伸缩功能的云部署并没有如期增加流媒体服务的正常运行时长[注3]。

究其原因，是因为在 2008 年，AWS（Amazon Web Services）的成熟度要比现在低。那时的云计算既不是一种成熟的商品，也不是如今司空见惯的默认部署方式。那时的云服务确实有很多问题，而其中之一就是实例[注4]有时会突然消失，且不会发出警告。而数据中心很少会出现这种形式的故障，因为功能强大的大型机器绝不会无故消失，并且特定机器的种种特性也是一清二楚的。但在云环境中，与数据中心大型机器相匹配的运算能力会分配到许多小型的标准化商用机器上，所以上述问题会经常出现。

当然，众所周知有很多方法可以用来构建更有韧性的系统，以抵御这种形式的故障。比如，下面几种常见的实践可以帮助系统自动抵御某些组件的意外失效：在集群中增加冗余节点，通过增加节点数量并降低每个节点的相对处理能力来限制故障的范围，在不同的地区部署冗余节点，自动进行容量伸缩和服务发现，等等。然而，具体使用哪种方法其实并不重要。因为不同系统的上下文对应的具体方法各不相同。当时最重要的是必须要将这些方法落地。由于上述实例不稳定事件的发生频率很高，当时 Netflix 的流媒体服务面临可用性下滑的问题。所以在某种程度上，这比之前单点故障的影响还要恶劣。

幸运的是，Netflix 积极倡导一种独特的文化理念。而这种文化理念源自该公司独特的管理理念。这体现在 Netflix 为解决上述可用性下滑问题所采取的几种做法中，例如：

- 只聘用有过岗位相关经验的高级工程师。
- 给所有工程师充分的自由去做任何必要的事情来完成工作，以及承担相应后果的责任。
- 至关重要的是信任一线工程师，并由他们来决定工作的完成方式。
- 管理层不会告诉工程师该怎么做，而是确保工程师了解需要解决的问题。然后，工程师告诉管理层他们计划如何解决这些问题，并着手解决。
- 高绩效团队之间认同一致，松散耦合。这意味着，如果不同团队都拥有相同的目标，则在过程、沟通或管理上就无须花费太多精力。

这种管理层与工程师之间有趣的作用力促成了 Netflix 的高绩效文化，并且对混沌工程的发展产生了深远的影响。由于管理层不会告诉工程师该怎么做，因此 Netflix 基本没有任

注 3：在本书中，我们通常用系统“正常运行时长”来表示系统的可用性。

注 4：在基于云的部署中，“实例”（instance）类似于先前行业术语中的虚拟机或服务器。

何机制让任何个人、团队或组织来告诉工程师该如何编写代码。尽管可以写下几种常用的模式来将服务编写得足够健壮，以解决实例无故消失的问题，但 Netflix 仍无法向整个工程组织发出命令，要求每个人都遵循这些模式。

Netflix 必须另辟蹊径。

混沌猴诞生

为了解决上述问题，Netflix 的工程师尝试了许多方法。但能起作用且保留下来的只有一种方法——混沌猴（Chaos Monkey）。这个应用非常简单，它会遍历集群列表，然后从每个集群中随机选择一个实例，在上班时间的某个时间点将其关闭且不会发出警告。每个工作日，它都会执行上述操作。

这听起来很残酷，但其目的并不是让人们感到沮丧。运维工程师知道，无论如何，实例无故消失这种故障随时都将会在每个集群上发生。混沌猴为他们提供了一种方法，可以主动测试每个人对故障是否具有韧性。而在上班时间进行测试，能使人们可以在资源充足的情况下应对任何潜在的后果。反之，如果在凌晨 3 点进行测试，则那时的值班寻呼机通常都处于关闭状态。而将频率设定为每天一次，就能像回归测试一样，确保人们应对这种故障模式的韧性不会退步。

但根据 Netflix 的内部传说，混沌猴并没有立即流行起来。曾有短暂的一段时间，混沌猴让工程师怨声载道。但它看起来还是可行的，因此最终被越来越多的团队所采用。

可以从另一个角度来看待上述现象。针对无故消失的实例损害了服务可用性这个棘手问题，混沌猴的做法是直接将问题摆在工程师面前。而一旦问题就在眼前，工程师就会做他们最擅长的事情——解决问题。

实际上，如果混沌猴每天都会关闭服务，那么工程师只有解决了这个问题才能做其他工作。为解决问题，他们也许增加了冗余，也许做了自动化的容量伸缩，也许使用了架构层面的设计模式。具体用哪种方法解决问题并不是关键。关键在于，问题都以某种方式得到了快速的解决，并获得了可观的成效。

这印证了 Netflix 文化的“认同一致，松散耦合”的宗旨。混沌猴迫使每个人都一致认同提升系统的健壮性以应对无故消失的实例，同时又在如何解决这个问题上表现得松散耦合，因为公司并没有提出具体的解决方案。

混沌猴将管理理念通过运行的代码体现出来。其背后的概念不仅独特，还有点古怪，因此 Netflix 为此写了一篇博客。混沌猴由此成为一个受欢迎的开源项目，甚至成为一种招聘工具，因为它向潜在的候选人描绘了 Netflix 拥有创造性的软件工程文化，而不仅仅是一家娱乐公司。简而言之，混沌猴成功了。它开创了这种甘冒风险且富有创意的解决方案的先例，并使其成为 Netflix 文化特征的一部分。

光阴荏苒，时间到了 2012 年 12 月 24 日，圣诞节前夕[注5]。这一天，AWS 的 ELB（Elastic Load Balancer，弹性负载均衡器）不断遭遇停机。这些组件本应将请求连接起来，并将流量路由到部署了服务的计算实例上。但由于 ELB 出现故障，因此无法处理这些请求。由于 Netflix 的控制平面运行在 AWS 上，因此用户无法选择并观看流媒体视频。

在这一天出现故障真是太糟糕了。在平安夜，Netflix 早该成为此刻的焦点，因为那些 Netflix 的早期用户会向其大家庭展示通过互联网进行电影的流媒体播放是何等容易。但此时此刻，亲朋好友只能干巴巴地聊天，而无法欣赏 Netflix 的精彩影片。

而在 Netflix 内部，故障让工程师深陷痛苦。这对公司的公众形象和工程师文化的自豪感都造成了沉重打击，而且没有人喜欢被值班寻呼机发出的告警中断圣诞节假期，去观察 AWS 磕磕绊绊的故障抢修过程。

混沌猴已经成功部署，可以解决实例无故消失的问题。既然混沌猴能在小范围内起作用，那么可以构建类似的工具来解决出现故障的 AWS 区域的问题吗？混沌猴这种方式能在大范围内起作用吗？

把事搞大

用户设备与 Netflix 流媒体服务之间的每次交互，都是通过部署在 AWS 上的控制平面进行的。一旦视频开始进行流媒体传输，视频本身的数据就会通过 Netflix 的专用网络进行传输。这个专用网络就是迄今为止世界上最大的 CDN（Content Delivery Network，内容交付网络）。

平安夜的故障使得 Netflix 内部工程师投入精力建立一种“主动－主动”（active-active）的解决方案来为控制平面提供流量。从理论上讲，西半球用户的流量会分配给两个 AWS 区域，而每个 AWS 区域会服务一个海岸地区。如果任何一个 AWS 区域发生故障，则 AWS 基础设施会扩展另一个 AWS 区域，并将所有请求发送到那里。

此功能涉及流媒体服务各个方面的变更。因为海岸之间存在传输延迟，所以某些服务必须进行修改，以实现海岸之间服务状态的最终一致性，而这又需要提出新的服务状态共

注 5：参见 Adrian Cockcroft 于 2012 年 12 月 31 日在 Netflix 技术博客上发表的文章“A Closer Look at the Christmas Eve Outage”（*https://oreil.ly/wCftX*）。

享策略等变更。显然，这不是一项简单的技术任务。

由于 Netflix 的结构，Netflix 没有任何机制可以要求所有工程师都必须遵循某种集中式的、经过验证且证明可处理 AWS 区域性故障的解决方案。在高层管理人员的支持下，Netflix 组建了一个团队来协调各个受故障影响团队之间的工作。

为了确保所有这些团队都能完成各自服务的变更，Netflix 创建了一个活动，以使某个 AWS 区域“关闭”。当然，AWS 不允许 Netflix 将某个区域“关闭”（因为该区域还运行着其他客户的服务），因此这项活动是模拟的。该活动被标记为“混沌金刚”。

最初的几次混沌金刚让工程师如临大敌。他们进入“作战室”，一起监视流媒体服务的各个方面，一工作就是几个小时。接下来的几个月，在将所有流量都移出一个 AWS 区域之前，并在将已发现的问题交给相应的服务所有者团队修复好之前，混沌金刚被中止。最终，该活动开始稳定和正规化，并交给流量工程团队负责执行。Netflix 开始常规执行混沌金刚，从而验证是否有行动计划来应对单个 AWS 区域发生的故障。

之后，无论是由于 Netflix 方面的问题，还是 AWS 的问题，单个区域多次遭受了严重的停机事故。但彼时混沌金刚所使用的区域故障转移机制都发挥了效用。前期投资的好处显而易见[注6]。

不过，区域故障转移过程还是存在一些缺点。在最佳情况下，由于手动操作和干预的复杂性，一次故障转移大约需要 50 分才能完成。由于增加了混沌金刚执行的频率，所以在一定程度上提升了工程组织内部对区域故障转移速度的预期。这样流量工程团队就启动了一个新项目，最终将故障转移过程缩短到仅需 6 分[注7]。

这样，到 2015 年，Netflix 拥有了混沌猴和混沌金刚以分别应对小规模实例消失的问题和大规模区域消失的问题。两者都得到了工程师文化的支持，并且为服务的可用性做出了明显的贡献。

将混沌工程正规化

Bruce Wong（*https://oreil.ly/jh7hr*）于 2015 年年初在 Netflix 成立了混沌工程团队，并将制定章程和路线图的任务交给了本书作者之一 Casey Rosenthal。由于 Casey 并不确定该如何完成这项任务（最初他是被聘请来管理流量工程团队的，后来又同时参与了

注 6：参见 Ali Basiri、Lorin Hochstein、Abhijit Thosar 和 Casey Rosenthal 于 2015 年 9 月 25 日在 Netflix 技术博客发表的文章“Chaos Engineering Upgraded”（*https://oreil.ly/UJ5yM*）。

注 7：参见 Luke Kosewski 等人于 2018 年 3 月 12 日在 Netflix 技术博客发表的文章“Project Nimble: Region Evacuation Reimagined”（*https://oreil.ly/7bafg*）。

混沌工程团队的工作)，所以他遍访 Netflix 的工程师，想了解他们脑海中的混沌工程究竟是什么。

他听到的答案通常是这样的："混沌工程就是我们故意破坏生产环境中的服务。"这听起来很酷，并且可能成为 LinkedIn 个人资料摘要中很大的加分项，但这对混沌工程的正规化并没有什么帮助。Netflix 里任何能使用终端的人都可以破坏生产环境中的服务，而且很可能不会给公司带来任何价值。

Casey 与他的团队一起正式定义了混沌工程。他们特别希望澄清以下方面：

- 混沌工程的定义是什么？
- 混沌工程的意义在哪里？
- 怎么知道自己正在进行混沌工程？
- 如何改进混沌工程的实践？

经过大约一个月的工作，他们制定了混沌工程原则（*https://principlesofchaos.org*）。该学科正式宣告正规化。

最终确定的正式定义是："混沌工程是在分布式系统上进行实验的学科，目的是建立对该系统能够承受生产环境的动荡条件的信心。"该定义确立了混沌工程是一种实验形式，与测试并不相同。

进行混沌工程的意义首先是建立信心。这一点很重要，因为如果并不需要建立对系统的信心，那就不适合进行混沌工程。如果有其他建立信心的方法，则可以权衡哪种方法最有效。

该定义所提到的"生产环境的动荡条件"强调了混沌工程并不是在制造混沌。混沌工程其实是将系统所固有的混沌进行可视化。

混沌工程原则还描述了一个基本的实验模板，该模板大量参考了卡尔·波普尔（Karl Popper）的可证伪性原则。在这方面，混沌工程被定义为一门科学，而不是一门手艺。

最后，混沌工程原则给出了 5 项高级实践，为混沌工程实践设定了黄金标准：

- 建立关于稳态行为的假说
- 多样化地引入现实世界的事件
- 在生产环境中进行实验

- 持续运行自动化实验
- 最小化爆炸半径

这些实践会在后面各章中依次讨论。

Netflix 的混沌工程团队为混沌工程树立了一面旗帜。现在，团队成员知道了什么是混沌工程，该如何做，以及混沌工程能为更大的组织带来什么价值。

社区诞生

如前所述，Netflix 只聘用高级工程师。这意味着，如果想聘用混沌工程师，则首先需要发现该领域拥有相关丰富经验的人才池。当然，由于 Netflix 刚刚创造了该学科，所以还不存在这样的人才池。

为了解决这个问题，Casey Rosenthal 决定在该领域进行宣传并建立一个实践社区。首先，他在 2015 年秋季召开了一次仅限受邀者参加的会议，称为“混沌社区日”。该会议在旧金山的 Uber 公司举行，约有 40 人参加，他们所属的公司为：Netflix、谷歌、亚马逊、微软、Facebook、Dropbox、WalmartLabs、雅虎、LinkedIn、Uber、UCSC、Visa、AT&T、NewRelic、HashiCorp、PagerDuty 和 Basho。

由于不会对会议中的演讲进行录像，因此人们可以自由地谈论他们说服管理层采用混沌工程所遇到的问题，并以非正式的方式讨论“故障”和停机事故。演讲者都是事先选好的，他们谈到了如何解决韧性、故障注入、故障测试、灾难恢复测试以及与混沌工程相关的其他主题。

Netflix 发起“混沌社区日”的明确目标，是激励其他公司专门聘用“混沌工程师”。这一招很有效。第二年，在亚马逊公司位于西雅图的 Blackfoot 办公楼里举行了第二次“混沌社区日”。亚马逊公司的一位经理宣布，在第一个“混沌社区日”之后，他们回去说服了管理层，在亚马逊公司建立了一个混沌工程团队。现在其他公司也都开始接纳“混沌工程师”的头衔。

2016 年，第二次“混沌社区日”的出席人数达到了 60 人，涉及 Netflix、亚马逊、谷歌、微软、Visa、Uber、Dropbox、Pivotal、GitHub、UCSC、NCSU、桑迪亚国家实验室、Thoughtworks、DevJam、ScyllaDB、C2、HERE、SendGrid、Cake Solutions、Cars.com、New Relic、Jet.com 和 O’Reilly 等公司。

在 O’Reilly 的鼓励下，接下来的一年，Netflix 的混沌工程团队发布了有关混沌工程的报告。而与此同时，在圣何塞举办的 Velocity 会议针对混沌工程也安排了几次演讲和一次研讨会。

2017 年 9 月，Casey Rosenthal 和 Nora Jones 在旧金山市场街 1 号的 Autodesk 公司举办了第三次“混沌社区日”。早在 Nora 在 Jet.com 工作时，Casey 就在以往的“混沌社区日”上见过 Nora。那次见面后，Nora 就加入了 Netflix，并进入了混沌工程团队。第三次“混沌社区日”有 150 多人出席，他们所属的组织包括大型硅谷公司、各种初创公司和大学等。

几个月后，Nora 在拉斯维加斯举办的 AWS re:Invent 大会上为 40 000 名与会者以及 20 000 个流媒体用户就混沌工程发表了主题演讲。混沌工程由此大获成功。

快速发展

正如本书所描述的那样，贯穿整个混沌工程的概念正在迅速发展。这意味着在这方面所做的许多工作都已经与最初的意图不再一致。其中的一些甚至看起来是矛盾的。但要记住的重点是，混沌工程是一种务实的方法，是在高性能环境中面临大规模的特定问题的背景下开创出来的。尽管混沌工程的某些推动力量来自科学和学术界，但这种实用主义会继续推动这一领域向前发展。

第一部分

搭建舞台

纵观历史，要想取得竞争优势，就需要操控复杂系统。比如在使用人类所创造的军事、建筑和航海领域的新系统时，使用者会发现，这些系统存在太多的活动部件，且这些部件以不可预见的方式相互作用，以至于他们无法自信地预测结果。软件系统就是当今的复杂系统。

混沌工程是专门为主动理解并应对复杂系统而创建的学科。本书的第一部分介绍复杂系统的一些示例，并在其中阐释混沌工程的原理。遵循经验丰富的工程师和架构师学习管理复杂性时的自然顺序，第 1 章和第 2 章的内容依次为：思考、遇到、面对、接纳（第 1 章）和应对（第 2 章）。

第 1 章通过三个软件系统示例来探讨复杂系统的属性——在复杂系统中，必须承认，一个人是无法将所有东西都装进大脑里的。第 2 章，我们将注意力转向以系统化的方法来应对复杂性。与其他实践不同，混沌工程更强调全局性和系统化的视角。在应对复杂性时，可以考虑使用动态安全模型和复杂性的经济支柱模型。

第 3 章基于前几章对复杂系统的探索，构建了混沌工程的原则和定义——促进实验，以发现系统性弱点。本章概述了该学科到目前为止的理论发展，并为后续各章中所涉及的混沌工程的实现和变体提供了参照。如果用原则定义学科，那么就能知道何时该进行、如何进行以及如何做好混沌工程。

第1章

遇到复杂系统

在本章的第一部分中，我们将探讨在应对复杂系统时所面临的问题。在寻找应对复杂的分布式软件系统的方法的过程中，混沌工程诞生了。混沌工程专门满足复杂系统运行时的特殊需求——复杂系统是非线性的（*https://oreil.ly/PiC5D*），所以不可预测，并且会导致不良结果。这通常使工程师感到不适，因为他们认为可以规划出解决不确定性的方法。我们经常试图将复杂系统的不良行为归咎于构建和操作该系统的人。但实际上不良行为是复杂系统的天然属性。在本章的后面，我们将讨论能否将复杂性从系统中抽离出来，并以此来抽离系统的不良行为（透露一下，我们不能）。

1.1 思考复杂性

在确定混沌工程能否为系统提供价值之前，需要划清简单系统和复杂系统之间的界限。表征系统复杂性的一种方法，是观察系统输入所发生的变化是如何影响系统输出所发生的变化的。简单系统通常是线性的。线性系统的输入发生变化，其输出也会相应地发生变化。许多自然现象反映了我们所熟悉的线性系统，比如掷球越用力，球飞得越远。

非线性系统的输出会随着其组成部分的变化而急剧变化。牛鞭效应是系统思维[注1]中所举的一个例子。它形象地展示了这种相互作用：腕部轻轻一抖（系统输入发生微小变化），导致鞭子的末梢在一瞬间划过了足够长的距离，以至于超过了声音的速度，从而产生了刺耳的音爆（系统输出发生了巨大变化）。

非线性效应可以以多种形式展现。系统内的部件所发生的变化会导致系统输出发生指数级变化。例如，相对于规模较小的社交网络，规模较大的社交网络增长得更快。输入变化还可能导致输出发生跳跃式的量子变化。例如对干燥的木棒施加不断增大的力，木棒开始不会发生变化，但在最后会突然断裂。输入的变化还可能导致看似随机的输出。例

注1：参见彼得·圣吉（Peter Senge）所著的《第五项修炼》(纽约 Doubleday 出版社 2006 年出版)。

如一首欢快的歌曲在第一天能振奋一个正在进行健身锻炼的人，但在第二天就可能会让他感到厌烦。

线性系统显然比非线性系统更容易预测。凭直觉预测线性系统的输出通常很容易，尤其是在与线性系统的某一部分交互，并体验了线性输出之后。因此，这样的线性系统是简单系统。相反，非线性系统的行为是不可预测的，尤其是当其中有多个非线性组件共存时。多个相互交织的非线性组件可能会让系统的输出一直增大到一个点，接着突然出现反转，然后又突然完全停止。这样的非线性系统是复杂系统。

下面要讨论的表征系统复杂性的另一种方法虽然技术含量低、主观性较强，但更加直观。根据这种方法，简单系统就是下面这样的系统：一个人不仅可以理解其所有组件，还能理解组件是如何工作的，以及组件是如何对输出起作用的。相比之下，复杂系统要么具有非常多的活动部件，要么部件的变化非常快，以至于一个人的大脑无法承载其思维模型。请参阅表 1-1。

表 1-1：简单系统和复杂系统

简单系统	复杂系统
线性的	非线性的
可预测的输出	不可预测的行为
可理解的	无法建立完整的思维模型

观察上面所罗列的复杂系统的特征，很容易看出为什么传统的探索系统安全性的方法不够充分。对于非线性系统来说，输出很难模拟，也很难精确建模，所以其输出是不可预测的。人们无法在思维中为其建模。

在软件领域，工作于具有这些特征的复杂系统之上一点都不稀奇。实际上，根据必要多样性法则[注2]，结果就是任何控制系统都必须至少具有与其所控制的系统相同的复杂度。由于大多数软件都涉及编写控制系统，因此所构建的软件会随着时间的推移而增加复杂性。即使现在所开发的软件并不涉及复杂系统，将来某个时候也很有可能会涉及。

系统复杂性增加的结果是随着时间的流逝，传统的软件架构师会变得越来越不重要。在简单的系统中，经验丰富的工程师自己就可以协调几个工程师的工作。此时，架构师的角色之所以能够得到发展，是因为他可以从思维上对整个系统进行建模，并且知道所有部分是如何组合在一起的。他们可以充当向导和规划者，介绍如何编写功能，以及随着

注 2：参见 W. Ross Ashby 的论文“Requisite Variety and Its Implications for the Control of Complex Systems”（*Cybernetica* 1:2(1958)，第 83-99 页）中对“必要多样性法则”的评论。简而言之，对于能够完全控制系统 B 的系统 A，必须至少与系统 B 一样复杂。

时间的推移，规划技术该如何在软件项目中得以发挥作用。

在复杂系统中，我们承认一个人是不可能将所有东西都装进大脑里的。这意味着软件工程师需要更多地参与系统设计。从历史上看，工程学是一种官僚化很重的职业。一些人负责确定需要完成的工作，另一些人决定完成工作的方式和时间，而其他人则负责实际的工作。在复杂系统中，这种分工会适得其反，因为了解上下文最多的人正是从事实际工作的人。架构师和相关官僚机构的角色会降低在复杂系统中的工作效率。此时，要鼓励组建非官僚化的组织来有效地构建复杂系统，并与其交互，对其做出响应。

1.2 遇到复杂性

复杂系统的不可预测和难以理解的性质带来了新挑战。下面给出 3 个由复杂交互所导致的服务停机的示例。在每个示例中，我们都不会指望工程团队能够提前预料到不良的交互作用。

1.2.1 示例 1：业务逻辑和应用程序逻辑之间的错位

考虑一个微服务架构，如图 1-1 所示。 在此系统中，我们有四个组件：

服务 P

存储个性化信息。 ID 代表一个人，以及与该人相关联的一些元数据。为简单起见，存储的元数据不会很大，并且不会从系统中删除人员数据。服务 P 将数据传递给服务 Q 进行持久化。

服务 Q

供几个上游服务使用的通用存储服务。一方面，它将数据存储在持久性数据库中，以实现数据容错和恢复；另一方面，它还将数据存储在基于内存的缓存数据库中，以提高速度。

服务 S

持久化存储数据库，比如 Cassandra 或 DynamoDB 这样的列式存储系统。

服务 T

内存中的缓存，比如 Redis 或 Memcached。

负责每个组件的团队都为预期的故障增加了一些合理的后备应急机制。比如，服务 Q 会向 S 和 T 这两个服务同时写入数据。而读取数据时，服务 Q 会首先从服务 T 中读取数据，因为这样会更快。如果缓存由于某种原因失效，那么服务 Q 会转而从服务 S 中读取数据。如果服务 T 和服务 S 都失效，则服务 Q 会将数据库的默认响应发送给上游。

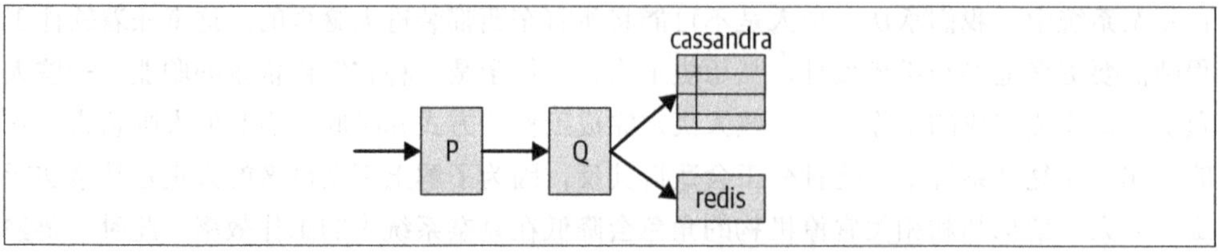

图 1-1：微服务组件图，展示了请求流进入服务 P 并进行数据存储的过程

同样，服务 P 也拥有合理的后备应急机制。如果服务 Q 超时或返回错误，则服务 P 可以通过返回默认响应来适当地降级。例如，如果服务 Q 失效，则服务 P 可以向某个用户返回非个性化的元数据。

一天，服务 T 失效了（见图 1-2），导致访问服务 P 的数据查询请求响应开始变慢。因为服务 Q 注意到服务 T 不再有响应，因此进行切换，转而从服务 S 中读取数据。但不幸的是，具有大量缓存的系统中读取数据的工作通常十分繁重。以前，服务 T 可以很好地完成数据读取任务，因为直接从内存中读取数据的速度是很快的。但服务 S 并没有整备好，无法满足这种突然增加的数据读取工作负载。这样一来，S 开始变得很慢，并最终失效。这样，所有请求都超时了。

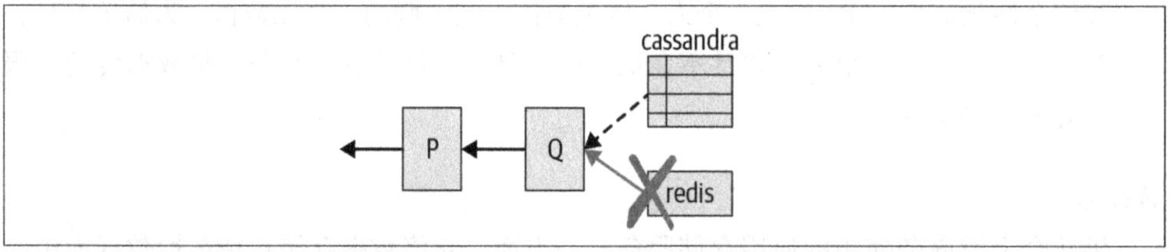

图 1-2：如果内存中缓存服务 T 失效，则会触发服务 Q 的后备应急机制，以使用来自持久化存储数据库 S 的响应数据

幸运的是，服务 Q 已为此做好了准备，因此它返回数据库服务 S 的默认响应。而对于服务 S 来说，当所有三个数据库副本都不可用后，如果再来服务 S 查询数据对象，当时运行的特定版本的 Cassandra 数据库的默认响应就是 404 [未找到] 响应代码。因此服务 Q 向服务 P 返回 404 响应。

但服务 P 知道，它正在查询的那个人的信息是肯定存在的，因为那个人有 ID。而且系统永远不会从服务中删除人员信息。因此，从业务逻辑合理性的角度来看，服务 P 从服务 Q 接收到 404 [未找到] 响应是不可能的（如图 1-3 所示）。即便服务 Q 返回了出错信息，或者完全没有响应，服务 P 也能够处理。但服务 P 却万万没有料到，服务 Q 会给自己返回一个在业务上不可能出现的 404 响应。于是服务 P 崩溃了，整个系统也随之崩溃（如图 1-4 所示）。

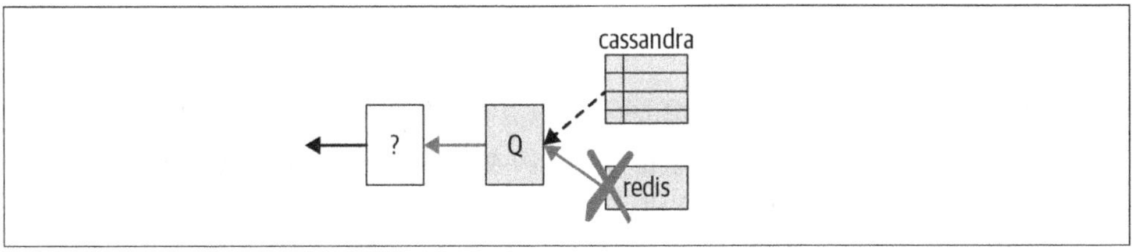

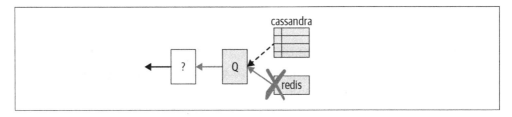

图 1-3：在服务 T 无响应且服务 S 无法处理繁重的工作负载的情况下，服务 Q 向服务 P 返回服务 S 的默认响应

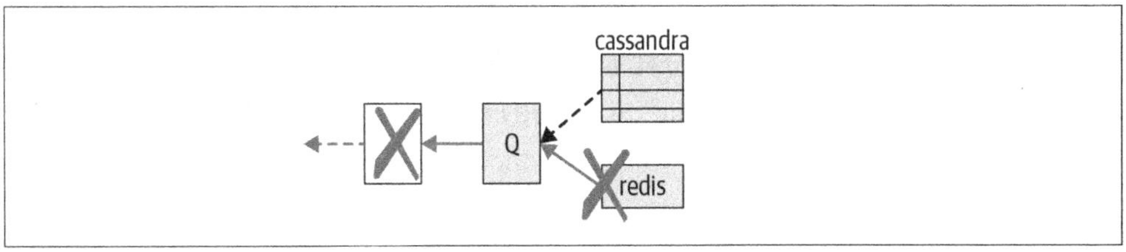

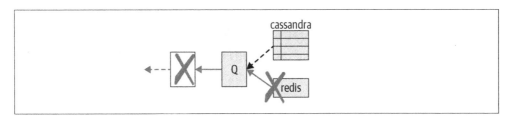

图 1-4：对服务 P 来说，收到服务 Q 的默认 404[未找到] 响应在逻辑上是不可能的，从而导致其发生灾难性的失效

这种情况该归因到哪里？整个系统的崩溃显然是不良的系统行为。因为这是一个复杂系统，所以任何人的大脑都不可能装下其所有的活动部件。负责服务 P、Q、S 和 T 的各个团队已经各自做出了合理的设计决策。他们甚至采取了额外的步骤来预测故障，发现故障场景，并适当地进行降级。还能责怪什么呢？

这次事故不能归因到个人，也不能归因到服务。没有什么可责怪的。这是一个构建良好的系统。期望工程师预料到这种失效是不合理的。因为组件之间的交互作用超出了人类将复杂系统的所有部件都掌握在自己脑海中的能力。这不可避免地导致了团队中每个人对产品的假设都存在差异。该复杂系统的不良输出是一个异常情况，是由若干非线性因素共同导致的。

1.2.2 示例 2：用户引起的重试风暴

考虑下面这个用于电影流媒体服务的分布式系统（如图 1-5 所示）。该系统有两个主要的子系统 R 和 S：

系统 R

存储个性化的用户界面。只要给定一个用户 ID，该系统就能返回为该用户定制的电影首选项用户界面。系统 R 调用系统 S，以获得用户的其他信息。

系统 S

存储有关用户的各种信息，例如用户是否具有有效的账号，以及允许观看的电影等。这些数据太多了，无法同时存储在一个实例或虚拟机上，因此系统 S 将访问操作和读写操作分配给两个子组件来完成：

S-L

负载均衡器，使用一致性哈希算法，将数据读取负载分配给子系统 S-D 中的各个组件。

S-D

具有来自完整数据集的一小部分样本数据的存储单元。例如，子系统 S-D 的一个实例可能存储所有名字以字母“m”开头的用户信息，而另一个实例可能存储名字以字母“p”开头的用户信息[注3]。

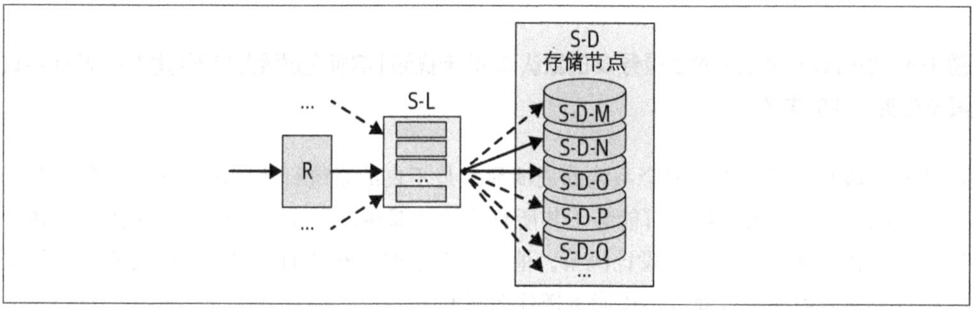

图 1-5：对用户 Louis 的数据的访问请求路径，从系统 R 流经系统 S-L，最后发送给节点 S-D-N 进行处理

负责这一系统的团队在分布式系统和云部署行业规范方面经验丰富。他们设计了合理的后备应急机制。如果系统 R 无法从系统 S 检索到某个用户的信息，则会返回默认的用户界面。这两个系统在成本控制方面都经过了认真的设计，因此它们都实现了容量伸缩的策略，可以使集群保持适当的规模。例如，如果系统 S-D 上的磁盘 I/O 降至某个阈值以下，则该系统将停止向最不繁忙的节点发送数据，并关闭该节点。然后系统 S-L 会将该节点的工作负载重新分配给其余节点。系统 S-D 的数据还在冗余的节点缓存中保存了一份。因此，如果磁盘由于某种原因而处理过慢，则系统 S-D 可以从缓存中返回稍微旧一

注 3：实际上子系统 S-D 并不按照这种方式工作，因为一致性哈希算法会在所有 S-D 实例之间伪随机地分配数据对象。

点的数据。另外，当错误率增加时会触发告警。一旦检测到异常情况，则会重新启动行为异常的实例，等等。

一天，一位名为 Louis 的用户正在非最佳条件下观看上述服务所提供的流视频。Louis 正在火车上通过笔记本电脑上的 Web 浏览器访问上述系统。过程中，Louis 意外地将笔记本电脑碰落到地上，并触动了一些按键。当他再次将笔记本电脑摆好继续观看时，发现视频卡住不动了。

此时，Louis 做了大部分用户都会做的事情：按了 100 次刷新按钮。这些调用请求首先在 Web 浏览器中排队。但此时火车正好驶出了附近的一个信号基站区域，因此网络分区阻止了这些请求的发送。当 Wi-Fi 信号重新连接上，这 100 个请求全部发送出去了。

再来看看服务器端，系统 R 接收到所有的 100 个请求后，就向系统 S-L 发起 100 个同样的请求。而系统 S-L 则使用 Louis 的 ID 号所生成的一致性哈希值，将这些请求转发到系统 S-D 中的特定节点 S-D-N。而此时，节点 S-D-N 正在以每秒 50 个请求的基线速率处理手上的工作，因此再一次性额外接收全部 100 个请求造成工作量的大幅增长。这整整是基线速率的三倍。但幸运的是，系统已经具备了合理的后备应急和降级机制。

系统 S-D-N 无法在一秒钟内读取磁盘来处理这 150 个请求（基线的 50 个加上 Louis 的 100 个），因此它开始读取缓存来处理这些请求。这样一来，处理速度明显更快。结果，磁盘 I/O 和 CPU 的利用率均急剧下降。此时，容量伸缩机制开始起作用，以使系统保持适当的规模以节省成本。由于此时磁盘 I/O 和 CPU 的利用率都很低，因此系统 S-D 决定关闭节点 S-D-N，并将其工作量移交给其他节点。当然该节点也许是由异常检测机制关闭的。在复杂系统中这很难说（如图 1-6 所示）。

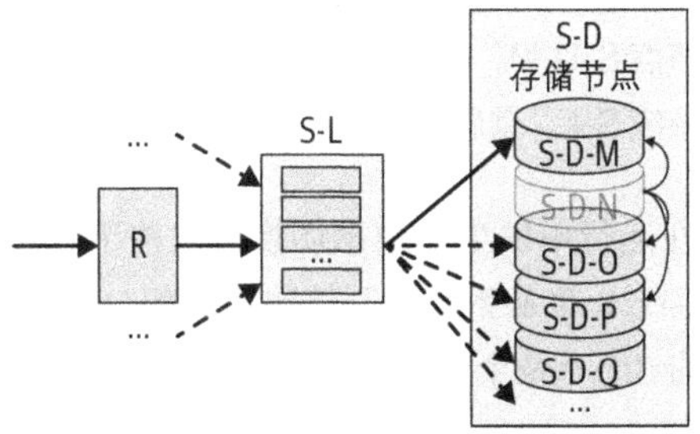

图 1-6：在关闭节点 S-D-N 并将其数据进行移交后，对用户 Louis 的数据访问请求路径，从系统 R 流经系统 S-L，最后发给节点 S-D-M 进行处理

系统 S-L 从节点 S-D-N 的缓存里读取数据，响应了 Louis 的 99 个请求，并返回了结果。

但由于在节点 S-D-N 关闭和发生数据切换时更改了集群的配置，因此第 100 个响应丢失了。所以对于最后一个响应，系统 R 从系统 S-L 收到了超时错误，因此它就返回了默认的用户界面，而不是 Louis 的个性化用户界面。

再回到 Louis 的笔记本电脑上。Louis 的网络浏览器忽略了 99 个正确的响应，而呈现出第 100 个响应，即默认的用户界面。对 Louis 来说，这似乎是另一个错误，因为这不是他所习惯的个性化用户界面。

在这种情况下，Louis 再次按了 100 次刷新按钮。之后，上述过程重复进行，但不同的是，系统 S-L 这回将请求转发给了节点 S-D-M。正是它接管了原先的节点 S-D-N 的工作。不幸的是，数据切换无法在这么短的时间内完成，因为节点 S-D-M 上的磁盘很快就不堪重负。

于是节点 S-D-M 转为读取缓存里的数据来处理请求。与先前节点 S-D-N 的处理方式一样，这样可以大大加快处理请求的速度。接下来，磁盘 I/O 和 CPU 的利用率急剧下降。容量伸缩机制开始生效，系统 S-D 决定关闭节点 S-D-M，并将其工作负载移交给其他节点（如图 1-7 所示）。

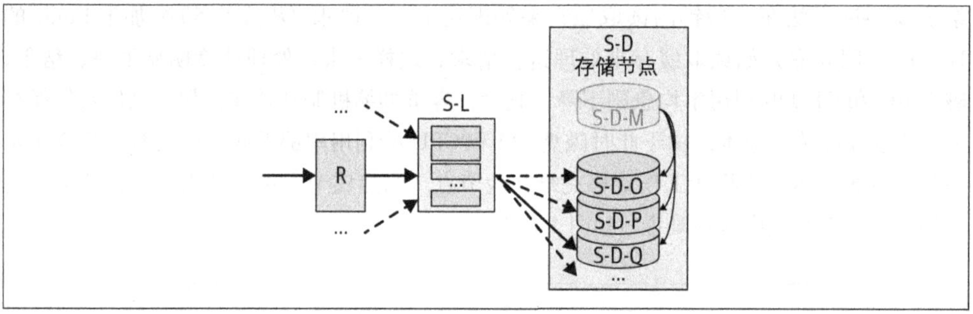

图 1-7：在关闭节点 S-D-N 和节点 S-D-M，并将两者的数据进行移交后，对用户 Louis 的数据访问请求路径，从系统 R 流经系统 S-L，最后发给系统 S-D 进行处理

系统 S-D 现在已有两个节点在运行中发生了数据切换。这些节点不仅服务于 Louis，而且还服务于另一部分用户。系统 R 也从系统 S-L 接收到这部分用户的超时错误。因此系统 R 对这些用户也返回默认的（而不是个性化的）用户界面。

再回到这些用户的客户端设备上。这些用户现在有与 Louis 相似的体验。对于他们中的许多人来说，似乎系统出现了错误，因为这不是他们所习惯的个性化用户界面。此时，他们也按了 100 次刷新按钮。

这样，我们就遭遇了用户引发的重试风暴。

上面过程的循环不断加快。随着越来越多的节点的关闭和数据切换，系统 S-D 的处理能力不断萎缩，且延迟骤增。而系统 S-L 还在努力满足用户请求，因为来自客户端设备的请求增长率急剧上升，但此时的超时又使发送到系统 S-D 的请求的打开时间更长。最终，尽管从系统 R 发送到系统 S-L 的所有请求都会超时，但系统 R 还是保持着这些请求的打开状态。这使系统 R 的线程池不堪重负，导致其虚拟机崩溃。最后，整个服务崩溃了（如图 1-8 所示）。

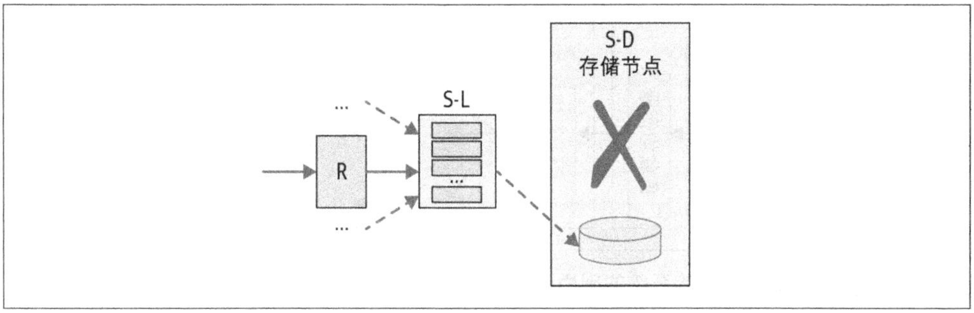

图 1-8：当系统 S-D 容量萎缩，且系统 R 受到用户引发的重试风暴的冲击时，用户的请求路径

更糟糕的是，服务停机引起更多的客户端重试，这使得补救工作和服务恢复变得更加困难。

我们可以再问一次：这种情况该归因到哪里？哪个组件构建不正确？没有人可以将复杂系统的所有活动部件都牢记在心。构建系统 R、S-L 和 S-D 的各个团队都做出了合理的设计决策。他们甚至采取了额外的步骤来预测故障，发现故障场景，并优雅地进行降级。还能责怪什么呢？

与上个例子一样，这不是人的过错，也没有什么好责怪的。当然，我们可以事后吸取教训，改进系统，以防止上述情况再次发生。但是，期望工程师预料到这种失效是不合理的。这次也是若干非线性因素“合谋”从这个复杂系统中引发了不良结果。

1.2.3 示例 3：假日代码冻结

考虑一家大型在线零售公司的以下基础设施的设置（如图 1-9 所示）：

组件 E

一个简单进行请求转发的负载均衡器，类似于 AWS 云服务上的弹性负载均衡器（ELB）。

组件 F

API 网关。从请求的信息头部、cookie 和路径中解析一些信息。然后使用这些信息来根据大量处理策略进行模式匹配。例如，添加额外的信息头部以表明用户有权访问哪些功能。然后与后端进行匹配模式，并将请求转发给相应的后端。

组件 G

后端应用程序。在各种平台上运行，具有各种业务关键级别，为一般用户提供数量庞大的功能。

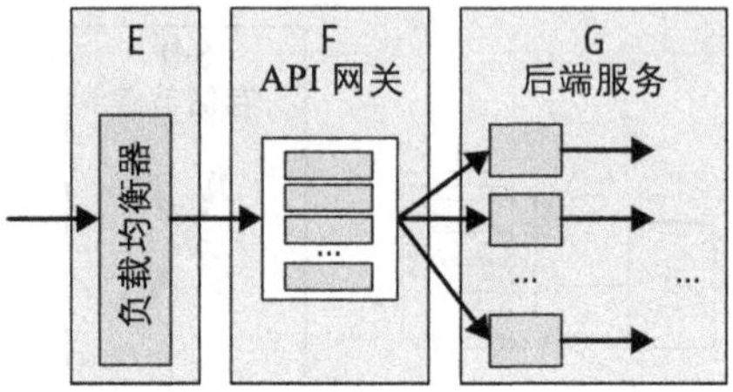

图 1-9：大型在线零售公司的系统的用户请求路径

维护组件 F 的团队面临一些棘手的障碍。他们对组件 G 的技术栈或其他操作属性没有任何控制权限。他们设计的接口必须能灵活地处理许多不同的模式，以匹配请求信息头部、cookie 和路径，并将请求传递到正确的位置。组件 G 对性能的要求跨度很大——小到具有较小有效负载的低延迟响应，大到需要保持活跃的网络连接，以使用流媒体方式传输大文件。这些因素都无法事先规划，因为组件 G 及其下游的组件本身都是具有动态变化特性的复杂系统。

组件 F 具有高度的灵活性，可以处理各种各样的工作负载。新功能会以大约每天一次的频率添加到组件 F 中并进行部署以满足组件 G 的新用例。为整备功能组件 F，随着时间的推移，团队逐渐实现了一个垂直容量扩展的解决方案，以满足组件 G 不断增多的用例。组件 F 的机箱越来越大，这样就能安装更多的内存，但这需要花更多时间才能启动。越来越多的模式匹配策略（以满足更多用例和路由规则）产生了庞大的规则集。而组件 F 会将该规则集预解析到状态机中，并加载到内存中以加快访问速度。而这也需要花费时间。当所有这一切都设计好后，每个运行组件 F 的大型虚拟机大约需要 40 分钟才能完成整备工作——从启动整备流水线到所有缓存均预热完毕，且运行的实例性能已接近基线。

因为组件 F 是所有请求访问组件 G 的关键路径，所以其团队知道这有潜在的单点故障风险。于是他们不只是部署一个实例，而是部署一个集群。该集群在任何给定时间的实例数都能使整个集群拥有额外 50% 的容量。所以在任何给定的时间，即使三分之一的实例突然消失，一切也能继续运行。

垂直容量扩展、水平容量伸缩和超额整备，让组件 F 代价高昂。

除了提升系统的可用性之外，该团队还采取了一些额外的缺陷预防措施。比如，在为虚拟机制作部署映像之前，CI 流水线会运行一套完整的单元和集成测试。在完全切换到一个新版本之前，自动化的金丝雀测试会先使用少量流量来测试新的代码更改，再在另一个并行运行的集群上执行蓝 / 绿部署。所有组件 F 的 pull request 代码变更请求都必须经过两位代码评审者的评审，且评审者不能包含正在更改相关特性的人员。这会使整个团队充分了解开发工作各个方面的动态。

最后，整个组织还决定在 11 月初到 1 月之间冻结代码。除非对系统安全至关重要，否则在此期间不允许对代码进行任何更改。因为从 11 月第 4 个周五开始的黑色星期五购物季到元旦之间的假期是公司的网络访问流量高峰期。在这个时间段内，由于上线非关键功能可能引入缺陷，其后果会是灾难性的。避免这种可能性的最佳方法就是不更改系统。另外，由于很多人在每年这段时间休假，因此在此期间限制代码的部署也是出于管理便利的考虑。

有一年发生了一个奇怪的现象。在 11 月的第二周的周末，即代码冻结 2 周后，团队接到值班报告，说一个实例的错误数量突然变大。没问题，关闭该实例，然后启动另一个实例就可以了。但在接下来的 40 分钟内，在新实例能够正常运行之前，其他几个实例的错误数量也出现了类似的增加。而在启动新实例来替换这些实例期间，集群中的其他实例也出现了相同的现象。

在接下来的几个小时里，整个集群的实例都被运行相同代码的新实例替换了一遍。尽管整个集群在如此短的时间内重新启动，并且还拥有额外 50% 的容量，但仍有大量请求无法处理。在整个整备过程结束且新集群趋于稳定之前，这种严重的局部停机持续波动了数小时。

团队面临一个难题：为了解决上述问题，他们需要部署一个新版本来为代码增添新的可观测性措施。但是代码冻结已全面展开，集群中替换后的新实例的所有指标看起来都很稳定。下一周，他们决定在少量实例上部署新的可观测性措施。

两周过去了，没有发生任何事故。但紧接着同样奇怪的现象突然再次出现。首先是几个实例，最终是所有的实例，其错误率突然上升。这里说的“所有的实例”并不包括那些部署了新的可观测性措施的实例。

与先前的事故一样，整个集群花了几个小时才完成重新启动，之后就貌似稳定运行了。由于公司当时正处于业务最繁忙的季节，所以这次停机的后果非常严重。

几天后，使用新的可观测性措施的实例开始出现相同的错误率飙升的现象。根据所收集的指标，发现一个导入的程序库出现了内存泄漏。该泄漏与所服务的请求数量成线性比例关系，所以泄露程度是可预测的。由于组件 F 的实例垂直容量扩展如此之大，以至于该泄漏大约要花两周的时间才能耗尽如此多的内存，从而导致内存资源匮乏，进而影响其他程序库的运行。

在此之前的 9 个月此缺陷就已混入代码库。上述现象之所以从未出现过，是因为该集群中的任何实例连续运行时间都没有超过 4 天。新功能会引发新的代码部署，从而通过新的实例不断迭代。具有讽刺意味的是，正是旨在提高系统安全性的过程（假日代码冻结）导致缺陷在停机事故中现身。

这种情况该归因到哪里？虽然可以在依赖的代码库中找出该缺陷，但是如果只是将责任归咎于对该组件一无所知的外部程序员，则一无所获。组件 F 的每个团队成员都做出了合理的设计决策。他们甚至采取了额外的步骤来预测故障、分阶段部署新功能、进行超额整备，并且尽其所能地“小心谨慎”。还能责怪什么呢？

与先前的两个例子一样，这不能归因到个人。期望工程师预料到这种失效是不合理的。在这个复杂系统中非线性影响因素产生了不良的结果，代价高昂。

1.3 面对复杂性

前面的 3 个例子说明，在负责复杂系统的相关人员中指望有人预料到最终可导致不良结果的交互作用是不合理的。但在可预见的将来，人类仍会编写软件。因此，为了解决上述问题而将人类排除在外并不是一种合理的选择。那么，该如何减少此类系统性故障呢？

一种流行的想法是减少或消除复杂性。如果能从复杂系统中消除复杂性，那么就不会再遇到复杂系统问题。

也许，如果可以将复杂系统简化为简单的线性系统，那么在出现问题时，就应该能知道该归咎于谁了。在这个假想中的更简单的世界中，可以想象会有一个超级高效且没有人情味的经理，通过干掉造成错误的坏蛋来消除所有错误。

为了研究这种可能的解决方案，可以再了解一些复杂性的特征。Frederick Brooks 在 20 世纪 80 年代[注4]，将复杂性粗略地分为两类：偶然复杂性和本质复杂性。

注 4：参见 Frederick Brooks 的论文“No Silver Bullet——Essence and Accident in Software Engineering”，摘自 IFIP 第十届世界计算会议论文集，H. – J. Kugler ed., Elsevier Science BV, Amsterdam (1986)。

1.3.1 偶然复杂性

偶然复杂性是在资源有限的环境（即这个宇宙）下编写软件的结果。在日常工作中，总是有若干相互之间有冲突的优先级。对于软件工程师来说，显式的优先级可能是特性的交付速率、测试覆盖率和惯用性。隐式的优先级可能是经济性、工作量和安全性。没有人拥有无限的时间和资源。因此，在处理这些优先级时，不可避免地会进行妥协。

我们在编写代码时所表达的意图、假设和优先级只表示当时特定时间点的状态。而这个状态不会一直正确，因为世界会改变，我们对软件的期望也会随之改变。

软件的妥协可能表现为次优的代码片段、契约背后的含糊意图、模棱两可的变量名、所强调的代码路径随后又被废弃，等等。这些代码片段就像地板上的灰尘一样不断堆积。没有人会故意将灰尘带入房屋并将其放在地板上。灰尘只是生活的副产品而已。同样，次优代码也只是工程学的副产品而已。在某一时候，这些累积的次优代码再也无法仅凭直觉就能理解。此时，复杂性就出现了。确切地说，是偶然复杂性。

有趣的是，不存在已知和可持续的方法来降低偶然复杂性。当然可以通过停止开发新功能来降低以前编写的软件的复杂性，从而在某一时刻降低偶然复杂性。这是可行的，但也须小心。

例如，没有理由认为在将来重构并做出妥协时所掌握的信息会比在之前编写代码并做出妥协时所掌握的要多。世界在变化，我们对软件行为的期望也一样在变化。通常情况下，编写新软件以降低偶然复杂性只会创建新形式的偶然复杂性。这些新形式可能会比旧形式更容易接受，但是其可接受性将会以与旧形式大致相同的速率逐渐衰减。

大型重构通常会遭受所谓的第二系统效应（由 Frederick Brooks 所引入的术语）的困扰。由于在第一个系统的开发过程中获得了洞见，因此下一个项目按理说应该比上一个更好。但事与愿违的是，编写第一个系统所取得的成功会让人忽视谨慎地进行折衷，导致第二个系统最终会变得更庞大和更复杂。

无论采用哪种方法来降低偶然复杂性都是无法持续的。因为它们都需要从新功能开发中转移有限的资源（例如时间和精力）。在任何旨在取得进步的组织中，这种转移都会与其他优先级相冲突。因此，它们是不可持续的。

因此，在编写代码时，总是会产生偶然复杂性。

1.3.2 本质复杂性

如果无法持续降低偶然复杂性，那么也许可以减少本质复杂性。软件的本质复杂性体现在所编写的代码中。这些代码虽然有意增加了更多的维护成本，但这就是我们赖以为生的工作。作为软件工程师，我们编写新功能，而新功能会使事情变得更加复杂。

请考虑以下例子。想象一个最简单的数据库。它就是一个存储键 / 值对的数据存储区，如图 1-10 所示。给它一个键和一个值，它就能存储该值。而给它一个键，它就能返回相应的值。为了使它更简单，想象它可以在笔记本电脑的内存中运行。

现在想象一下，你接到一个任务，要将该数据库变得更可用。方法有很多。可以将其放入云中。这样一来，当合上笔记本电脑时，数据就能持久化到云上。可以添加多个节点以实现冗余。可以用一致性哈希算法来使用键空间将数据分发到多个节点上。可以将这些节点上的数据持久化到磁盘上，以便将其联机和脱机，从而进行修复或数据移交。可以将一个集群复制到不同区域中的另一个集群上，这样当一个区域或数据中心不可用，仍然可以访问另一个集群。

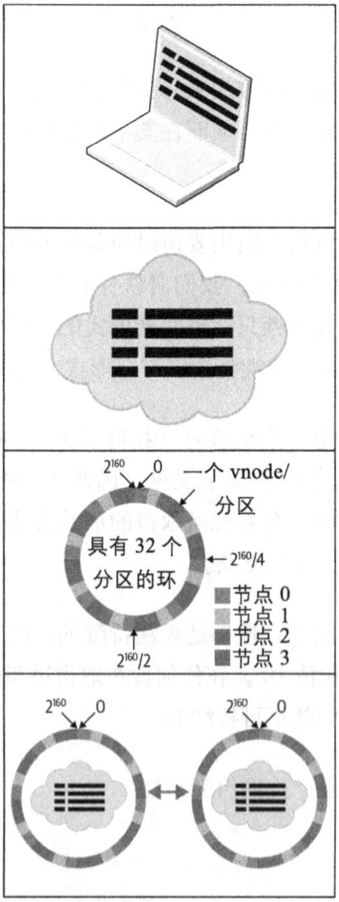

图 1-10：从简单的键 / 值数据库升级到高可用的设置

上一段列出了一些众所周知的设计原则，可以使数据库更加可用。

现在，回到在笔记本电脑内存中运行简单的键 / 值数据存储区的需求（如图 1-11 所示）。想象一下，你接到了这样一个任务：让这个数据存储区既更可用，同时又更简单。不要花费太多时间来解决这个难题，因为这个任务根本不可能完成。

图 1-11：回到简单的键 / 值数据库

向软件添加新功能（或可用性和安全性之类的安全属性），需要增加复杂性。

综上所述，试图将复杂系统转变为简单系统的前景并不乐观。只要进行工作，就会附带产生偶然复杂性；只要开发新功能，就会驱动本质复杂性的产生。为了在软件领域取得进展，增加复杂性不可避免。

1.4 接纳复杂性

如果复杂性会导致不良后果，而又无法消除复杂性，那该怎么办？解决方案分为两步。

第一步是接纳复杂性。我们所期望和优化的大多数软件属性都需要增加复杂性。为了追求简单而做优化会设置错误的优先级，并且通常会遭受挫败。面对不可避免的复杂性，有时会听到："不要添加任何不必要的复杂性。"是的，但是任何事情都可以套用这个句式："不要添加任何不必要的 ______。"要接受这一点，随着软件不断改进，复杂性必然会增加，但这不一定是一件坏事。

第二步是学习如何应对复杂性，这也是第 2 章的主题。要寻找可以有助于放心地快速行动的工具。要学习可以增加新功能的实践，而又不会增加系统遭受不良行为破坏的风险。与其深陷复杂性的挫败中，不如在其中"冲浪"。作为一名工程师，混沌工程可能是开始应对系统复杂性的最可行和最有效的方法。

第 2 章

应对复杂系统

上一章描述了复杂系统，好比向一个溺水者描述了水是什么。本章则转换角度，重点介绍如何避免溺水，并学会在水里冲浪。要学习如何应对复杂系统，我们推荐两种方法：

- 动态安全模型
- 复杂性的经济支柱模型

这两种模型都是让混沌工程屹立于软件工程学科之林的基础。

2.1 动态安全模型

本书的动态安全模型是对 Jens Rasmussen 的动态安全模型[注1]的改编。该模型在韧性工程领域广为人知，并受到高度重视。此处将其引入软件工程师相关的上下文中，对该模型做了一些改编。

动态安全模型具有三个属性：经济性、工作量和安全性（如图 2-1 所示）。可以想象这三个属性的中间站着一个工程师，每个属性都有一根橡皮筋拴到工程师的腰上。在每个工作日，工程师可以四处走动，他腰上拴着的这 3 根橡皮筋也在一直牵动。但如果工程师偏离了某个属性太远，则相应的橡皮筋就会绷断。而这对于该工程师来说，就意味着失败。

该模型的迷人之处在于工程师要默默地优化工作，以防止任何一根橡皮筋绷断。我们将依次讨论这三个属性。

注 1：参见 Jens Rasmussen 的论文“Risk Management in a Dynamic Society”，*Safety Science* 27(2-3)，1997。

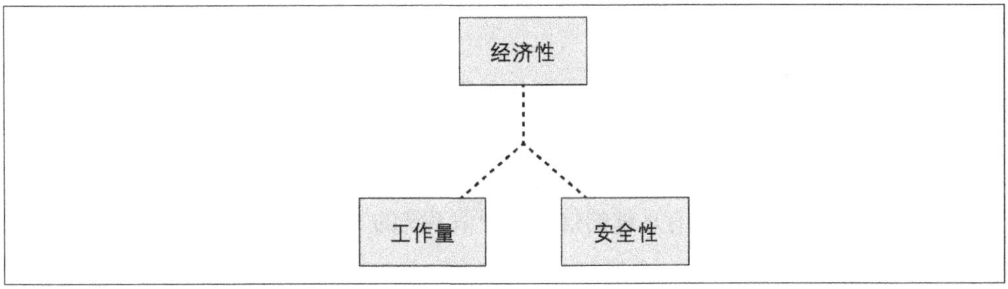

图 2-1：动态安全模型

2.1.1 经济性

你大概不会为软件工程师制定这样一条规则——不允许他们在上班的第一天就在云环境中启动一百万个实例。这样的规则没有必要。工程师心里都知道，他们有成本，他们所属的团队有成本，他们所使用的资源也有成本。这些都是常识。工程师都知道在云上启动一百万个实例非常昂贵，会使公司破产。类似地，工程师还会在理论上产生无数其他成本，但实际上并没有产生。因为这是我们已经可以应对的一种复杂形式。可以说，工程师对经济学中的边际[译注 1]概念是有直觉的。所以他们不会越过边界让橡皮筋绷断。

2.1.2 工作量

同样，工程师知道他们不可能在一周内工作 170 个小时左右。他们能够处理的工作量是有上限的。他们的团队在一个 sprint 迭代开发周期中可交付的功能数量是有上限的。他们所使用的工具和资源决定了他们可以处理的工作量的上限。没有工程师会指望在笔记本电脑上部署大规模系统。因为他们心里知道，大量用户的访问流量会超过笔记本电脑的工作负载能力，并导致系统崩溃。虽然工程师可以理解无数种其他形式的工作量的上限，但同样，我们也不会经常明确地考虑这些约束，因为我们也已经习惯于应对这种复杂形式。可以说，工程师对工作量的边际是有直觉的，他们不会越过边界让橡皮筋绷断。

2.1.3 安全性

模型中的第三个属性是安全性。在软件系统的上下文中，这既可以指系统的可用性，也可以指网络安全意义上的安全性[注 2]。安全性与前两个属性有所不同。在经济性和工作量方面，可以说工程师对边际是有直觉的。但对于安全性却不是。通常，对于到什么边界才会使安全性这根橡皮筋绷断，软件工程师并没有多少直觉。这就导致了生产事故既可

译注 1：在经济学中，边际的概念指“因引入新的变化，而所产生的新变化”。在本书中，可以将其理解为“超越边界，坠入深渊之前的余地”。

注 2：参见 Aaron Rinehart 所撰写的第 20 章，以了解更多混沌工程中有关安全性的内容。

能是停机，也可能是安全漏洞。

我们很乐意将上述观点扩大到针对所有软件工程师，因为在软件行业中，生产事故无处不在。如果工程师知道他们的安全性边际，并意识到他们正在接近边界，就会改变其行为，以避免发生事故。但这种情况很少发生。因为在几乎所有情况下，事故的发生都是出人意料的。工程师根本没有足够的信息来评估系统的安全性。因此他们绷断了那根橡皮筋。

更糟的是，工程师倾向于针对他们所能看到的进行优化。由于他们对“经济性”和“工作量”属性具有直觉，因此在日常工作中会一直看到这两者，从而会朝这两个属性移动(如图 2-2 所示)。这无意间会导致工程师远离安全性。这就导致了下面的后果——他们在优化经济性和工作量方面付诸努力，并取得成功，但因为远离安全性，所以他们会悄无声息和不知不觉地滑向系统出现故障的“深渊”。

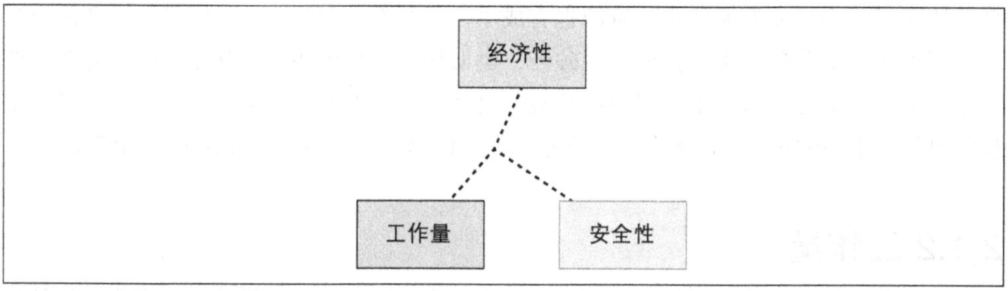

图 2-2：在动态安全模型中，当“安全性”属性不可见时，工程师往往会背离它，而不断靠近更可见的“经济性”和“工作量”属性

可以用下面的方法来向一个组织解释混沌工程所带来的好处——混沌工程可以帮助工程师培养本来就一直缺乏的有关安全性的直觉。从实验中所获得的经验证据能让工程师找到直觉。特定的实验结果能将相关特定漏洞的信息传授给工程师，从而可以修补漏洞。虽然还有其他一些价值，但目前为止，混沌工程更大的价值在于向工程师传授安全性方面的各种机制是如何在整个系统的复杂性中相互作用的。

更进一步，动态安全模型告诉我们，一旦工程师对边界有了直觉，他们就会默默地改变其行为，进行优化，以避免超出边界。他们会给自己留一点余地，以防止橡皮筋绷断。不用告诉他们要避免发生事故，要注意小心谨慎，要采用最佳实践。他们会默默地改变其行为，从而让系统更具韧性。由此可见，动态安全模型是混沌工程能够生效的基础。

2.2 复杂性的经济支柱模型

复杂性的经济支柱模型改编自 Kent Beck 在一篇文章[注3]中所提出的模型。而该模型又借鉴了 Trento 大学经济学系主任 Enrico Zaninotto 教授的一次演讲内容。该模型经过改编后能专门解决软件工程师所关心的问题。

如上一章所述，复杂性会使软件的设计、交付、操作和维护变得困难。在面对复杂性时，大多数工程师的直觉反应就是避免或减少复杂性。不幸的是，简化降低了效用，并最终限制了业务价值。成功的可能性随着复杂性的增加而增加。该模型提供了一种能帮助软件工程师应对复杂性的方法。

在复杂性的经济支柱模型中，有四个支柱（如图 2-3 所示）：

- 状态
- 关系
- 环境
- 可逆性

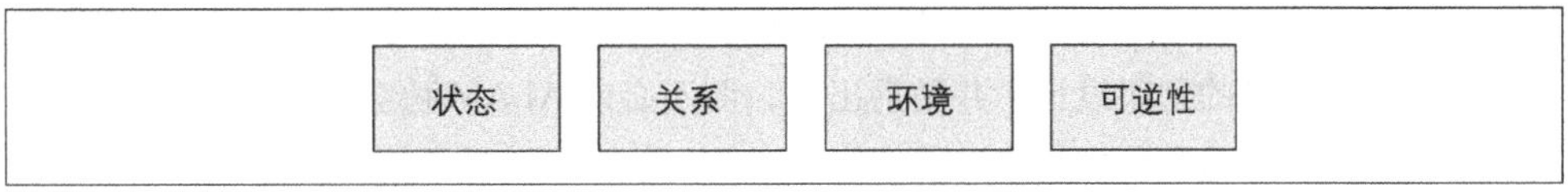

图 2-3：复杂性的经济支柱

该模型指出，组织可以控制其中某个支柱的程度，能反映出组织可以应对竞争性生产过程的复杂性的成功程度。虽然每个支柱都有例子来说明，但 20 世纪 10 年代中期的汽车制造公司福特是这些例子中的典型。

2.2.1 状态

> 在没有任何事先提醒的情况下，1909 年的一个早晨，我宣布将来我们将只制造一个型号的汽车，该型号就是“Model T”。另外，所有汽车的底盘都将完全相同。再补充一点：“所有汽车的颜色都将是黑色的，这样车主就可以为汽车涂上任何想要的颜色。”
>
> —亨利 · 福特[注4]

注 3：参见 Kent Beck 于 2015 年 7 月 7 日在 Facebook 上所发表的文章“Taming Complexity with Reversibility”（*https://oreil.ly/jPqZ3*）。

注 4：参见亨利 · 福特所著 *My Life and Work* (New York: Doubleday, 1922)，第 45 页。

正如亨利·福特所说，福特通过设计极大地限制了生产、销售和维护过程中的状态数量。所有零件都是标准化的。所有的差异都被删除。这有助于他们成功应对复杂而竞争激烈的汽车制造业。

2.2.2 关系

福特并不止步于限制产品的状态。他还通过实施自己的科学管理风格限制了制造过程中的关系数量。当时其他的汽车公司还在使用团队制造整辆汽车。这需要在整个生产过程中进行高度的沟通和协调工作。但在福特公司，任务被分解为一个个规定好的小动作。这些动作将组装的技术融入过程和预定的机械运动中。这样就不再需要依赖"关系"来在装配过程中进行沟通、协调和即兴决策。这也有助于他们成功地解决当时汽车制造业的复杂性。亨利·福特当时就知道这一点，并积极地捍卫这一优势。

2.2.3 环境

大多数组织都没有资源来控制或影响其周边环境，然而福特却能做到这一点。福特公司起诉 ALAM 协会（Association of Licensed Automobile Manufacturers，美国特许汽车制造商协会），最终瓦解了该协会对汽车制造行业的垄断。在那之前的几十年，ALAM 协会一直通过专利许可和诉讼来扼杀汽车制造业的创新。在那之后，福特公司可以自由地进行更多发动机的创新设计，并随后出售，而不必向 ALAM 协会支付高昂的许可费。几年后，福特本身就拥有足够的力量来影响立法，从而营造好环境，以使其产品在美国的经营更具可预测性。显然，这使该公司更有信心应对汽车制造业的复杂性。

2.2.4 可逆性

下面来看看可逆性。对福特来说很不幸，回退制造过程并不像倒车那样简单。汽车是不能轻易拆卸的。根据科学管理理念而进行的工厂设计所带来的效率也使即兴的设计决策变得非常困难。福特在控制或影响可逆性支柱方面表现得无能为力。

2.2.5 将复杂性的经济支柱模型应用于软件

在上面的示例中，福特能够精简前三个支柱，但不能精简第四个。这与软件有何关系？

大多数商业目标都鼓励增加"状态"的数量。事实确实如此，因为随着时间的推移，创建和保存更多数据（应用程序状态）能够增加产品功能和状态。人们通常希望产品功能更多，而不是更少。因此，软件通常无法简化"状态"。

在很大程度上，软件就是增加抽象层的工作。所新增的抽象层都需要新的"关系"。这几年的情况尤其如此，软件技术栈中的平均组件数量已显著增加。以典型的大规模系统部署为例，从云实例到容器再到“函数即服务”，多层虚拟化已成为常态。随着向微服务架构的迁移成为主流，软件行业似乎正在违背其最大利益，因为这种有意增加系统中各部分之间的“关系”的做法会使复杂性管理难上加难。许多软件公司正在向适应远程办公的远程组织结构转变，这也放松了对工作过程中所涉及的人际“关系”的控制。

对于掌控好“环境”译注2以更好地应对复杂性，软件工程师对此大多不知所措。实际上，情况似乎恰恰相反。几乎没有什么软件公司有规模和能力以有意义的方式影响其“环境”。这几乎使所有软件工程师都无法触及“环境”支柱。

软件在“可逆性”这里大放异彩。相比用硬件实现程序，“软件”一词本身就体现了更容易操纵程序执行的能力。对于软件“可逆性”的重大改进始于XP（Extreme Programming，极限编程）和敏捷开发。瀑布式方法是先前构建软件的通用方法，涉及前期规划、设计和冗长的交付过程。也许经过一年的开发，产品最终会摆在用户面前。如果用户不喜欢，那也是木已成舟无可挽回了。那时的软件没有太多“可逆性”。然而，XP中的短迭代改变了这种做法。几周之后，开发团队就能把半成品摆在用户面前。如果用户不喜欢，则可以将其抛弃。此时，逆转设计决策并不是严令禁止的行为。下一次迭代将更接近用户的需求，之后第3次迭代会更接近。希望到第4次迭代就能真正地符合用户的需求。这是基于过程来提高“可逆性”的方法。

软件的最大优点是可以做出明确提高可逆性的设计决策。对于Web应用程序开发来说，要部署新代码，只要刷新浏览器页面就行。这样就能大大改善应用程序的可逆性。可以显著改善可逆性的技术解决方案和架构决策的例子包括：版本控制、蓝绿部署、自动化的金丝雀发布、特性标记译注3、CI/CD（持续集成/持续交付）等。任何技术，只要能提高软件工程师将代码投入生产环境、变更决策，回滚或前滚该决策的能力，都可以提高“可逆性”，从而提高他们应对现代软件开发这个复杂系统的能力。

从这个角度看，优化可逆性是当代软件工程的美德。当在复杂系统上工作时，针对可逆性的优化会带来很多好处。该模型也是混沌工程的基础模型。混沌工程中的实验能揭示系统哪些方面违背了“可逆性”。在许多情况下，这一点只有当工程师有意为之时才有效。

虽然可以把效率作为一个业务目标，但这个目标也很脆弱。混沌实验可以使脆弱的地方浮出水面，然后可以“反优化”其效率，或者说可以优化其“可逆性”。这样，如果脆

译注2：此处原文为“关系”，但与后文意图不符，疑为原文笔误。

译注3：又名“特性开关”，即能够决定软件特性是否投入使用的开关。主要好处是能凭借开关，将半成品尽早频繁小批地进行部署和测试，从而能尽早发现漏洞，而不会影响原有的功能。

弱之处出现故障，系统的其余部分就能即兴应对并做出不同的决策。混沌工程就像泛光灯一样，可以广泛地“照出”软件工程师可以针对可逆性进行优化的地方。

2.3 系统化视角

与其他实践不同，混沌工程具有全局性和系统化的视角。帮助工程师形成安全边界的直觉，能潜移默化地改变他们的行为，从而获得更好的安全成效。帮助工程师明确地确定“可逆性”的目标，能帮助他们针对韧性系统的即兴特征而进行优化。这两种模型都可以理解为“混沌工程”实践的基础，可以帮助工程师应对复杂性，在其中游刃有余，而不是一味与之抗争。接下来的章节会讨论不同组织实践混沌工程的几个例子。当在阅读这些例子时，请回想一下混沌工程是如何改善他们对安全边界的直觉，并识别改进可逆性的目标的。这些是安全地应对复杂系统的关键。

第 3 章

原则概述

在 Netflix 的混沌工程实践之初，大家实际上并不明确这门学科究竟是什么。关于如何让服务更可靠存在着许多误解。比如那时经常听到这样一些口号——拔掉电缆、在生产环境搞破坏或在生产环境进行测试。另外，也几乎不存在混沌工程实际工具的例子。Netflix 成立混沌工程团队就是要创建一门有意义的学科。该学科能够借助工具主动提高可靠性。我们花了几个月的时间研究韧性工程和其他学科，并提出混沌工程的定义和蓝图以造福他人。混沌工程的定义已经以宣言的形式上线（*https://principlesofchaos.org*），称为“混沌工程原则”(有关混沌工程是如何产生的，请参见“导言”）。

与任何新概念一样，混沌工程时常被误解。本章各节会探讨混沌工程是什么以及不是什么。该实践的黄金标准将在 3.3 节中介绍。最后，将讨论哪些因素可以改变混沌工程原则的未来走向。

3.1 混沌工程是什么

混沌工程原则定义了混沌工程学科，以便大家了解何时该进行、该如何进行以及该如何做好混沌工程。如今，混沌工程的通用定义是“促进发现系统弱点的实验”。混沌工程原则的网站概述了如下实验步骤：

1. 首先定义“稳态”(steady state，稳定状态)，以表示系统正常行为的某些可测量的输出。
2. 建立如下假说——对照组和实验组都将持续这种稳态。
3. 引入反映真实事件的变量，例如崩溃的服务器、发生故障的硬盘驱动器、断开的网络连接等。
4. 试图通过在对照组和实验组之间寻找稳态差异来推翻这一假说。

该实验构成了混沌工程的基本原则，并为实验的实施提供了很大的自由度。

3.1.1 实验与测试

在 Netflix，我们发现首先必须要做出的澄清是，混沌工程是一种实验而非测试。可以说，“质量保证”涵盖了两者，但该词在软件行业通常具有负面含义。

最初，Netflix 的某些团队会问混沌工程团队：“难道你们就不能编写一堆集成测试来发现同样的问题吗？”从理论上讲，这种观点是务实的。但实际上，不可能从集成测试中获得理想的结果。

严格来说，测试不会创造新知识。测试要求编写测试的工程师知道要验证的系统的特定属性。如第 2 章所述，复杂系统对于这种类型的分析是不透明的。对于复杂系统中各个部件所有的潜在相互作用所带来的所有潜在副作用，人类根本就无法理解。这使我们得出了测试的下述关键特性。

测试会根据现有知识做出一个断言，然后执行测试，并给出该断言的结果（通常为真或假）。测试是关于系统已知属性的声明。

另一方面，实验创造了新知识。实验提出了一个假说，只要假说不被推翻，对该假说的信心就会增强。而如果假说被推翻了，那就会学到一些新东西。这就能启动一个调查，以弄清楚假说为什么是错的。在复杂系统中所发生的事情的原因通常都不会是显而易见的。实验可以建立信心，也可以让我们学到系统的新属性。这是对未知的探索。

因为测试需要有人提前提出断言，所以仅凭测试是无法取得通过实验而收获的洞察的。实验引入了一种发现新属性的正规方法。而当发现了系统的新属性后，完全可以将其转换为测试。实验还有助于将有关系统的新设想编码为新的假说，从而创建类似“回归实验”的实践，以便随着时间的推移而对系统做进一步探索。

由于混沌工程诞生于应对复杂系统问题，因此该学科必须体现实验性而非测试性。从探索大规模系统中的可用性漏洞的角度出发，混沌工程原则中所提炼的 4 个步骤大致都遵循了有关实验的公认的定义。

结合将先前概述的步骤应用到大规模系统上的实际经验，以及深刻的内省，混沌工程团队对混沌工程实践的洞察超出了实验的范畴。这些洞察形成了“高级原则”，可指导团队提升混沌工程的成熟度，并帮助他们制定可以指导工作的黄金标准。

3.1.2 验证与清查

在运维管理和物流规划领域，验证（verification）和清查（validation）的定义是不同的。而混沌工程更偏重于验证。

验证

复杂系统的验证是在系统边界分析输出的过程。比如房主可以通过测试水槽（系统边界）中的污染物，来验证水（输出）的质量，而无须了解管道或市政供水系统（系统部件）的功能。

清查

复杂系统的清查是分析系统的各个部件并建立反映部件之间的相互作用的思维模型的过程。房主可以通过检查所有管道和基础设施（系统部件）来清查水质。这些管道和基础设施会采集、清洁和输送水（功能部件的思维模型），并将水输送到居民区中的千家万户。

这两种做法都是有用的，并且都可以建立对系统输出的信心。作为软件工程师，我们经常会偏向于强迫自己去深入研究代码，并验证代码是否反映了我们关于代码应如何工作的思维模型。与这种偏好相反，混沌工程极力主张进行验证而不是清查。混沌工程所关心的是某事是否有效，而不是如何工作。

请注意，在上面有关管道的隐喻中，虽然可以清查用于提供清洁饮用水的所有组件，但由于某些未曾想到的原因，最终水龙头里流出来的仍是被污染的水。在复杂系统中总是存在不可预测的交互。但是，如果验证水龙头流出的水是干净的，那么就不必操心水是如何来的。在大多数业务案例中，比起考虑系统的实现是否符合我们的思维模型，系统的输出要重要得多。混沌工程更关心业务和输出，而不是正在互动的各个部件的实现或思维模型。

3.2 混沌工程不是什么

有两个概念经常和混沌工程混淆——在生产环境中搞破坏和反脆弱。

3.2.1 在生产环境中搞破坏

在博客文章或会议演讲中，人们时常会将混沌工程描述为“在生产环境中搞破坏”。对于能从混沌工程中获益良多的大型企业以及其他复杂系统的运营者来说，尽管这句话听起来很酷，但对他们并没有吸引力。有关混沌工程的一个更好的说法是：修复生产环境中的漏洞。“搞破坏”很容易，但完成下述事情很难：减小爆炸半径，对安全性进行批判性思考，确定漏洞是否值得修复，决定是否应该进行实验，等等。“搞破坏”可以用无数的方式来完成，且花费的时间也很少。但更大的问题是，在不知道系统部件已被破坏的情况下，该如何推测出哪些部件已经被破坏？

"修复生产环境中的漏洞"能更好地体现混沌工程的价值，因为整个混沌工程实践的重点是主动提高复杂系统的可用性和安全性。现在已经有很多对事故做出应急反应的学科和工具，比如告警工具、事故响应管理、可观测性工具、灾难恢复计划等。其目的是当事故发生后能缩短检测时间和修复时间。有人可能会说，SRE（Site Reliability Engineering，网站可靠性工程）是一门兼具被动性和主动性的学科，可以通过从过去的事故中获得知识，并将知识进行社交化来防止将来发生类似的事故。而混沌工程是软件行业中唯一专注于主动提高复杂系统安全性的学科。

3.2.2 反脆弱

熟悉纳西姆·塔勒布[注1]（Nassim Taleb）所提出的反脆弱性概念的人，经常会认为混沌工程本质上是反脆弱的软件版。塔勒布认为，诸如"低剂量毒物兴奋效应"之类的词，已不足以表达复杂系统的适应能力。因此他发明了"反脆弱"一词，指系统当受到随机压力时能变得更强的特性。混沌工程和反脆弱之间一个重要的关键区别是混沌工程能教育系统维护人员，让他们认识到混沌为系统所固有，从而使他们成为一支更具韧性的团队。而相比之下，反脆弱却给系统加入混沌，并希望系统在响应混沌时能变得更强大，而不是屈服于混沌。

作为框架，反脆弱的观点与学术界所研究的韧性工程、人因学和安全系统都不一致。例如对于提高系统健壮性而言，反脆弱建议的第一步是寻找并消除弱点。这项建议看似直观，但韧性工程告诉我们，对于安全性而言，寻找做对的地方要比寻找做错的地方提供的信息要多得多。反脆弱的下一步是添加冗余。这似乎也很直观，但是添加冗余既可以缓解故障，也可以导致故障。在有关韧性工程的文献中有众多冗余所导致的安全性故障案例[注2]。

这两种思想流派之间还存在许多其他分歧。韧性工程是一个有着数十年历史，并正不断发展的研究领域。而反脆弱则游离于学术界之外，且缺乏同行评审。因为两者都是要应对混沌和复杂系统，所以很容易就产生两者可以融合在一起的感觉。但反脆弱实际上并不具备混沌工程所拥有的经验主义和理论基础。由此，两者在根本追求上就已分道扬镳[注3]。

注1：纳西姆·塔勒布（Nassim Taleb），*Antifragile: Things That Gain from Disorder*，纽约企鹅出版社，2012年出版。

注2：也许冗余导致安全性故障最著名的例子是1986年的挑战者航天飞机失事。即使在之前5年的50次发射任务中，固体助推器的主O型密封圈已遭损坏这一事实，已在NASA内部众所周知，但因为O型密封圈已经做了冗余，再加上另外两个原因，NASA最终还是批准继续执行发射。参见Diane Vaughan所著*The Challenger Launch Decision*，芝加哥大学出版社，1997年出版。

注3：Casey Rosenthal，"Antifragility Is a Fragile Concept"，LinkedIn博客，2018年8月28日，*https://oreil.ly/LbuIt*。

3.3 高级原则

混沌工程的基础是经验主义，实验高于测试，验证高于清查。但是，并非所有的实验都同样有价值。混沌工程原则中的高级原则首次描述了混沌工程的黄金标准。高级原则如下：

- 建立关于稳态行为的假说
- 多样化地引入现实世界的事件
- 在生产环境中进行实验
- 持续运行自动化实验
- 最小化爆炸半径

3.3.1 建立关于稳态行为的假说

每个实验都始于一个假说。对于可用性实验，表述形式通常为：

> 即使在 ______ 情况下，用户仍然拥有良好的使用体验。

相比之下，安全性实验的表述形式通常为：

> 一旦 ______ 情况发生，安全团队将收到通知。

上述两种实验表述形式中的空格内应填写哪些变量，参见 3.3.2 节。

高级原则强调围绕稳态定义建立假说。这意味着要关注系统预期的运行方式，并通过度量的方式表现出来。在上述表现形式的示例中，默认情况下，用户大概会拥有良好的使用体验，并且通常在某些违反安全控制的事情发生时会通知安全团队。

混沌工程对稳态的关注迫使工程师暂且抽身代码之外，从而关注系统的全局性输出。这一点表现出混沌工程对验证的偏爱。工程师经常有一种冲动，要深入研究问题，并找到导致系统异常行为的“根本原因”，并尝试通过还原主义（reductionism）来理解系统。虽然深入钻研有助于探索，但这会稀释混沌工程可以提供的最佳学习效果。在最佳情况下，混沌工程聚焦于 KPI（Key Performance Indicator，关键绩效指标），或其他可以明确跟踪业务优先级的指标。而这些指标就是稳态的最佳定义。

3.3.2 多样化地引入现实世界的事件

该高级原则指出，实验中所引入的变量应反映现实世界的事件。尽管从事后角度看来，这似乎显而易见，但下述两个理由能充分说明，必须要明确列出这一点：

- 在实验中选择引入哪些变量，通常的选择标准是看是否易于执行，而不是看是否能提供最大的学习价值。
- 当选择实验变量时，工程师倾向于选择那些能反映他们的体验而不是用户体验的变量上。

避免走捷径

实际上，对于混沌工程这样一个功能强大的实践而言，混沌猴[注4]这个工具就显得有些简单了。这个开源产品每天会针对每个服务随机关闭一次实例（虚拟机、容器或服务器）。当然可以如此这般来使用它，但在大多数组织中，bash 脚本就可以提供相同的功能。这基本上就是最容易实现的混沌工程实践。而云部署和如今的容器部署可在一定程度上确保大规模系统中的实例（虚拟机或容器）能自发消失。但混沌猴能复现该变量，并增加事件发生的频率。

如果对基础设施具有 root 级别的特权，那么这样做就很有用，且很容易就能使实例消失。但拥有 root 级别特权会诱使你做其他容易以 root 身份完成的事情。考虑在一个实例上引入以下变量：

- 终止实例
- 完全占用实例的 CPU
- 占用实例上的所有可用内存
- 填满实例的磁盘
- 关闭实例上的网络

这些实验有一个共同点：它们都可导致实例停止响应。从系统的角度来看，这些都等效于终止实例。所以做完第 1 个实验后，就无法从后面 4 个实验中学到任何新东西了。所以后面的实验本质上就是浪费时间。

从分布式系统的角度来看，几乎所有有趣的可用性实验都是通过影响延迟或响应类型来完成的。而终止实例是无限延迟的一种特例。在当今的大多数在线系统中，响应类型通常是状态码的同义词，例如将 HTTP 200 系列状态码更改为 500 系列状态码。这样，大多数可用性实验都可以使用改变等待时间和更改状态码的机制来构建。

与简单地完全占用 CPU 或填满实例上的内存相比，改变等待时间要困难得多。因为这

注 4：混沌猴曾经是混沌工程最初的工具。有关混沌工程如何产生的历史，参见本书“导言”。

需要所有相关的 IPC（Inter-Process Communication，进程间通信）层的协调参与。这可能意味着要修改 sidecar（边车）、软件定义的网络规则、客户端库包装程序、服务网格，甚至轻量级的负载平衡器。这些解决方案中的任何一个都需要不小的工程投资。

3.3.3 在生产环境中进行实验

实验可以向你传授系统的相关信息。如果在准生产测试环境中进行实验，那么只能对该环境建立信心。如果准生产测试环境和生产环境不同（通常无法预测），那么上述实验就不能让你对自己真正关心的生产环境建立信心。因此，最高级的混沌工程都发生在生产环境中。

这个原则并非没有争议。当然，某些领域存在这样的法规，要求排除任何可能会影响生产系统的因素。在某些情况下，在生产环境中运行实验会存在无法克服的技术障碍。重要的是要记住，混沌工程的目的是发现复杂系统所固有的混沌，而不是带来混沌。如果明知实验会产生不良结果，那么就不应该进行实验。这在生产环境中尤其重要，因为证实了系统稳态假说不成立的后果很严重。

作为高级原则，在生产环境中进行实验并不存在“要么不做，要么全做”的价值主张。在大多数情况下，初始阶段在准生产系统上进行实验是有意义的。一旦实验工具在准生产环境上发展成熟，再逐渐过渡到生产环境。在许多情况下，混沌工程会首先在准生产环境上发现有关生产环境的关键洞察。

3.3.4 持续运行自动化实验

该原则揭示了一种在复杂系统上工作的实用方法。引入自动化有两个原因：

- 相比人类手动操作，自动化能覆盖更多的实验集。在复杂系统中，可能导致事故发生的条件如此之多，以至于无法将其规划出来。实际上，由于事先无法知道这些条件，所以无法计算其数量。这意味着人类无法在合理的时间内可靠地在解决方案空间内搜索可能的影响因素。而针对可能会导致不良系统结果的漏洞，自动化提供了一种规模化搜索的方法。
- 随着时间的推移，系统的未知部分会发生变化，所以需要持续地使用经验主义的方法来验证假设。想象一个系统，其中给定组件的功能需要依赖其他组件。而其他组件又处于系统主操作人员的控制范围之外。在几乎所有的复杂系统中，这一点司空见惯。如果上述给定组件与所有依赖组件之间的耦合并不紧密，那么完全有可能其中一个依赖组件发生了变更，并产生漏洞。而自动化所提供的持续实验可以发现这些问题，从而让主操作人员认识到，其系统的操作方式会随时间变化而发生变化。这些变化可能是性能改变（例如，网络带宽正被相邻网络所发出的“噪声”请求所填满），可能是功能改变（例如，下游服务的响应信息包含了可能影响其解析方式的额外信息），也可能是人类期望的改变（例如，原工程师离开了团队，而新的操作人员不太熟悉代码）。

自动化本身也可能会带来意想不到的后果。第三部分第 11 章和第 12 章探讨了自动化的一些利弊。高级原则坚持认为，自动化是一种先进的机制，可以探索解决方案空间所隐藏的漏洞，并通过持续验证假说了解复杂系统所发生的变化，从而揭示有关漏洞的深层知识。

3.3.5 最小化爆炸半径

Netflix 的混沌团队发现，设计更安全的实验方法可以大大降低实验对生产流量造成影响的风险。所以最后的这个高级原则就被添加到混沌工程原则中。在与变量组进行对比时，通过精心编排对照组就可以构建实验，以便当稳态假说不成立时，将对生产环境中用户流量的负面影响降到最低。

团队如何实现最小化爆炸半径的目标与所面对的复杂系统的上下文高度相关。在某些系统中，这可能意味着使用影子流量，或将对业务有重大影响的请求排除在实验之外。例如超过 100 美元的交易，或为在实验中出现失败的请求进行自动重试。而第 16 章会讨论混沌工程团队在 Netflix 的工作，包括采样用户请求、黏性会话及类似功能。这些功能都被添加到 ChAP[注5]（Chaos Automation Platform，混沌自动化平台）中。这些技术不仅限制了爆炸半径，还带来加强信号检测效果的额外好处。因为与一个较小的对照组相比，一个较小的变量组的指标通常都是显而易见的。不管最小化爆炸半径是如何实现的，这个高级原则都在强调，在混沌工程真正成熟的实现中，实验的潜在影响是可以通过设计来限制的。

上面提出的所有高级原则都是引导和启发，而不是命令。它们都源于实用主义。不管是否采纳这些原则，都应牢记这一点。

聚焦用户体验

谈到改善开发人员的体验，有很多内容可以讨论。DevUX 是一门被忽视的学科。不同的角色齐心协力来改善软件工程师的下述工作体验——编写、维护和交付代码到生产环境，以及在出现问题时进行回退，这将带来巨大的长期收益。但话又说回来，混沌工程带来的大多数业务价值来自发现生产系统中的漏洞，而不是开发过程中的漏洞。因此，对于混沌工程来说，转而关注可能影响用户体验的变量会更有意义。

由于在混沌实验中选择变量的角色通常是软件工程师而非用户，因此有时会缺乏对

注 5：Ali Basiri 等，“ChAP: Chaos Automation Platform”，The Netflix Technology Blog，2017 年 7 月 26 日，*https:// oreil.ly/U7aaj*。

用户体验的关注。比如一部分混沌工程师热衷于引入“遭损坏的数据”实验就是一个关注点被误导的例子。在许多地方，“遭损坏的数据”实验都很有必要且极具价值。验证数据库的可用性就是一个明显的例子。但将损坏的响应载荷传递给客户端可能就不是一个好例子。

考虑下述越来越常见的实验——响应载荷遭到损坏。所以返回给客户端的是格式错误的 HTML 或损坏的 JSON。但这种实验变量不太可能在现实世界中发生。即便确实发生，一方面很可能只发生在个别请求上，另一方面也很容易通过一些方法来调整，如用户行为（重试事件）、后备应急机制（另一种重试事件），或者使用处理方式优雅的客户端（例如网络浏览器）。

作为工程师，可能会经常遭遇接口契约不匹配的情况，也会看到与代码进行交互的程序库的行为方式并不是我们希望的。我们花费大量时间调整交互方式以从这些程序库中获得所需的行为。由于已经看到了很多不想要的交互行为，因此就认为有必要进行实验来暴露出这些情况。但这个假设并不成立。在这些情况下无须进行混沌实验。对接口契约不匹配的情况进行协商是开发过程的一部分。这种发现仅对工程师才有意义。一旦代码正常运行，一旦接口契约已经达成，一束宇宙射线或一个“烤热”的晶体管是极不可能“歪曲”程序库的输出，并损坏正在传输的数据的。即便由于程序库的变更或类似的影响，这就是要解决的问题，那它也是系统的已知属性。而已知属性最好通过测试来解决。

混沌工程这门新兴学科还没有足够长的时间来形式化用于生成实验变量的方法。有些方法很明显，例如引入延迟。有些方法需要进行分析，例如添加适当的延迟量以引起排队效果，同时又不能超过告警限制或 SLO（Service-Level Objective，服务等级目标）。有些方法是高度上下文相关的，例如以某种方式降低某个第二层服务的性能，从而导致另一个第二层服务暂时成为第一层服务。

随着这门学科的不断发展，我们期望这些方法能够产生用于生成实验变量的正式模型，或者至少产生能够反映整个行业普遍体验的默认模型。同时，应避免走捷径，要关注用户的体验，并多样化地引入现实世界的事件。

3.4 原则的未来

自混沌工程原则发布以来的几年中，我们已经看到混沌工程在不断演化，以应对新行业中的新挑战。随着采用该原则的范围在软件行业中不断扩展，并进入新的垂直领域，该实践的原则和基础必将继续演化。

2015 年，当 Netflix 认真地在混沌社区日开始对混沌工程进行宣传时，其团队遭到了大量抵制，特别是来自金融机构的抵制（有关混沌社区日和混沌工程早期宣传的更多信息，参见本书“导言”）。金融机构普遍担心：“混沌工程可能适用于娱乐服务或在线广告，但我们的线上系统操作的可是真金白银啊。”混沌工程团队对此的反问是：“你们的系统会发生停机事故吗？”

答案当然是“会”。面对承载真金白银的金融机构的线上系统，即便是最好的工程团队也会遭遇停机事故。混沌工程团队给出了两个选择：要么继续以某种无法预测的频率和严重程度对待停机事故，要么采取混沌工程这样的主动策略来了解风险，以预防更大范围和不受控的事故。很多金融机构对此表示赞同。现在世界上许多大型银行都启动了专门的混沌工程项目。

另一个对混沌工程表示担忧的行业是医疗保健业。行业人士担心：“混沌工程可能适用于在线娱乐或金融服务，但我们的线上系统关乎人命。”混沌团队再次反问：“你们的系统会发生停机事故吗？”

此时，可以更加直接地唤起人们对医疗保健系统基础的认识。之所以选择具有经验主义特色的实验作为混沌工程的基础，是直接受到了卡尔·波普尔的可证伪性概念（*https://oreil.ly/6M5zW*）的影响。而可证伪性已成为西方科学和科学观念的基础。在实践中，波普尔的可证伪性概念的顶峰就是临床实验。

从这个意义上讲，西方医疗保健系统的巨大成功是建立在混沌工程的基础上的。现代医学依赖于双盲实验，生命悬于“线上”。只不过业界使用了不同的名字——临床实验。

长久以来，混沌工程的各种形态已经隐含在许多其他行业中了。将实验置于离用户最近的生产环境，尤其用于其他行业的软件实践中，可以为实践提供动力。强调这一点，并将其明确命名为混沌工程，便于对其目的和应用进行战略化设计，吸取其他领域的经验教训，并将其应用于我们自己的领域。

本着这种精神，我们可以在各行各业中探索混沌工程。这些行业的样子与混沌工程实践的常用案例（如典型的大规模微服务系统）截然不同。金融科技、自动驾驶汽车（AV）和对抗机器学习（Adversarial Machine Learning）可以教会我们有关混沌工程的潜力和局限性。机械工程和航空航天甚至能进一步扩大我们对混沌工程的理解范围，使我们从软件领域进入硬件和物理原型制作领域。混沌工程已经超越了系统可用性范畴，而开始进入系统安全性领域，成为系统安全性这枚硬币的另一面。所有这些新的行业、用例和环境将推动混沌工程基础和原则的持续演进。

第二部分

投入实战

我们认为用本书展示来自不同组织的各种声音是很重要的。不存在一个万能的"混沌工程"计划。虽然文中所提出的一些观点和指导意见并不完全一致，但这没有关系。我们无须回避一些常见的分歧和对立的观点，如在混沌工程项目中构建一个"大红按钮"，以及"混沌工程"的形式到底是测试还是实验[注1]。

我们特别从 Slack、谷歌、微软、LinkedIn 和第一资本金融公司的视角，先讲述真实的例子，然后让读者挑选与自己的情况最相关的内容。在复杂系统中，上下文决定一切。

Richard Crowley 首先在第 4 章介绍了 Slack 公司在混沌工程方面的独特做法。面对既有遗留系统又有现代化的软件系统，Slack 为探索混沌工程的不同做法提供了一个内容丰富的样本。Richard 天才地开发出 Game Day[译注1] 这种独特的方法："通过 20 多次演练，Game Day 发现了大量漏洞，验证了新旧系统的安全性，并影响了许多工程团队系统研发的路线图。"

Jason Cahoon 在第 5 章中带我们领略了谷歌类似于混沌工程的实践，称为" DiRT"。谷歌运营 DiRT 系统已有相当长的一段时间了，所以他们在探索混沌工程方面的经验首屈一指。该章探讨了谷歌这套方法背后的理念："仅仅希望系统在极端情况下能够可靠地运行，并不是一个好策略。必须要期望系统会失效，设计时要时刻考虑失效场景，并不断验证设计，使得系统在发生失效时仍然有效。"该章还描述了长期实践混沌工程的重点和价值，强化了我们在复杂系统分析中所讨论的主题：" DiRT 系统并不是仅仅为了在生产环境搞破坏而去搞破坏。它的价值在于发现未知的故障模式。"

"很不幸，一切都没有按计划进行。"这句话可以描述我们在运营一个大规模系统时所遇

注 1：本书的两位作者认为混沌工程是一种实验形式。然而一些篇章作者对此并不认同，而是使用"测试"一词。参见 3.1.1 节。

译注 1：又称"游戏日"或"比赛日"，指软件开发团队专门选择一个工作日，各角色一起协作在系统上运行混沌工程实验，以主动发现并修复未知的系统漏洞，从而提高系统稳定性。

到的种种意外。在第 6 章中，Oleg Surmachev 对如何确定实验的优先级提供了非常有条理的建议。线上事故的潜在影响是本章的重点。在寻找“未知事件 / 意外后果”之前，尽力寻找可以想象出的弱点有助于建立一个更强大的系统，并能砍掉不必要的实验。

在第 7 章中，Logan Rosen 强调了客户体验的重要性。幸运的是，在混沌实验中，有许多策略可以将爆炸半径和对客户的潜在影响降至最低。Logan 带我们领略了 LinkedIn 实现这一策略的混沌工程项目。“虽然对客户的一些小影响不可避免，但务必将混沌工程实验对最终用户造成的危害降至最低，并制定简单的恢复计划，以使一切恢复正常。”

最后 Raji Chockaiyan 在第 8 章中介绍了第一资本金融公司多年来所实践的混沌工程计划。Raji 描述了该学科的发展过程，从小型的手动操作到需要大量协调工作的 Game Day 再到现在所支持的公司内部各种复杂的工具。所有这些都是在过程和结果受到严格监管的背景下进行的：“在银行业务领域，设计可观测性和审计追踪功能的能力与设计可定制化实验的能力一样重要。”

希望上述 5 个实例能够表明，混沌工程这门学科既成熟得可以沉淀有价值的文献和常见的行业惯例，又年轻得可以灵活地对学科进行解释和实现。

第4章

Slack的灾难剧场

Richard Crowley

如果团队和工具不是天生就带着混沌工程的基因，那该如何实践？针对那些基于"计算机可以并且应该能长期持久运行"的思维方式而设计的系统，要想用混沌工程的理念对其进行改造似乎是一项异常艰巨的任务。与新兴的云原生系统相比，以上述思维方式设计出的复杂系统更无法适应底层计算机极端不稳定的状态。这样的系统在最佳条件下可能表现良好，但是一旦出现故障，服务会迅速降级，有时甚至会出现灾难性的后果。

你可能"骄傲地"拥有这样的系统。虽然系统在设计时并没有考虑混沌的情况，但不管人们是否喜欢这一点，随着规模的扩大，以及持续对系统提出能完成更多、速度更快和性能更可靠的开发要求，混沌必将来临。此时系统已经处于疲于应付的状态，没有时间重写。在旧系统上应用新的混沌工程实践可能会使情况变得更糟。此时需要不同的策略。

本章介绍一种能安全且系统地测试复杂系统的策略。该策略通过缜密且可控的方式为复杂系统引入故障和网络分区，而无须要求这些系统一定要本着混沌工程的思维方式进行设计。然而，帮助团队了解软件的脆弱性，促进改进并验证系统是否可以承受预期的故障是一个过程，而非仅靠自动化工具就能解决。自2018年年初以来，Slack一直在积极地实践该过程。通过二十多次演练，该过程发现了许多漏洞，证明了新旧系统的安全性，并影响了许多工程团队的路线图。

不过，该过程的第一步就是确保所关注的系统至少在理论上能够承受可以预期的各种故障。

4.1 旧系统的混沌工程改造

能使系统更具容错性的工具和技术同样也是让系统实现现代化，迈向云原生，使其更可靠或更可用的工具和技术。让我们一起回顾一下。

4.1.1 旧系统中常见的设计模式

相比当今正在构建的新系统，现有的系统（尤其是老旧的现有系统）更有可能假设单个计算机的使用寿命会很长。这个简单的假设是许多不具容错性的系统的设计核心。在做出这个假设的年代，人们将使用备用计算机视作资源浪费，应该尽力避免。从那时起，这种假设就一直存在于我们的系统设计中。

当在物资匮乏的年代，人们很可能会在购买计算机后不久就会为其安装操作系统，一次配齐所有工具，并在其整个生命周期内对其进行升级。这种整备过程会是高度自动化的，特别是当需要一次整备多台计算机时。但启动该过程可能需要手工进行。而当需要安装的计算机数量较少时，手工整备过程则更常见。

同样，故障切换也通常是手工操作。当操作员判定出现了故障或需要纠偏时，就会做出适当的响应。在特别老的系统中，系统从出现故障到完成故障切换所花费的时间就是让客户不快的停机时间。人们会认为故障切换很少发生，因此将其自动化（在某些情况下甚至相关的文档和培训）显然是不值得的。

现有系统落后于当代先进技术的另一个领域是备份和还原。从积极的方面看，这些系统几乎肯定会做备份。但这些备份是否可以还原以及是否可以快速还原是不能肯定的。与故障切换一样，从备份中还原被视作罕见的事件，所以自动化显然不值得。

我们更容易接受对于不太可能发生的事件所造成的潜在后果。因为这些事件也许将来根本就不会发生！而当故障率随着系统规模的增长而增加，或者当后果变得难以为企业所接受时，那些本着接受这些风险的态度而构建的现有系统将会处境艰难。

为了使讨论内容更完整，这里简要介绍一下单块架构系统在实践混沌工程时所面临的问题。首先并不存在这样一个精确的阈值，系统一旦越过这个阀值，就会成为单块架构。系统是否是单块架构是一个相对的概念。单块架构系统本身并不具有与面向服务的架构（SOA）相近的容错性。但是，由于改动的影响面大，难以进行增量的变更以及难以限制故障的爆炸半径，单块架构更加难以进行混沌工程改造。也许单块架构的拆分已经提上议事日程，也许没有。但这两条道路都可以实现容错性。

4.1.2 新系统中常见的设计模式

相比之下，当今新设计的系统很可能会假设单个计算机会频繁地切换运行与停机状态。这种新的思维方式会带来很多后果，但其中最重要的是，系统被设计为可以同时在 n 台计算机上运行，并当其中一台出现故障后，系统仍然能在剩下的 $n-1$ 台计算机上继续运行。

具有以下特点的系统健康检查机制起着至关重要的作用——既能深入检测以查出问题，又能灵敏应对以避免因服务之间的依赖性而导致层叠失效，该机制能从服务中删除出现故障的计算机，并通常会自动启动新的计算机来进行替换。

实例替换（单个计算机通常被云服务提供商称为实例）是现代化的系统采用的强大策略。它具备上述容错能力，以及类似蓝绿部署的稳态运维模式。在有数据存储的系统中，实例替换为自动和频繁地测试备份能否被还原提供了能力和动力。

再次强调，更偏向单块架构的系统还是可以利用上述设计模式的优势的。但是，将新功能以服务的形式发布出来并与现有的单块架构系统进行协作是一种已被验证可靠的架构选择。

4.1.3 实现基本的容错性

混沌工程实验应该在生产环境（不仅在开发和准生产环境）中进行，并且应该可以自信地断言实验对客户的影响可以忽略不计。如果运行的任何系统都采用了旧系统中常见的设计模式，那么可以采取一些投入少见效快的措施。

首先，让备用容量保持在线。在系统正常运维期间保持至少有一台备用的计算机在线（与仅处理硬盘故障的 RAID 相比，这样做能涵盖更多类型的硬件故障，并能实现应用程序级别的正常降级，因为特定的应用程序可能无法实现这一点），可以作为容错的开始。当一台或几台计算机出现故障时，可以使用上述备用容量来满足因故障而无法处理的请求。

一旦备用容量可用，可考虑如何自动将出现故障的计算机从服务中移除（可在深入实践混沌工程之前）。不过，不要止步于自动移除，要进一步实现自动替换。在这里，云服务提供了一些明显的优势。虽然优化实例整备很容易让人兴奋不已（也很有趣），但适用于大多数系统的是实现基本的自动容量伸缩，即当实例终止时能以新实例进行替换，从而保持实例在线总数不变。自动实例替换必须可靠。让替换后的实例投入工作的时长必须比两次故障之间的平均间隔时长要短。

某些系统（尤其是存储数据的系统）会包含一台领导机和许多追随机。虽然领导机的选举及其与追随机之间达成共识很容易让人兴奋不已（也很有趣），但同样，此时足够满足大多数系统的实现是将人类行为排除在关键路径之外。当对有依赖性的服务进行超时和重试策略审计时就是引入自动故障切换的最佳时机。应该寻找短暂而合理的超时时长，使其长到能完成自动故障切换，并寻找合理的重试次数，从而使其在带有一点抖动的情况下能以指数方式降低。

桌面演练可以使你确信系统已准备好。在这种演练中，团队会依次详细讨论当出现故障时系统预期的行为。但是，在复杂系统中，这种纸面上的信心还远远不够。真正赢得信心的唯一方法是在生产环境中引发故障。本章的其余部分将介绍 Slack 公司如何安全地实践此过程。

4.2 灾难剧场

我称此过程为灾难剧场。当要从工程师繁忙的日程表中挤出时间，并要求他们改变以往开发和运维软件系统的方式，令人难忘的实践品牌名称确实会有所帮助。灾难剧场最初是一个讨论系统故障主题的论坛名称。这是一个持续进行的系列演练，期间我们聚在一起，有意使 Slack 公司的某一部分系统出现故障。

4.2.1 目标

灾难剧场挖掘了各种过去处理问题的权宜之计，重新找回了各种对系统故障的恐惧，并承担了各种系统故障的风险。所以每个灾难剧场演练都有所不同。但是，所有这些都可以回归到同一个基本目标。

除了那种软件只发布一次就不再升级的极端情况之外，大多数系统的部署频率都会比其基础网络和服务器基础设施出现故障的频率要高。在设计灾难剧场演练时，我们会非常关注开发环境[译注1]与生产环境的匹配度。虽然必须能在开发环境中测试所有软件变更这一点很重要，但能在开发环境中解决故障这一点更是至关重要。灾难剧场的优势在于，在每次测试套件运行和每个部署周期中，纠正偏差可以带来红利。

更明显的是，当引入受控的故障时，首要目标是发现生产系统中的漏洞。这些演练的规划有助于减轻（尽管无法完全消除）任何未知漏洞逐步影响客户的风险。我们要寻找有关可用性、正确性、可控性、可观测性和安全性方面的漏洞。

灾难剧场是一系列持续进行的演练。当演练发现漏洞时，我们会规划再次演练以验证补救措施是否有效。这就像重新运行程序的测试套件一样，以确认已修复导致测试失败的软件缺陷。更广泛地说，这些演练验证了系统设计和融入其中的假设。随着时间的流逝，复杂系统会不断演化，并可能在无意间使得早先在该系统的有依赖性的部分内所建立的假设变得无效。例如，一旦一个服务被部署到多个云区域，那么依赖它的服务在对其请求上设置的超时就会变得不足。组织和系统的增长会降低任何个人对于系统建模的准确性（根据 STELLA 报告，参见 *https://snafucatchers.github.io*）。这样，人们就变得

译注 1：开发环境，指供开发人员进行测试而准备的测试环境。

越来越不可能知道系统设计中的所有假设。定期验证系统容错能力有助于组织确保其对系统的假设成立。

4.2.2 什么不是目标

灾难剧场旨在促进开发环境与生产环境之间的一致性，促进在可靠性方面的改善，并展示系统的容错能力。我发现明确说明过程和工具不是什么很有帮助。

虽然不存在什么万能药，但是对于 Slack 公司而言，我认为应该规划和实践灾难剧场演练，以最大限度地减少生产事故发生的机会。名为 Slack 的服务为大大小小的公司开展业务提供支持，所以始终能为这些公司提供服务至关重要。更正式的说法是，对于任何一次规划中的混沌工程演练，Slack 服务只能预留极少的故障预算，以避免对客户业务造成严重或长期的负面影响。相比之下，你或许会有更多的故障预算或风险容忍度。如果能有效地对其加以运用，那么就可以从演练中学到更多，而且学得更快。这要感谢混沌工程演练为你提供了做规划的机会。

更为重要的是要保持数据持久性。这并不是说存储系统会被排除在混沌工程演练之外。相反，这仅表示混沌工程演练规划和这些规划涉及的故障都必须确保数据永远不会丢失。这可能需要调整在演练中引入故障的技术，或在演练期间保留额外的数据副本，或手动备份数据。无论灾难剧场能带来什么好处，丢失客户数据都是得不偿失的。

灾难剧场不是一个探索性的过程。当引入少量以前没有（或很少）经历过的故障时，规划是关键。在引入故障之前应该建立一个详细且可靠的假说，以描述故障引入后会发生什么。将所有专家和感兴趣的人聚在同一房间或同一视频会议中有助于缓解混乱，能使更多的工程师了解正在进行演练的系统的一些细节，并把灾难剧场计划传播给更多人。下一节将详细介绍灾难剧场从构思形成到成效产出的全过程。

4.3 混沌工程的过程

每次灾难剧场的演练都始于构思。更准确地说，都始于担忧。这种担忧可以来自任何地方，比如可以来自系统的作者和长期所有者，也可以来自一些貌似无关工作中不经意的发现，并作为事故复盘的改进项。有了这种担忧，并能有一位或多位熟悉相关系统的专家的帮助，就可以请一位经验丰富的主持人来指导大家完成下述混沌工程演练的全过程。

4.3.1 准备

两位主持人结对主持演练。这两位主持人应该同处一个房间或同一视频会议中为演练做准备。原始的灾难剧场检查单提出了以下建议，每一个在后面都会详细描述：

1. 选择将要引入故障的服务器或服务，识别其故障模式，确定模拟该故障模式的策略。
2. 调查在开发和生产环境中的服务器或服务，评估能在开发环境中模拟上述故障的信心度，并做记录。
3. 确定系统稳态假说中能检测到故障的告警、仪表盘、日志和指标。如果无法确定，那么考虑仍然引入该故障，并反向进行上述检测。
4. 识别应能缓解故障影响的冗余和自动补救机制，以及应对故障时要查阅的执行手册。
5. 邀请所有相关人员参加此次活动，尤其是那些在活动期间值班待命的工程师，并在#disasterpiece-theater（Slack 公司自己的 Slack 服务中的一个频道）中宣布演练开始。

大部分时候，一个小时的演练准备足矣。因为后续的准备工作可以异步进行（使用 Slack 服务来进行）。

有时，引发整个演练的担忧是非常具体的，以至于已经确切地知道将要引入哪个故障。例如一个进程虽然通过了运行状况检查，但仍然无法响应请求。有时，虽然很多方法都可以达到同样的预期效果，但本质上却彼此不同。比如通常最容易引入、修复和容忍的故障模式是停止一个进程。类似的还有终止实例运行（特别是在云环境中，如果能自动将其替换，那还是很便利的）。而使用 iptables(8) 来模拟拔出计算机网线这种相当安全的故障模式，却不同于进程停止页面和（有时会出现的）实例终止故障。因为此时故障会表现为超时，而不是文件传输服务中常见的 ECONNREFUSED 错误。还有就是无穷无尽和令人畏惧的部分网络分区，甚至是不对称网络分区，而这通常可以使用 iptables(8) 来模拟。

之后还有一个问题——可以使用上述技术在系统中的哪个位置来引入故障。单个计算机是一个不错的起点，但需要考虑逐步将引入故障的位置扩展到整个机架、机架行、数据中心、可用区甚至 AWS 区域。较大的故障可以帮助我们发现容量约束和系统之间的紧耦合。还可以考虑在负载均衡器和应用程序服务器之间引入故障，以及考虑在某些应用程序服务器（而不是全部服务器）与其对应的数据库之间引入故障，等等。对于故障引入，应该写下非常具体的执行步骤。如果能写下具体的执行命令就更好了。

接下来，需要明确哪些系统真的可以安全地参与演练。此时需要仔细和冷静地检查开发环境，以确定将要引入的故障是否确实能够引入。还要考虑开发环境中是否有（或可能有）足够的流量，以便让故障能够被检测出来，并针对以下场景能让诸如资源耗尽的潜在负面影响显现出来——对于所依赖的服务配置了糟糕的超时参数，一个降级的服务中其余的实例，或者服务发现或日志聚合这样的相关系统。

当然可以假定开发环境能够容错故障。但这能否让你信心十足地在生产环境中引入同样的故障？如果不能，那么应该考虑终止演练，并考虑加大对开发环境的投入。如果能，这就说明你在拥有令人信心百倍的开发环境方面做得很好！此时可以花一点时间将这种信心用正式的方式表达一下。可以确定引入此故障时希望触发的所有警报，确定能够检测到该故障以及相应稳态的所有仪表盘数据、日志或指标数据。可以把这些视作事故响应过程的“预演”。虽然这并不意味着一定要用上，但是如果演练没有按计划进行，那么这就是值得做的应变手段，以确保那时的故障检测时间和信息整合时间能降为零。我希望在大多数情况下，你需要这些日志和指标来确认稳态假说是否成立。

稳态假说是什么？你和你的搭档要花一些时间以不同的视角准确地写下两人主持演练时期望将要发生的事情。可以写与故障相关的以下操作：运行状况检查、负载均衡器和服务发现。考虑一下因故障而中断的请求，以及不久之后将要到达的请求的命运。发出请求的程序如何了解故障的出现？这需要多长时间？该程序是否会重发请求？如果会，那么重发的频率会怎样？这些超时和重试的交叠是否会将系统推向资源耗尽的状态？现在，可以考虑包括人类在内的情况模型，并注意可能需要或希望进行人工干预的任何环节。确定可能需要的任何执行手册或文档（这也有助于“预演”事故响应过程）。最后，尝试量化所期望的客户影响，并确认该影响是否足够小。

准备工作的最后一环是规划演练的后勤。建议为演练预定一个大会议室，并至少预留 3 个小时。以我的经验，演练实际上很少会持续 3 个小时。但如果演练未按计划进行，而中途又不得不离开会议室，那将会分散大家的注意力。如果有人远程参与，那么要使用带有优质麦克风的视频会议系统来让他们能听清整个会议室的讨论。召集你的主持人搭档、正在参与演练的各个系统的所有专家及其客户、值班工程师和任何想学习的人。因为演练会花费大量的人力，所以就凸显了充分准备的重要性。现在你已准备就绪，灾难剧场就要开演了。

4.3.2 演练

我尽力使每次演练都能使整个公司最大限度地认识灾难剧场。因为灾难剧场项目会占用人们的时间，所以让所有人都明白，在灾难剧场中投入时间可以使系统更可靠，并使人们对开发环境满怀信心，这一点非常重要。

应该指定一个记录员（因为我曾经在 Slack 的灾难剧场演练中扮演过这个角色，所以我能体会这个角色的重要性）。我建议记录员可以在聊天频道或类似媒介中做笔记，且每条消息都能自动加上时间戳。我们在 Slack 公司自己的 Slack 服务的 #disasterpiece-theater 频道中做笔记。

如果在演练过程中发现任何令人不适的计划偏离，或让客户遭受意料之外的影响，那么就中止演练。然后从中学习，重新分组，改天再战。你完全可以在不超过事故响应阈值的情况下学到很多东西。

我的原始灾难剧场检查单除了涵盖准备工作，也涵盖演练本身。下面详细介绍每个步骤：

1. 确信每个人都可以接受录音，如果可以，那么尽可能一开始就对视频会议录音。
2. 回顾准备工作，并根据需要进行修改。
3. 在 #ops 频道（Slack 公司自己的 Slack 服务频道，讨论生产环境的变更和事故）中宣布开发环境的灾难剧场开演。
4. 在开发环境引入故障，并记录其时刻。
5. 搜集告警，并检查仪表盘、日志和指标，并记录其时刻，因为这些能为故障分析提供确切证据。
6. 视情况给自动补救机制一些时间来触发，并记录其触发时刻。
7. 在必要情况下，遵循执行手册以恢复开发环境中的服务，并记录其时刻及其所需的任何偏离计划的行为。
8. 决定是否继续在生产环境进行灾难剧场演练。如果不进行，那么在 #ops 频道中宣布演练结束，做汇报，然后停止。如果要进行，就去做。
9. 在 #ops 频道中宣布生产环境的灾难剧场演练开始。
10. 在生产环境引入故障，并记录其时刻。
11. 搜集告警，并检查仪表盘、日志和指标，并记录其时刻，因为这些能为故障分析提供确切证据。
12. 视情况给自动补救机制一些时间来触发，并记录其触发时刻。
13. 在必要情况下，遵循执行手册以恢复生产环境中的服务，并记录其时刻及其所需的任何偏离计划的行为。
14. 在 #ops 频道中宣布演练结束。
15. 做汇报。
16. 如果有录音，则可以分发。

我喜欢对演练进行录音，以防万一重要的东西没有被记下来，或者在当时记得不够清晰。不过，请务必确保所有参加者都不反对录音，这一点很重要。

首先要做的是从全面评审演练计划开始。可以先将计划发给一些参与者阅读。他们独特的观点有助于改善计划。将他们的反馈纳入计划，尤其当反馈能使演练更安全，或能使结果更有意义时。我们会提前在共享文档中发布计划，并当有反馈时随时对其进行更新。但是要当心，不要因一时兴起而偏离原计划太远，因为这会为安全且精心规划的演练设置重重障碍。

当演练计划获批后，可以在一个非常公开的渠道（例如讨论系统运维话题的聊天频道，或工程团队邮件列表等）宣布该演练将要进行。第一个公告应该说该演练将在开发环境中进行，并请旁观者关注。有关 Slack 公司典型的演练公告，参见示例 4-1。

示例 4-1：Slack 公司典型的灾难剧场初始公告

Richard Crowley 上午 9:50 #disasterpiece-theater 灾难剧场再次开演。这次我们将拔下开发环境中 25% 的负责频道业务的服务器上的网线。请继续关注本频道。如果该演练继续在生产环境进行，我会在此公告。

现在到了关键时刻（至少在开发环境中）。你的主持人搭档应该开始运行准备好的命令来引入故障。你的记录员应记录该时刻。

现在是所有参与者（记录员除外）采取行动的时候了。他们要收集以下事件的证据——发生故障、进行恢复以及对相邻系统产生影响。对假说的所有详细信息进行确认或推翻。请特别注意自动修复需要花费多长时间，以及客户在此期间的体验如何。而且，如果确实需要进行干预以恢复服务，那么要特别详细地记录你和其他参与者的行为。在整个过程中，请确保记录员可以捕获你的观察结果，并发布你正在检查的图表的屏幕截图。

此时，你的开发环境应该已经回到稳态了。此时要思考下一步。如果你的自动补救机制未检测到故障，或者它们出现了某些故障，那么演练就应该到此停止。如果故障对于客户来说太过明显（尽管是从开发环境推断出来的），或者这样明显的故障持续太长时间了，那么就可以停止演练。如果在评估了风险后决定停止演练，那么就在所有那些宣布演练开始的地方宣布演练停止。可以参见示例 4-2，了解 Slack 公司宣布演练中止（比较罕见）的公告是什么样子。

示例 4-2：Slack 公司灾难剧场中止公告

Richard Crowley 上午 11:22 灾难剧场今天已结束，不会在生产环境继续进行。

当开发环境中的演练已按计划正常执行，就可以宣布演练将要进入生产环境。有关 Slack 公司的此类典型公告参见示例 4-3。

示例 4-3：灾难剧场将在生产环境进行的典型公告

Richard Crowley 上午 10:10 #disasterpiece-theater 灾难剧场在开发环境中进行了两

轮，且已通过演练。现在我们将继续在生产环境进行演练。预计不久后将在频道服务器环中重新分配一些频道。等演练结束后，我会再次发布消息。

这是真正的关键时刻。在开发环境中所进行的所有准备和练习，将你带入了这一时刻。此时，你的主持人搭档应使用事先准备的步骤或命令来在生产环境中引入故障。对于某些演练来说，这样做感觉平淡无奇。而对另一些演练来说，这样做会感觉毛骨悚然。注意这些感觉，它们会把风险在系统中的藏身之处指给你看。

再次到了所有参与者（记录员除外）采取行动的时候了。他们要收集以下事件的证据——发生故障、进行恢复以及对相邻系统产生影响。这一次因为有线上实际用户流量，所以证据开始变得更加有趣。在生产环境中确认或推翻你的假说。观察系统对故障的响应，并记录所观察到的自动修复时间。当然，如果需要干预以恢复服务，需要快速果断地执行此操作，因为你的用户就指望你了！同样，此时要确保记录员能够捕捉到你的观察结果，并发布你正在检查的图表的屏幕截图。

当生产环境恢复到稳态时，就可以在之前宣布开发环境灾难剧场演练及其向生产环境过渡的同一渠道，公布演练结束。如果能对演练的成功发表任何初步评论，那很好，但至少可以通过公告使正在生产环境中工作的队友们知情。

在所有参与者解散之前，请花点时间进行即时反思。即，花一些时间来理解演练，或至少记录下来有关该演练中的任何不确定性因素。

4.3.3 汇报

演练后趁着记忆仍然鲜活和真实，为广大观众总结一下演练中所发现的事实。这有助于围绕总结来讲故事，以解释为什么对故障模式进行演练很重要，系统是如何容忍（或不容忍）故障的，以及这对于用户和业务意味着什么。这也有助于向公司其他部门强调为什么进行这些演练如此重要。我手中原始的灾难剧场检查单包含以下总结提示：

- 何时检测出故障？何时恢复服务？
- 是否有用户注意到故障出现？我们怎么知道这一点？我们如何才能做到让用户注意不到故障发生呢？
- 哪些手工工作本应交由计算机来完成？
- 哪里是我们的盲区？
- 我们的仪表盘和文档在哪里出现了错误？
- 我们需要更频繁地操练哪些内容？

- 如果演练的故障意外发生了，值班工程师应该如何处置？

我们在 Slack 服务的问题区或共享文档中搜集这些问题的答案。最近，我们也开始录制演练中的音频，并将其存档，以备他人使用。

进行上述总结后，主持人应就本次演练给出结论和建议。作为演练的主持人，你的工作是得出结论，并根据总结中客观的证据为系统的可靠性和开发环境的质量提出建议。如果演练未按计划正常进行，那么这些建议就显得尤为重要。如果在演练之前，即使是最专业的头脑也错误或不完整地理解了该系统，那么其他人可能会错得更离谱。这是增进大家理解系统的机会。

汇报及其产出提供了另一个机会来影响组织——让更多的人了解到生产环境中可能会发生各种故障，而组织可以使用哪些技术来容忍这些故障。实际上，其中的好处与在内部发布详细的事故复盘报告所带来的好处极其相似。

4.4 过程如何演化

灾难剧场的最初构想是事故响应过程的补充，甚至是实践事故响应的论坛。早期潜在的演练清单包括相当多的故障。那时响应这些故障都需要人工干预。这至少在理论上是可以接受的，因为这些故障模式依赖这样的假说——随着环境的演化，这些假说将不再成立。

一年多以后，Slack 公司从未进行过必须有人干预的灾难剧场演练，尽管在某些情况下仍需要人为干预。相反，我们开发了另一个用于实践事故响应的计划："事故管理午餐"。这是一个游戏。一群人遵循事故响应流程来尝试填饱肚子。他们会定期抽签，来抽取意想不到的事故，例如餐馆突然关闭、食物过敏和挑剔的食客。由于有了这种实践和之前的培训，灾难剧场就不再需要演练类似的事情。

灾难剧场的发展形式多样。最早的迭代完全集中在结果上，并以沙盘推演为主。出于教育的目的进行汇报，特别是书面总结、结论和建议。同样，相比仅凭总结和聊天记录，最近推出的录音功能可使未来的观察者更深入地从演练中学习。

对于视频会议的远程参与者来说，很难确定谁在讲话。如果由于有人共享屏幕而看不到视频，那么情况就更加糟糕。这就是我在灾难剧场开始时，建议不要共享屏幕的原因。而另一方面，共享屏幕这项能使所有人一起看同一张图的功能，这非常强大。我仍在寻找屏幕共享和视频播放之间恰当的平衡点，从而为远程参与者创造最佳体验。

最后一点，我最初的灾难剧场检查单会要求主持人频繁地可视化故障和容忍度。事实证明，精心组织的仪表盘比这种做法有用得多。该仪表盘会显示请求数、错误率和延迟时长的直方图等。我已从 Slack 公司的检查单中删除了此提示以简化过程。

在 Slack 公司，上述过程肯定还要继续演化。如果你的公司采用了类似的过程，那么就注意哪些人没有从中获益，并将糟糕的过程改进为流畅和更具包容性的过程。

4.5 获得管理层支持

再次强调，讲故事是关键。你可以用这样的说法来讲故事：“你好，CTO 和工程副总裁。你们是否想知道我们的系统，对数据库主服务器故障、网络分区和电源故障的承受能力如何？”还要绘制一张包含一些未知知识的图片。

然后说出令人不安的事实。理解系统如何应对生产环境故障的唯一方法就是生产环境中出现故障。我承认，用这一招说服 Slack 公司的高管简直是易如反掌，因为他们已经相信这是真的。

但是，一般而言，任何负责任的高管都要查看证据以证明你正在有效和适当地管理风险。灾难剧场过程正是专门为满足此类需求而设计的。要强调这些演练都经过了精心规划和严格控制，以最大限度地提高学习效果，并将对客户的影响降到最低（如果能消除会更好）。

然后就可以计划你的第一个演练，并展示一些结果。

4.6 结果

我在 Slack 公司进行了数十次灾难剧场演练。其中大多数演练会大致按计划进行。这增强了我们对现有系统的信心，并证明了新系统的功能正确。但另一些演练则发现了 Slack 服务在可用性或正确性方面存在严重漏洞。这为我们提供了将其修复的机会。

4.6.1 避免缓存不一致

灾难剧场第一次将注意力转移到分布式内存缓存系统 Memcached 上，是为了在生产环境中演示自动实例替换能够正常工作。演练很简单，选择一个 Memcached 实例，并断开其与网络的连接，以观察备用组件能否接替其工作。接下来，我们又恢复其网络连接，并终止了那个替换实例的运行。

在评审灾难剧场计划的期间，我们发现了实例替换算法中的漏洞，并很快在开发环境中确认了这一点。该算法最初的实现是这样的——如果一个 Memcached 实例中的一组缓存键的租约到期，之后又获得相同时长的租约，那么该实例就不会刷新其缓存条目。但是，在这种情况下，另一个 Memcached 实例在此期间已经使用了该组缓存键。这意味着第一个 Memcached 实例中的数据已过时，并且可能不正确。

在演练中，我们通过在适当的时候手动刷新缓存来解决此问题。然后在演练之后立即更改算法，并再次对其进行测试。如果没有通过演练获得这个结果，那么在一小段时间内，我们可能会不知不觉地面临缓存损坏的风险。

4.6.2 重试，再重试（出于安全考虑）

2019 年年初，我们计划进行十次演练，以展示 Slack 服务对 AWS 中的区域故障和网络分区的容忍度。其中一个演练涉及频道服务器，它负责将新发送的消息和元数据，通过 WebSocket 协议广播到所有已连接的 Slack 服务客户端。该演练的目标是将 25% 的频道服务器从网络上进行分区，以观察该故障是否被检测到，并将这些被分区的实例替换为备用实例。

创建上述网络分区的首次尝试未能完全涵盖能提供透明传输加密的重叠网络。实际上，我们隔离每个频道服务器的程度远远超出了预期——与其说是在做网络分区，倒不如说是在做网络断开。我们很早就停下来，重新分组，以使网络分区正确。

第二次尝试显示出一丝成功希望，但也是在进入生产环境之前就结束了。但这次演练确实取得了正面结果。演练表明 Consul 服务非常善于围绕网络分区进行路由。这激发了人们的信心，但却注定要停止演练，因为实际上没有一个频道服务器发生了故障。

第三次（也是最后一次尝试）最终产生了完整的 iptables(8) 规则库，并成功地从网络中分区了 25% 的频道服务器。Consul 服务迅速检测到故障，并采取了替代措施。最重要的是，这种大规模的自动重新配置给 Slack API 带来的负担完全在该系统的能力范围之内。我们终于在漫长的道路尽头让演练取得了完全的正面结果！

4.6.3 不可能的结果

演练也会产生负面结果。有一次，在响应事故时，我们被迫编写并部署代码更改以实现配置更改。这是因为用于更改配置的系统（一个名为 Confabulator 的自研系统）无法正常工作。我认为这值得做进一步调查。维护人员和我计划进行一次演练，以直接模仿我们所遇到的情况。演练会将 Confabulator 从 Slack 服务中分区，之后就不再动它了。然后，我们将尝试进行一个无操作的配置更改。

我们顺利地重现了该错误，并开始跟踪代码，很快就发现了问题。该系统的作者预料到 Slack 服务本身会处于关闭状态，因此无法验证配置的更改。于是他们提供了一种紧急模式来跳过验证。但是，无论正常模式和紧急模式，都要将配置更改的通知发布到 Slack 服务的频道上。虽然该操作没有超时，但是总体配置 API 却超时了。结果，即使在紧急模式下，如果 Slack 服务本身关闭，该请求也无法进行配置更改。从那时起，我们对代码和配置部署都进行了许多改进，并审核了这些关键系统中的超时设置和重试策略。

4.7 总结

灾难剧场能明确地测试生产系统的容错能力，并为下面的事情创造可能——通过演练获得发现，并利用这些发现改进 Slack 服务的可靠性。

灾难剧场演练是这样的过程——一群专家聚在一起精心规划故障，并在开发环境中引入故障。如果进展顺利，则在生产环境中引入故障。这有助于最大限度地降低容错性测试所固有的风险，尤其是当面对基于老旧系统所建立的假说时。而老旧系统在最初设计时往往对容错能力设计不足。

灾难剧场过程旨在激励对开发环境的投资使其与生产环境保持一致。这能提升整个复杂系统的可靠性。

定期进行灾难剧场演练会使组织和系统变得更好，也能使你对下面的事情信心倍增——凡在开发环境中可以正常运行的软件，在生产环境中也能正常运行。应该定期验证很久以前所建立的假说，从而避免其逐渐腐化。你的组织应该对风险有更好的了解，尤其是针对那些需要人工干预才能从故障中恢复的系统。但是，最重要的是，灾难剧场应该是一个令人信服的激励因素，以使组织在容错能力上投资。

关于作者

Richard Crowley 是一名工程师、工程主管和灾难恢复经理。他醉心于运维工具、分布式系统以及解决大规模生产环境的问题。他宠爱计算机，喜欢自行车，是个不大称职的开源维护者。他与妻子和孩子住在旧金山。

第 5 章

谷歌 DiRT：灾难恢复测试

Jason Cahoon

“希望没问题，这不是策略。”谷歌站点可靠性工程（SRE）团队的这条座右铭完美地体现了混沌工程的核心理念。当然可以设计一个能承受故障的系统，但是在明确且大规模地测试系统的故障耐受性之前，始终存在着期望与现实无法一致的风险。2006 年，站点可靠性工程师（SRE）们创立了谷歌的 DiRT（灾难恢复测试）计划，目的是在关键技术系统和业务流程中故意引入故障，以发现未知的风险。倡导 DiRT 计划的工程师做出了关键的观察，能够轻易地针对非紧急情况，分析出将在生产环境中发生的紧急情况。

如果故障能被优雅地处理，那么灾难测试就有助于证明系统的韧性。而当故障处理没那么优雅时，灾难测试能以可控的形式暴露系统的可靠性风险。在一个可控的事故中暴露系统的可靠性风险有助于进行彻底的故障分析和抢先进行故障缓解，而不必等待问题仅通过外在征兆暴露出来（此时问题的严重性和时间压力会增大失误机会，并迫使人们基于不完整的信息来做出危险的决定）。

DiRT 始于谷歌工程师所进行的角色扮演演练[注1]类似于其他公司所进行的 Game Day。这些工程师特别关注重大灾难和自然灾害会如何破坏谷歌的运营。尽管谷歌的员工队伍分布全球，但在旧金山湾区（尤其是容易发生地震的地区），谷歌拥有大片园区。面对在一个区域内聚集了如此众多的内部基础设施，一个有趣的问题自然会浮现出来：“如果山景城园区及其员工在几天之内完全无法与外界联络，那么将会发生什么？这会如何破坏我们的系统和流程？”

对山景城托管服务中断所造成的影响的研究启发谷歌进行了许多初始的灾难测试。但是

注 1：参见 Andrew Widdowson 所撰写的文章“Disaster Role Playing”，出自 Betsy Beyer、Chris Jones、Jennifer Petoff 和 Niall Murphy 所编辑的书籍 *Site Reliability Engineering* (Sebastopol, CA: O'Reilly, 2016)，第 28 章。

随着工程师越来越熟悉灾难测试（也许是因为臭名昭著），对提高系统可靠性感兴趣的团队开始利用公司范围内的 DiRT 事件深入探索自己的服务。纯粹的理论和桌面演练退居二线，服务所有者开始注入真实但可控的故障（如增加延迟，切断与“非关键”依赖系统之间的通信，在没有关键人物的情况下执行业务连续性计划等）。随着时间的流逝，更多的团队参与其中，并且进行了更多的实际测试。随着测试范围的扩大，识别出下述问题使得理解和改进谷歌的总体软件架构的成效逐渐明显：未得到认可的强依赖关系，后备应急策略执行出错，保障措施根本无法正常工作，存在于规划中的大小缺陷在事后变得显而易见，但实际上几乎事先看不出来，或者只有当几个条件“有幸”（或者是“不幸”，看你如何看待它）碰巧组合在一起时才会现身。

该计划自启动以来一直在不断发展壮大。目前，谷歌的各个团队已经进行了数以千计的 DiRT 演练。需要大规模协调的灾难测试事件会持续一年。团队会定期主动地测试他们的系统及其自身的工作状态。 SRE 团队必须在一定程度上参与 DiRT。谷歌强烈鼓励公司各个服务所有者参与 DiRT。参与其中的很大一部分部门，不仅限于软件工程和 SRE 组织。物理安全、信息安全、数据中心运营、通信、设施、IT、人力资源和财务业务部门，都设计并执行了 DiRT 测试。

近年来，市面上出现了专为网络和软件系统提供标准化的自动化测试的套件。当共享基础设施和存储系统出现故障时，工程师可以立即使用预先构建的自动测试来验证其系统的行为。自动化测试可以连续运行以防止可靠性下降。并在极端或异常情况下验证 SLO。这些测试降低了灾难测试的进入门槛，并为更复杂的特定于系统架构的故障测试提供了跳板。尽管是唾手可得的低垂果实，但自动化的力量能明显地体现在以下事实中——相比传统 DiRT 测试的总数，自动化测试执行的数量要高出一个数量级。仅在几年内，自动化测试就运行了数百万次。

谷歌物业以其高度的可靠性而著称。但谷歌这种闻名遐迩的可依赖性却并不神奇。将可靠性做到极致意味着要挑战有关系统可靠性的假说，面对罕见的故障组合，要对其熟悉并为应对做准备（以谷歌的规模，存在百万分之一概率发生的故障，每秒都要发生几次）。仅仅希望系统在极端情况下能够可靠地运行并不是一个好策略。这迫使你必须预期事情会失败，在考虑到失败的情况下对系统进行设计，并不断证明这些设计仍然有效。

传奇：技术主管休假期间代码搜索服务中断

有一次，一位非常资深的软件工程师为谷歌的源代码存储库构建了索引管道和搜索实用程序，以及一些依靠该搜索工具出色完成工作的专用内部工具。功能出色的工具让所有人都感到满意，并且可靠地工作了几年。但不可避免的变化终于发生了。谷歌的安全认证系统得到了加强，其中一个方面是为用户登录凭证提供了明显更短的超时时间。工程师开始注意到，只要主管工程师离开办公室几天，代码搜索实用程序和相关工具就会停止工作。

事实表明，支持这些工具的索引任务已经作为这位主管工程师的工作站上的定期计划任务运行了多年。对安全策略的新更改，使得索引任务在生产环境的授权令牌如果每天没有更新，那么就将过期。即使将这些索引编制管道移出工作站，并移至生产环境的冗余设备上，仍然存在对网络挂载目录的隐藏依赖关系。当山景城园区离线时，这些依赖关系就不可用。该问题最终通过模拟内部网络故障的灾难测试而暴露出来。

这个看似微不足道的例子表明一个小而有用的服务的普及程度是如何能够迅速使其生产环境的考虑因素变得捉襟见肘。并且不断变化的技术格局（在本例中为新的安全策略）可以将新的关键依赖项引入已建立且稳定的服务中。

5.1 DiRT 测试的生命周期

每个（非自动化）DiRT 测试都以测试计划文档开始。谷歌为此使用了一个标准的文档模板。该模板列出了评估给定测试的风险和潜在收益所需的最重要的信息，并随着时间的推移不断完善。该文档包括特定的执行过程、回退过程、众所周知的风险、潜在影响、依赖性以及测试的学习目标。该计划由将执行测试的团队成员协作制定。在他们完成计划后，至少由团队外部的两名工程师进行评审。至少一名外部评审者应在与被测系统有关的领域具有技术专长。对高风险和高影响力的测试要进行彻底的评审。相比至少有一名外部专家来说，此时涉及的专家评审人数可能要更多。当审阅者需要澄清问题并要求提供更多细节时，来回沟通经常需要进行几轮。评审旨在达到的标准是测试过程和回滚步骤都应包含足够的详细信息，以使对被测系统有一定了解的任何人都可以进行必要的操作。

审阅者批准测试后，执行测试的团队会安排测试时间，发出公告（如果测试计划的一部分），并执行测试。测试结束后，还要编写另一个模板化的文档。其中简要介绍了对测试结果的回顾。同样，该文档由执行测试的团队协作构建。测试结果文档应该搜集从该测试中所学到的任何值得注意或意外的结果，记录操作项（也放置在我们的问题跟踪系统中），并邀请发起测试的团队评估演练的价值。

原始的测试计划文档和结果文档的模板均为半结构化格式。这样能通过编程方式进行解析。测试完成后，这些文档将进行数字化索引，并通过内部 Web UI 进行访问。任何谷歌员工都可以搜索和引用以前执行过的 DiRT 测试和结果的档案。这个既往测试的存储库经常用于设计新测试，或者仅在工程师有兴趣了解其团队过去执行过的测试时使用。

5.1.1 参与规则

谷歌凭着来之不易的经验以及一两次失误获得了一些灾难测试准则。我们发现，遵循一些预先建立且已沟通好的规则可以创建更高质量的测试。测试人员与公司其他人员之间有关测试期望的共同基准会为每个参与人员提供更流畅的测试体验。测试设计人员知道哪些操作明确超越底线，进行测试的人员也知道可能会遇到的大致限制。

这些灾难测试的参与规则是定义谷歌混沌工程独特品牌的哲学基础。这些规则历经数年发展，所以在一开始绝不是显而易见的。如果你的组织对建立灾难测试计划感兴趣，那么花时间写一份章程文件为灾难测试建立总体指导原则是明智的。以下各节介绍了谷歌所使用的规则的合并版本。稍后将引用它们，以强调遵循这些准则时实用的测试设计是如何浮现出来的。

DiRT 测试必须不能破坏外部系统或用户的 SLO

这种参与规则并不意味着外部用户绝对不能觉察到出现任何问题的暗示，而只是服务等级不应降级低于拥有服务的团队之前已经设定的标准目标以下。如果在灾难测试中，你的服务只是以可能影响外部用户的方式趋向于违背 SLO，那么该测试就已经取得了巨大的成功。但此时并不一定需要进一步真的违背 SLO。DiRT 测试不是一个可以将 SLO 丢到窗外的借口。在设计和监控测试时，SLO 应该是重要的指导因素。

谷歌进行混沌工程实践的一个关键点是我们尽可能地选择“受控混沌”。这意味着测试应具有经过深思熟虑，且具有可快速执行的回滚策略。有安全网或“大红按钮”将使你能在适当时停止测试。只要测试的设计初衷是合理的，以这种方式缩短测试时间看似违反直觉，但却是最有益的。通过分析那些颠覆你的期望的测试能学到最多的东西，并产生比预期更大的影响。

在极端情况下，即使在预期范围内运行，基础设施和内部使用的服务也可能违背内部消费 SLO。服务的消费者会不可避免地逐渐依赖于服务级别能达到他们常规体验的系统，而不是实际所保证的承受度和规格。我们对大型基础设施和共享服务进行灾难测试，以专门发现这些错误配置。如果测试会连带影响外部系统从而严重影响其 SLO 那该怎么办？如果测试一开始就发现会过度影响一个团队的服务，则停止整个演练可能会阻止你发现其他有类似错误配置的内部用户（他们尚未注意到或尚未采取进一步措施）。这种情况需要一个安全清单。也就是说，在测试中建立一种机制，使受影响的服务可以完全规避其影响。这样就可以避免对在清单中且不希望违背 SLO 的服务造成持续的影响，而对于其他所有服务通常可以继续进行测试。安全列表不能代替“大红按钮”回滚策略，但在适当时应与其他故障保护机制一起使用。有关测试的安全列表的更多信息参见 5.1.4 节。

生产紧急情况始终优先于 DiRT 的“紧急情况”

如果在进行 DiRT 演练时发生了实际的生产事故，则应停止并推迟 DiRT 演练，以便将重心转移到应对实际事故上。如果 DiRT 测试在真实的停机故障期间在争夺人们的注意力，那么即使它没有造成实际的服务中断，也隐式违反了第一条参与规则。本次灾难测试的督导员应该提前与潜在的干系人多次就 DiRT 演练进行沟通，并且应该在测试之前、之中和之后监控正常的事故上报渠道，从而发现问题。当生产事故的最初迹象暴露出来时，测试督导员应评估其与测试之间可能的关系，并与其他值班响应者进行沟通。有时，生产问题可能被认为足够小，不需要停止测试。但是对于中等严重度的问题，即使不是直接由 DiRT 测试所引起的，也很有可能需要停止测试，以使对实际问题的调查更加顺利。生产问题有时甚至会出现在测试开始之前，在这种情况下，如果在原定的测试时间人们正在解决紧急问题，那么将测试推迟会是明智的选择。

透明地运行 DiRT 测试

尽可能清楚地表明 DiRT“紧急情况”是演练的一部分。你可能会认为此规则是第二个参与规则的推论，即真的紧急情况要优先于假的紧急情况。如果值班工程师不知道两个紧急情况中哪个是 DiRT 测试，那么就无法有效地降低 DiRT 紧急情况的优先级，来应对真实的紧急情况。

有关灾难测试的沟通（在测试之前或期间）也是 DiRT 测试的一部分。应尽可能清楚地将其表达出来。要尽早、经常和明确地就测试进行沟通。谷歌员工会使用“ DiRT DiRT DiRT”作为与 DiRT 测试相关的电子邮件的主题。并且邮件正文开头通常会包含带有相同“DiRT DiRT DiRT”令牌、有关测试持续时间的信息、测试督导员的联系信息以及通过标准事故升级渠道汇报所遇到的任何问题的提醒。

谷歌为测试内容的组织创建了稀奇古怪的主题：僵尸攻击、有知觉的人工智能病毒和异形入侵等。测试沟通总是会尝试引用主题，有时会在持续的故事情节中透露连续的信息。比如人工注入的页面、告警、错误、有缺陷的配置推送以及会引起问题的源代码更改，都可以与主题关联起来。这种做法有两个目的。首先，这很有趣！将极具夸张的科幻小说故事引入灾难测试有利于大家相互开玩笑，激发创造力并营造积极参加演练的氛围。使用主题不太明显的另一个好处是能为受测试影响的用户和测试执行者提供明确的指示，告诉他们哪些是 DiRT 测试的组成部分，哪些不是，从而降低将测试与实际事故混淆的可能性。反之亦然。

最小化成本，最大化价值

你是否曾经在一个总是令人头疼的系统上工作？这个系统反复发生事故，并且在你的工程组织中臭名昭著？像这样的系统所需要的是重新设计而非灾难测试。因为灾难已经在那里了。等系统返工完成后，DiRT 测试就是一个很好的工具，来证明新设计的生产可靠性，或重新利用过去的停机事故测试用例，以证明以前的缺点已然改正。

在设计测试时，应该在内部用户服务中断和商誉损失的成本与你所学的内容之间进行权衡。DiRT 并不是仅仅为了搞破坏而搞破坏，它的价值来自发现未知的故障模式。如果查看系统并发现了明显的缺点，那么通过在实际演练中暴露这些缺点将不会有太大收获。如果已经知道系统已损坏，则可以优先进行工程工作以解决已知的风险。然后在以后对故障缓解措施进行灾难测试。要彻底考虑测试的影响，在计划和实际测试过程中不断重新评估测试所造成的影响是一个好主意。这可以为决定是否应继续进行会造成重大影响的测试奠定了良好的基础。如果没有什么可从测试中学到的东西，并且对系统的不同部分造成的影响大于预期，那么就有理由提早取消测试。

像对待实际停机事故一样对待灾难测试

我们希望谷歌员工能够像往常一样继续工作，将与灾难测试相关的所有服务中断都视为真正的停机事故。在关于 DiRT 测试的沟通中会经常反复建议：如果受到测试的影响，那么请“按正常流程升级上报并处理”。通常，人们会自然倾向于在知道“紧急情况”可能是演练的一部分时，对事故处理采取松懈态度[注2]。有多种方法可以鼓励你将演练与实际紧急情况尽可能一视同仁。事故升级过程是用于收集有关测试影响信息的重要管道，并且可以经常揭示系统之间的意外连接。如果用户随便忽略了一个问题，无论他们是否知道正在进行测试，都将错过这些有价值的信息。因此，在这方面进行明确的培训和沟通会有所帮助。

5.1.2 测试什么

设计第一个灾难测试可能是一项艰巨的任务。如果近期发生过故障，那么在确定系统的哪些方面可以从测试中受益时，这可以作为参考材料。临时重新创建测试，以重现过去导致停机事故的诱因条件，将有助于证明系统可以妥善处理先前的问题，并且已减轻了造成原先事故的可靠性风险。

从一些提示性问题开始，通常可以帮你指出正确的方向。哪些系统让你彻夜难眠？是否存在独一份的数据或服务？是否存在依赖于位于单个地点或单个供应商中的人员的流程？是否 100% 确信监控和告警系统会预期发出警报？上次切换到后备应急系统是什么时候？上次从备份还原系统是什么时候？当系统的“非关键”依赖项不可用时，是否验

注 2：这种有趣的行为趋势还表现在现实的物理紧急情况中，例如建筑物失火。参见 Lea Winerman 的文章“Fighting Fire with Psychology”，*APA Monitor on Psychology*，第 35 卷，第 8 期（2004 年 9 月）。

证了系统的行为？

随着时间的流逝，参与 DiRT 的谷歌业务领域不断扩大，并扩展到广泛的系统和过程中。虽然对网络和软件系统的灾难测试仍然是最大头，但是谷歌在许多其他领域也在促进灾难测试。事实证明，创新性地在各种业务方面尝试 DiRT 通常是有益的。以下各节概述了一些常规类别和提示，可帮助你入门。

以服务等级运行

场景：异常大的流量峰值会降低共享内部服务的平均延迟。值得称道的是，降级后的延迟几乎不会违背已发布的 SLO。

将服务限制为在其已发布的服务等级上长时间运行，是一种验证分布式系统设计、SLO 是否已正确设置以及管理服务使用者期望的非凡之举。过于稳定的系统会随着时间的流逝而变得让用户觉得理所当然。如果服务等级持续优于其 SLO，则用户可能会认为他们所体验的平均性能就一直是他们所期望的。无论系统发布的规格是如何编写的，实际所提供的服务等级最终都将成为隐性合同。这是我们在谷歌内部喜欢的格言的延伸。该格言叫作 Hyrum's Law（*http://www.hyrumslaw.com*），通常可以概括为：

> 如果有足够多的 API 用户，那么合同中所承诺的就变得无关紧要。因为人们会依赖系统表现出的所有可观察到的行为。

该规则不仅适用于服务返回的数据方面，甚至可以扩展到可靠性和性能方面。

无依赖运行

场景：对“弱”依赖系统的访问，有一半开始返回错误，而另一半的延迟则增加了一个数量级。

当系统的一个或多个非关键方面发生故障时，服务应优雅地在其指定的 SLO 中继续降级运行。非关键后端服务等级的降低不应导致层叠失效或造成失控影响。如果系统中强依赖性和弱依赖性之间的区别不是很明确，那么这些测试就可以帮你划定一个清晰的界限。虽然系统的直接关键依赖关系可能很清楚，但要跟踪第二层和第三层的依赖关系，或者搞清埋在层层的后端服务中的非关键故障的组合会如何影响系统为客户提供服务的能力，会变得越来越困难[注3]。

故障注入测试将提供有关系统对其所依赖的系统中的故障的容忍度的详细而准确的信

注 3：有关此话题的详细信息，参阅 Ben Treynor 等人的文章“The Calculus of Service Availability”，*Communications of the ACM*，第 60 卷，第 9 期（2017 年 9 月）。

息。但这只是瞬间产生的快照。应该计划定期执行这种类型的测试。系统的依赖关系不会在系统的整个生命周期中保持静态。所以，随着时间的流逝，大多数系统的关键依赖关系会逐渐加强。关键的依赖关系可能来自最意想不到的地方[注4]。尽管付出了最大的努力，但关键依赖仍会像夜间的盗贼一样潜入复杂系统。多年来，我们在谷歌反复对系统进行了一些相同的故障注入测试。随着这些系统的演化，上述测试总会发现新的问题。所以不要仅仅因为已经进行过特定的测试，就理所当然地认为无须再测试了。

故障注入测试的起步要慢。无须从一开始就“全速前进”。可以先将少量的延迟注入几个依赖关系中。然后增加延迟时长。之后再增加注入延迟的依赖关系数量。罗马不是一天建成的。要创建一个反馈环，以改善系统，并建立信心。直到针对任何与之通信的系统都可以轻松地回答“如果……会怎样？”的问题。

找不到人

场景：一个关键的内部系统开始出现故障，但其相关高级开发人员却在开会，无法找到。

团队的彩票因子到底有多严重[注5]？除了技术专长存在孤岛效应之外，领导和业务决策也不应存在单点故障。在紧急情况下，是否已建立与团队主要人员进行接触的主要和备用机制？尝试进行一些“不幸之轮”[注6]的演练，并随机确定团队成员，使其无法被其他成员找到。

发布与回滚

场景：错误的配置，存在缺陷的二进制文件或服务器/客户端 API 的不匹配，已被推送到生产环境中的基础设施。已收到告警的值班员必须要隔离问题，并将进行回滚。

希腊哲学家赫拉克利特斯说：“改变是生活中唯一的永恒。”人们很容易认为，系统会进入某种可靠性的稳态并永久保持该状态，并且能规避新代码、新软件架构和新系统所带来的风险。但这种“别碰它”的方法也有其自身的风险：一个不能适应不断变化的环境的系统，很可能最终会出现故障。系统的任何更改都存在隐性的风险。而推出新软件和

注4：这有一个臭名昭著的例子（*https://oreil.ly/6MW5m*）。当 2016 年 3 月 left-pad 包从 Node Package Manager 存储库（*www.npmjs.com*）中被删除后，导致了全球无数的 JavaScript 项目构建失败，并停止工作。

注5：彩票因子是一个隐喻，指团队成员之间因无法共享信息和能力而导致风险的程度。例如团队一位关键成员，因为赢得彩票大奖而突然离职，而让项目陷入困境的程度。这也称为“巴士因子”（*https://oreil.ly/GzmyH*）。

注6：许多谷歌 SRE 团队，会定期安排一些演练。在演练中，他们会基于以往所遇到的停机事故，或生产值班中所遇的有趣事故，来指导团队成员。这些演练是在团队中共享知识和经验的绝佳方法。参见 Beyer 等人所撰写的《SRE：Google 运维解密》一书的第 28 章。

新配置通常是引起停机事故的急先锋。对于希望提高灾难恢复能力的团队，应仔细检查软件发布过程和回退过程。其中，回退过程可能更为关键。

在生产环境中回退变更的过程应有充分的文档和演练。在生产环境执行变更之前，期望通过发布流水线中的自动化测试来防止哪些类型的错误？是否定期验证这些保障措施仍然有效？监控平台应同时监控软件和配置的发布，并在所显示的指标旁边将其凸显出来。当一个发布被证明有问题时，需要能够执行两个过程：停止发布，并快速识别受影响的系统。可以设计一个灾难测试，以便在常规发布过程中同时演练这两个重要的过程。要向自己证明，你可以暂停发布，评估发布进度，并选择是否恢复发布或取消发布。需要了解发布过程到了什么饱和点，一次性关闭受发布不良影响的所有实例已经变得不可行？在受影响的机器的目标子集上禁用或回滚发行版本会非常有用。而作为灾难测试的一部分，禁用或回滚仅版本号或发行版标签不同，而其他都与生产环境的包完全相同的二进制包能轻松演练这一点。如果发行版本的构建过程要花费大量时间，那么此时至关重要的是需要有一种简单的方法可以回退到之前的发布版本，而无须临时启动完整但耗时的版本构建过程。精通操纵系统的发布能节省大量时间，并在发生危机时避免不必要的麻烦。

事故管理程序

场景：对一个重要的内部服务的所有请求都返回错误。很明显，这是一个严重的事故。团队成员必须一起协作来调试该服务。还需要与其他团队联系以跟踪原因，并进行公开和内部的沟通。

谷歌拥有基于事故命令系统（*https://oreil.ly/Wppy1*，美国联邦紧急事务管理局使用该系统来管理和协调灾难响应工作）的高度发达的事故管理协议[注7]。拥有易于理解的事故管理协议和角色划分就可以明确职责，从而可以更有效地进行协作，并充分利用灾难响应者的资源。这些角色为双向信息交流提供了明确定义的渠道，对于弄清必须筛选哪些压倒性的信号大有帮助。确保团队知道如何在紧急情况下有效地组织工作，并确保组织具有明确的故障应对升级指南，以及针对扩展性事故的移交程序。

数据中心的运维

场景：数据中心的地板上出现漏水，且位置与服务器机架和其他高压电气设备相邻。

谷歌数据中心团队在以下方面具有悠久的历史——对物理系统的故障切换进行全面测

注 7：参见 Andrew Widdowson 所撰写的文章 “Disaster Role Playing”，出自 Betsy Beyer、Chris Jones、Jennifer Petoff、Niall Murphy 等人所编写的《SRE：Google 运维解密》(Sebastopol, CA: O’Reilly, 2016 年)，第 14 章。

试，以及指导可靠的事故管理程序和灾难应对计划。数据中心工程师是 DiRT 计划最早的成员，也是在谷歌对该计划倡导最多的人。他们对该计划的推广和发展发挥了重要作用。

数据中心中的灾难测试既可以像禁用单个机架的电源一样简单，也可以像切换整个站点的备用电源一样复杂。在进行小型实际测试及其他测试之前，充分利用模拟角色扮演测试来演练灾难应对程序是聪明的做法。你是否遇到过在产品无法正常运行的紧急情况下，数据中心的技术人员需要接待产品值班工程师的情况？相反，值班工程师是否知道如何将生产问题升级到数据中心运维人员，以帮助排除可能与硬件有关的问题？这些都是开发灾难测试的理想场景。要确保数据中心内部和外部的每个人都具有应急程序方面的经验，知道该期待什么，以及如何进行沟通。

容量管理

场景：一个网络区域中所分配的计算资源意外丢失。

现代分布式服务的所有者必须监控和预测不断变化的资源需求，以平衡可用性和冗余，避免潜在的超额整备所造成的浪费。灾难测试可能是一个宝贵的机会，可以评估有关资源和负载分配的基线假设，并为上述决策提供依据。流量高峰需要到多少才需要考虑紧急情况下的资源分配？如果出现这种流量高峰，扩展容量的速度究竟要多快？如果云提供商无法满足首选地区的资源需求该怎么办？在必要情况下，团队能否在另一个区域进行紧急情况的应对？此时需要能自如地做以下事情——将某个位置的容量暂时或永久地转移到另一个位置。可以先使用小容量进行尝试，在一处关闭一部分网络或计算资源，而在另一处启动等量的资源，以让自动负载均衡机制能适当地实现自我调整。

业务连续性计划

场景：一场自然灾害袭击了你的主要办公地点。而你的卫星办公地点此时必须要评估影响，试图找到受灾害影响的同事，并协调正常的业务运营。

即使在发生灾难时，高层仍然需要做出决策，重要的业务工作流也需要保持完整。当领导层无法联系上时，关键的审批链条会发生什么情况？紧急支出如何批准？采取哪种公共沟通方式？法律决策如何制定？制定周到的业务连续性计划只是第一步，还必须确保员工了解此计划，并知道在紧急情况下应遵循该计划。可以通过添加限制条件（例如，灾难响应者被迫使用笔记本电脑进行运维操作，或无法直接连接到公司网络）来进行有趣的人类响应测试。在 DiRT 的旗帜下，整个谷歌团队都进行角色扮演练习，以使自己熟悉并改善其业务连续性计划。

数据完整性

场景：数据发生损坏，需要从系统的最新备份中还原。

备份仅与你上次测试还原时一样好。如果你还没有从备份将数据重新加载到生产环境中，你如何才能确定恢复过程正确或备份可以正常工作？如果你的备份进程停止运行，那么需要多长时间才能被注意到？如果想要彻底监控该领域，增量式地延迟备份过程或临时将备份文件写入备用位置之类的简单测试可能会非常有用。

应用程序在其数据遭受损坏后依然保持健壮是数据完整性的另一个重要方面。即使针对内部服务，是否也彻底进行了模糊测试[注8]？针对微服务架构中的 API 端点进行模糊测试是一种加固服务的出色方法，可防范可能导致崩溃（“死亡查询”）的意外输入。有很多开源工具可以帮你开始进行模糊测试，其中包括谷歌发布的一些流行工具[注9]。

数据存储的副本对延迟的容忍度如何？最终一致的数据存储系统中的传播延迟和网络分裂可能会导致难以解决的数据不一致。人为地引起复制延迟可以帮你预测复制队列备份时系统的行为。增加复制延迟还可以揭示数据竞态条件。这些条件在较不极端的条件下是无法自行暴露的。如果已经在预生产环境中执行了负载测试，那么就能将数据存储复制的灾难测试简单设计为在延迟或暂时禁用存储复制的情况下，运行正常的负载测试套件。

网络

场景：由于发生区域停机事故，网络的很大一部分都处于脱机状态。

网络基础设施问题可能导致服务、站点或团队所维护的服务的部分或全部中断。谷歌的带宽和网络团队特别喜欢 DiRT 计划。他们设计了许多测试，涉及配置临时防火墙，能重新路由或完全阻止流量。应该从多种规模对网络故障进行测试，覆盖从单独一台个人台式机、整个建筑物及你所在的地理区域，到整个数据中心的方方面面。虽然区域性停机故障是云服务系统结构中的一个实际问题，但是通过一些精心设计的防火墙规则，就能证明你的系统可以容忍任何单个区域故障。如果你在运营管理自己的网络设备，那么应偶尔测试故障切换和冗余设备，以证明其在必要时能表现出预期的效果。

注 8：维基百科的定义如下：“模糊测试是一种自动化的软件测试技术，涉及将无效、意外或随机的数据作为计算机程序的输入。”参见 *https://oreil.ly/ Erveu*。

注 9：谷歌已开源的两个工具是 libprotobuf-mutator（*https://oreil.ly/oXo_O*）和 ClusterFuzz（*https://oreil.ly/6kFqI*）。

监控和告警

场景：将故障注入系统并关闭组件，直到发现有告警信息未报警的行为出现为止。

如果有些告警指标从未在生产环境中被触发过，那么就只能相信它们可以按预期工作。此时需要定期验证监控和告警系统是否确实能正常工作。这与烟雾探测器的测试按钮异曲同工。

通信和 IT 系统

场景：公司的视频会议套件在一天的大部分时间内都不可用。

内部视频会议和聊天系统使数以万计的谷歌员工每天能在正常的业务运营过程中相互联系。数以万计的台式计算机要用于执行日常工作。这些系统非常重要。但如果临时无法使用它们，也只会造成些许不便，并不会导致灾难。在这种情况发生之前，应先确定、商定和测试其他的沟通机制。

医疗和安全紧急情况

场景：一名员工在难以接近或安全限制的区域内摔断了腿。

紧急情况下，应急人员是否可以进入办公设施的受限区域？谷歌的数据中心是工业级的办公场所。尽管谷歌为其所提倡的办公场所安全性而感到自豪，但世界上没有任何地方可以声称完全没有发生事故的风险。要应对事故，拥有经过审查和演练的程序很重要。如果要召唤急救人员到办公设施，需要提前确定将其召唤到何处，并且预先确定了谁在必要时，应在现场陪同他们。

重新启动所有系统

场景：为弥补一个严重的安全漏洞，要求对基础设施中的每个系统尽快进行重启。所有系统都必须关闭，但它们将能重新开机提供服务吗？

要掌握完全重新启动系统或相关系统的集合的能力。不要让引导系统启动的能力下降。应该熟悉任何对业务至关重要的服务的引导和冷重启。

5.1.3 测试方法

希望此时你有兴趣对一两个系统进行灾难测试，甚至对系统的某个特定方面产生了值得探讨的想法。要将想法发展为可行的测试还需要做一些工作。在谷歌，团队经常咨询 DiRT 资深人士，以帮助他们迭代出最初的想法，并指导他们将其变为实际的测试。参与灾难测试的规则能让人更务实地考虑问题。这将使测试执行更加精简，并且不易产生负面影响。灾难测试应该是科学化的。要像进行科学实验一样进行灾难测试[注10]。应尽可能控制系统内的无关变量。对系统的操作应具体且有针对性，并且事先确定衡量其影响的途径。对测试结果的假说可以证明你对系统在故障情况下的行为有准确的了解，也可以用于揭示意外情况。确保测试能够增加价值。而仅仅重新度量一下已建立好的或容易理解的故障模式是对时间和精力的浪费。

即使已经决定要进行灾难测试，也应该明确标识出要测试的内容。是要通过此测试来评估值班人员的响应，或事故管理程序是否得到了遵守与执行？是否正在测试一个系统的本身，包括其复杂的故障模式和自愈设计？是否正在测试服务的消费方是否配置正确，且不会对可靠性抱有不合理的预期（超出了实际能够提供的可靠性）？应该尽可能地做到一次只测试一个假说。尤其要警惕在一个测试中将自动化的系统反应与人员的反应混杂起来。

测试单个假说并不意味着需要避免将会同时发生的故障注入系统。在现实世界中，并发故障（单个故障可能不会造成重大问题）之间的相互作用可能会导致灾难性的停机事故。发现负反馈环和灾难性缺陷组合是 DiRT 测试最有意义的结果。与往常一样，此时可以采用安全控制措施：要具有能够停止测试的方法，并能清楚地预测系统在被测时会如何运行。

当向系统施加压力以查看系统是否可以正常处理故障情况时，明智的做法是确保值班工程师知道正在进行的测试。事先不与值班人员进行沟通，可能会导致无法发现正在发生的更多其他问题，并且会很难区分故障的缓解是来自系统的自动化故障缓解措施，还是来自值班工程师执行的缓解措施。这是应用“参与规则”的一个很好的例子。让值班人员提前知道灾难测试不会影响或改变测试的技术特点，还能增强监控能力，并增强从受测试影响程度不同的团队收集信息的能力（当受影响的团队发现自己系统中的问题时，他们会联系值班人员）。

除非明确指明，否则有关灾难测试的对外沟通过度一点也无妨。如果灾难测试的目的是衡量事故响应的人为因素，那么一些意外也许会有所助益。但即使在这种情况下，预先宣布可能发生测试的时间窗口也将有助于避免时间安排上的冲突。另外，应该尽早发布灾难测试的通知，以应对在规划好的测试时间里发生真实的事故。在实际测试之前的几周和几天内，向相关方和可能受影响的团队发送一两个提醒，既能避免让人感到意外，也可以激发更多人在测试期间要时刻保持警惕。

确定什么时候进行测试，以及测试要持续多长时间，可以对所学内容的质量和数量产生巨大的影响。如果一个特定测试的执行时间过长，可能会无意间造成外部客户服务的中

注 10：混沌工程原则（*https://principlesofchaos.org*）反映了科学方法，这并非巧合。因为整个宇宙就是一个大规模的分布式系统。

断。而相同的测试如果执行时间不够，测试中断后生成的不一致或瞬态的数据会被抹去或忽略，则可能无法获得任何可测量的结果。理想情况下，随着不断发现和解决系统问题，针对大型共享基础设施测试的持续时间会增加。从小处开始可能是个好主意，但也不要小到获取不到结果，从而浪费时间和精力。最初可以选择在非高峰时间运行测试来收集数据，然后再逐渐增大强度。通常在谷歌，我们避免在流量高峰时进行灾难测试。

在规划灾难测试时，请考虑公司各种年度活动的安排。应避免在重大假期和重大文化事件(如重大体育赛事或购物季等)中进行灾难测试。除非打算专门测试这些内容，否则不要让灾难测试干预支持公司业务的月度或季度流程。如果在规划时没有考虑是否会影响财务、会计和商业智能报告的工作，那么你或许会成为发薪日前一天晚上把工资系统干掉的人。

对于 DiRT 测试，谷歌的常见建议是在开始测试前要“左右看看”。即在测试开始之前，要尽力注意可能会影响测试的计划外变故，尤其要警惕那些可能会阻碍测试的持续性的生产问题。此时，总是可以将测试推迟几个小时、几天甚至几周。

5.1.4 收集结果

完成了规划和外展工作且顺利运行测试之后，必须记录好所发现的内容。在测试执行期间，督导员最好能频繁地把执行的操作以及任何有趣或异常的情况记入日志。工程师在谷歌所进行的每一次 DiRT 测试中都会编写一份轻量级的分析文档。其灵感来自谷歌用于对真实事故进行“事故复盘”的文档。测试中所发现的任何问题都会被特别标记为在 DiRT 测试期间发现的。谷歌有时会拨出奖金，以赞助内部针对 DiRT 所发现的缺陷的修复工作，以防止低优先级的问题始终得不到解决。最后，测试结果文档会包含一个部分，用于搜集有关测试执行的后勤和组织方面的反馈。负责 DiRT 计划管理的志愿者团队会使用此反馈，逐年迭代地改善该计划的运作。

使用灾难测试这种非常规手段所获得的成效还是值得提一下的。大型基础设施的灾难测试对于为受其影响的团队是提供安全列表机制的。而此时评审安全列表请求则是一项有意义的工作。在谷歌，我们要求所有在安全列表中请求在灾难测试中豁免的团队提供简短的文字说明，以解释为什么他们无法参加灾难测试。并要求他们确定高优先级的行动项，以消除阻止他们参加下一轮灾难测试的障碍。在某些情况下，灾难测试的公告会让许多人怨声载道，并发出大量列入安全清单的申请，从而使灾难测试的执行变得没有必要。这说明，仅仅是灾难测试的威胁就足以让大量必要的工作暴露出来[注 11]。

注 11：谷歌出现了一种被称为“DiRT 诅咒”的现象。当一个特别重大的灾难测试被取消或推迟后，不久就会发生与原计划的测试类似的真实事故。甚至在某些情况下，真实事故甚至与事故演练原定计划的时间也相吻合。关于 DiRT，我们想说：“如果你不测试，那么老天爷会。”很高兴能看到老天爷也具有幽默感。

5.2 谷歌的测试范围

谷歌的内部基础设施非常庞大，任何人一次都只能合理地领会其中一小部分内容[注12]。毕竟我们只是人类。灾难测试提供了一种可扩展的方法来深入探索系统之间的交互。随着时间的推移，测试的强度、持续的时间和范围都可能会增加。大型的核心基础设施的灾难测试声名远扬，但这需要成千上万低风险的独立实验作为基础。如果能进行足够深入的探究，那么上一节中所建议的大多数测试都可以在多个规模中进行。

关键基础设施（例如计算、网络、存储和锁机制）的核心服务提供方会隐式地诱导他们的用户采用高配置。此时，尽管服务已经按预期工作了，但客户由于错误配置或配置不足仍可能会联系服务提供方寻求帮助。因此，用户必须充分了解最坏情况下的服务等级。这对于服务提供方和消费者双方在系统运维方面的成功都是至关重要的。

有时，谷歌的团队会人为地将大型服务的服务等级长时间限制在最低 SLO 的范围内。这些测试每年会计划做几次，并且试验的区域也会轮换，以确保至少每个服务都能有一些最低限度的测试机会，而无论服务在哪里运行。混沌工程实验的确切持续时间是根据服务提供方愿意消耗的 SLO 的“故障预算”来确定的[注13]。如果服务能一直没有违背 SLO，那么就是在积累“故障预算”。而灾难测试则是消费这笔预算的机会。当在谷歌运行此类测试时，我们会尽力将其扩展至合理的范围。一些团队会预估在 DiRT 测试中所受影响的规模，然后采取静等“风暴”来临的策略——默许出现停机事故，而不向上汇报故障。将灾难测试扩展到几天，有助于激励那些愿意忍受较短停机事故的团队采取积极行动，并制定长期的解决方案。这种延长灾难测试时长的举动有助于暴露这样的内部团队——他们无意中将自己的服务整备得无法实际满足其服务等级和可靠性。仅发布服务和评审设计还不足以防范这种类型的问题。因为随着时间的推移，依赖关系的关键性会从开始时的非关键逐渐缓慢地发展为关键。而实际的测试方法可以降低可靠性缓慢下降的风险。

一个设计良好且可长时间运行的大型基础设施测试具有安全列表机制。而该机制可以指引我们改进那些要求进入安全列表的应用程序。理想的测试还能为用户提供一种独立于大型测试，只对其服务进行独立测试的途径。例如，可以人为将延迟或错误注入一个服

注 12：Woods 定理简洁地表达了这种观点：“随着系统复杂性的增加，任何个人自己对系统所建模型的准确性都会迅速下降。”参见 SNAFUcatchers 应对复杂性研讨会上的 STELLA 报告（*https://snafucatchers.github.io*）。

注 13：一位谷歌员工将这种做法称为“突击消费”。要详细了解故障预算的概念及其在谷歌的应用，参见 Mark Roth 的文章“(Un)Reliability Budgets: Finding Balance between Innovation and Reliability”，出自 login 第 4 卷第 4 期（2015 年 8 月），以及 Marc Alvidrez 的文章“Embracing Risk”，出自 Beyer 等人编写的《SRE：Google 运维解密》一书的第 3 章。

务的客户端程序库。这使依赖于被测服务的团队可以对外隔离地运行自己的灾难测试，并以与全局灾难测试相同的标准提前验证应用程序的健壮性。此时若在特定应用程序中发现问题，就能凸显大型基础设施灾难测试的客户端版本的价值。这些测试可以用作验证问题已解决的方法，并且可以通过自动连续运行来防止可靠性下降。

我们在谷歌上运行的一些大型测试：

- 暂时禁用某个区域中的日志存储服务，以确保需要进行高可用性日志写入的用户已为其系统配置了正确的故障切换。
- 时常关闭我们的全局锁服务，以使其不会明显超出其 SLO[注14]。
- 对大型 RPC 服务进行模糊测试，谷歌提供了自动化的工具，可以对服务的输入进行模糊测试处理，并监视随后的系统崩溃。这些测试会针对开发和准生产任务连续执行。
- 大型网络分裂将整个园区隔离开来。
- 在几个小时内禁止非人类账号（如机器人和服务账号）访问源代码控制系统。

谷歌的工程师不断执行被隔离和低风险的测试。各个团队使用自动化工具定期在准生产环境中创建小型灾难。确保在进入生产环境之前就让各种环境经历极端条件的考验。这种做法能适度提醒人们真实世界是如何对待软件系统的。当注入的故障造成服务中断时，对准生产环境的标准黑盒监控有助于凸显可靠性的下降情况。

在谷歌，我们会尝试做到自动化一切工作。当然灾难测试也不例外。很明显，为了跟上谷歌快速发展的步伐，DiRT 计划需要针对共享服务提供一个拿来即用的灾难测试通用平台。为满足此需求，我们以“交钥匙工程”的形式开发了一套故障注入测试套件。该套件具有很高的可配置性，并且可以用一行命令来执行。这种拿来即用的工具能方便地用来注入各种灾难。这降低了下述团队的进入门槛——想要开始使用技术来进行灾难测试，但不知道从哪里开始。工程师可在一个地方轻松找到各种自动化测试的集合，以自助的形式构建大型基础设施测试，并添加一些其他测试。这些自动化测试涉及负载均衡、区域任务终止、存储复制延迟、高速缓存的全部与部分刷新以及 RPC 延迟及错误注入。在自动化灾难测试的基础上实现的框架标准化使我们能为该平台的下述重要特性提供一流的支持——通过通用的“大红按钮”机制全部或部分停止所有自动化测试的执行，经过深思熟虑的测试回滚机制，以及内容已经预先起草好的自动化灾难测试发布机制。

注 14：参见 Marc Alvidrez 的文章“The Global Chubby Planned Outage”，出自 Beyer 等人所撰写的《SRE：Google 运维解密》一书的第 4 章。

案例研究：Borg 系统驱逐任务的 SLO

Borg[注15]是谷歌的集群管理系统，用于跨数据中心调度和管理应用程序。用户要在 Borg 上以实时工作负载优先于批处理[注16]的方式为其作业配置优先级。当任务被 Borg 主进程终止时，就会执行 Borg 的“逐出”任务。发生这种情况有多种原因，包括需要升级操作系统内核、物理设备移动、磁盘更换或者仅需要资源来执行更高优先级的任务。Borg 的 SRE 团队发布了逐出速率的 SLO（基于任务的优先级），以提供用户在设计系统时应参考的逐出任务的上限规范。

在正常操作下，一项任务永远不会接近已发布的逐出速率 SLO。但是在某些类型的计划内维护任务期间，逐出速率会增加。这种类型的维护任务在所有 Borg 单元中会大致均匀地分布。因此从单个单元的角度来看，逐出速率增加似乎很少见。但在足够长的时间范围内，这种情况肯定会出现。当逐出速率接近其 SLO 时，Borg 的用户就会感到惊讶。

Borg 的 SRE 团队希望通过增加逐出速率 SLO 的感知程度来帮助其用户提高系统的可靠性。Borg 的 SRE 团队为此抽调了几位工程师一起制定了一个计划，轮流遍历所有 Borg 单元，并根据各自 SLO 的优先级强制逐出生产任务。该测试运行了几天。在此期间，为人工逐出的任务添加警告标记，以关联相关测试，并将用户引向内部网站相关页面来了解更多详细信息。在测试执行期间，用户可以将自己加入安全清单，因为一旦自己发现了问题，就没有必要通过测试再发现一遍了。结合针对 Borg 单元所做的测试模式，Borg 的 SRE 团队开发了一种自助模式，用户可以独立运行针对特定任务组的测试。Borg 用户使用自助服务测试来确定自己的作业，以便为计划内的针对 Borg 单元的测试做好准备，并确信自己的进程不会受到干扰。

5.3 总结

如何为意外情况做最好的准备？这个看似矛盾的问题引发了谷歌的灾难恢复测试计划。随着时间的流逝，复杂性将使大多数持续增长的系统陷入一片混沌。但混沌工程的拥护者们并没有拒绝混沌，反而接受了混沌。灾难测试提供了一种方法以验证猜想，并凭实

注 15：参见 Niall Murphy、John Looney 和 Michael Kacirek 所撰写的文章，出自 Beyer 等人所撰写的《SRE：Google 运维解密》一书的第 7 章；以及 A. Verma 等人所撰写的文章“Large-Scale Cluster Management at Google with Borg”，出自 *Proceedings of the European Conference on Computer Systems*，2015 年。

注 16：参见 Dan Dennison 所撰写的文章“Data-Processing Pipelines”，Beyer 等人所撰写的《SRE：Google 运维解密》一书的第 25 章。

验证明系统的行为，从而使人们对系统的理解更加深入，并最终让系统更加稳定。作为工程师，我们往往不知道自己已经构建到系统中的种种隐含假设，直到这些假设受到不可预见的情况的激烈挑战。定期、正规化和精心设计的灾难测试将使你能够以受控的方式探测系统有关灾难的假设。尽管灾难测试并非完全没有风险，但其风险情况能被控制在容忍度之内。而在真实生产环境中，因受复杂的多方面因素影响，系统故障的爆发往往令人措手不及。与之相比，测试中的这点风险根本就不算什么。

想象一下，你已经通过某种方式具备了这样的神奇能力——精确地安排了系统下一次的生产事故。你已将事故记录在每个人的日历上，并进行了充分的沟通，以确保所有人都知道。在计划好的时间来临时，最好的工程师会在事故发生时密切记录和分析问题。当然，这组工程师会增强他们对事故起源的了解，还有可能提前干预系统系统，从而使他们更加有能力解释呈现的数据。一旦拥有足够的力量，你便可以行使另一项新的超级能力——取消整个事故。系统会在几分钟之内恢复正常。工程师会对收集到的大量数据进行操作，修复未发现的问题，使系统更加可靠。这些超强能力将迅速并显著提高系统的可靠性。如此诱人的能力，你难道不想拥有吗？

关于作者

Jason Cahoon 是谷歌的全栈软件开发者和站点可靠性工程师。除了编写软件和分析技术系统外，他还喜欢木雕，陪狗狗玩耍，下国际象棋。

第 6 章

微软的多样化故障和实验优先级

Oleg Surmachev

在微软，我们针对大规模的云基础设施构建和运行自己的混沌工程项目。我们发现，实验的选择会对混沌工程在系统中的应用产生巨大影响。实际生产系统中不同故障场景的示例说明了各种现实事件是如何影响生产系统的。下文会提出一种方法来确定服务的混沌实验的优先级，之后会提出一个框架来分析多样化的实验类型。本章的目标是提供可以在工程过程中应用的策略，以提高产品的可靠性。

6.1 为什么一切都如此复杂

现代软件系统是复杂的。哪怕实现最小的软件产品，也需要投入成百（通常上千）的工程师。一个服务中的某个系统，也是由成千上万甚至数百万的硬件和软件构成的。想想那些为硬件供应商工作的工程师，例如英特尔、三星、西部数据以及其他设计和制造服务器硬件的公司。想想思科、Arista、戴尔、APC 以及所有其他网络和电源设备供应商。想想微软和亚马逊所提供的云平台。系统中的所有这些或明或暗的依赖关系会直达电网和光缆。这些依赖关系结合在一起创建了一个变幻莫测的黑匣子，而你的系统就构建在此基础上。

6.1.1 复杂导致意外的示例

在职业生涯的早期，我研究潜艇声呐设备中所使用的算法。在那些日子里，对于我的代码所依赖的每个组件（无论是软件还是硬件）、每个程序库、每个驱动程序和每台机器的负责人，我都非常熟悉。潜艇是一个非常封闭的环境，因此任务处理只能使用那么多计算机，也只能使用那么多电线和硬盘驱动器。传感器的数量是有限的，系统中通常只有一个用户。即便如此，我记得仍有厚厚的组件手册和数千页的文档。

每次会议都至少要有 12 个人参加。我们要无休止地审查每个组件，记录每个用例，评审每种情况。我的团队针对所研究的模块中的信号处理问题，在实验室中进行了所能想到的最严格的测试。我们使用了来自其他潜艇的信号记录，尝试了不同的天气，模拟了不同的位置。一切都做得非常彻底。

当预订了机票，要去实际的潜艇上进行第一次测试时，我确信这次旅行也就几天的时间。这能有多难呢？安装软件、检查、庆祝，然后坐上回家的飞机。不幸的是，一切都没有按计划进行。这是我第一次去俄罗斯北部。我在那个地区长大的妻子建议我多带几件衣服。而我则告诉她："不用担心，也就几天，毕竟现在是八月，还是夏天呢。"但当飞机降落时，天空开始下雪。我们花了半天时间与恶劣的天气搏斗。在余下的行程中，轻微的感冒一直伴随着我。

当我终于安装好模块并尝试使用时，发现它根本无法工作。我们花了 40 天时间才让系统能端到端地工作。其间遇到了许多之前没见过的问题，碰到了从没考虑过的各种因素，面临着从未在图板上出现过的新挑战。从天线到信号处理器的连接布线，涉及 200 多个连接。而这些连接没有一个是对的。我们必须回过头来搞清每个连接，并以编程的方式对机械错误进行调整。

即使下大力气做足了准备和计划，但是在第一次测试中，所有事情还是一团糟。到底什么地方做错了？我们忽视了系统在现实世界中所面临的问题。我们当时只是专注于信号处理的数学和计算机科学问题，但没有考虑错误的接线、极端的气温，以及当船舶在恶劣天气中上下颠簸时低质量的用户数据输入。我们从事实中学到了这些，并且付出了巨大的代价——项目延误和长期远离家人。

混沌工程（*https://principlesofchaos.org*）的一项高级原则是在实验中多样化地引入现实世界的事件。如果我们专门投入时间，研究系统内部和外部在现实世界中的实际表现，而不是仅完整地规划系统的正常使用场景，那么也许我们在潜艇上的模块安装会更成功，并能早日与家人团聚。

6.1.2 简单系统仅是冰山一角

考虑一下我为妻子的艺术学校所创建的一个小型网站。该网站托管在 Azure 云平台上。考虑一下它所依赖的系统——IIS、Windows、IaaS VM、Hyper-V、主机上的另一个操作系统、Azure 基础设施、保存数据的 Azure 存储、用于开发和部署的硬件、数据中心中的电源和网络设备，以及这些数据中心的服务团队。总而言之，这些系统包含数百个软件组件，以及大约 2 万名工程师。为了让客户看到该网站，我还依赖 CDN、DNS、全球骨干网，以及客户对浏览器和互联网服务提供商的选择等。考虑背后所运行的系统，即使是一个非常简单的网站，显示出的复杂性也仅是冰山一角。

由软件、硬件、抽象和服务提供商所组成的所有这些附加层次，都是影响我们所关注的系统行为的全局中的一部分。在上面的潜艇系统这样一个封闭的环境中，即使可以准确地说出我所依赖的所有组件，并且可以拿起电话找到所有组件的负责人，但我仍然无法控制一切。许多现实世界所暴露出的事情之前是无法预料的。在混沌工程中多样化地引入现实世界的事件正是下面要关注的内容。

在设计和构建产品时，要深思熟虑地考虑接口、组件契约和服务等级协议。这已经是一项复杂的任务。当我们考虑整个依赖链时，情况甚至更加复杂。我们的系统和所依赖的一个个黑匣子组件，都会出现能影响执行方式的状况——硬件故障、软件缺陷、被错误记录或被忽略的程序，以及天灾人祸。还会出现人为有意强加的事件——软件更新、操作系统补丁、常规硬件和设施维护。还有许多未提及、未考虑甚至无法想象的事情。它们中的任何一个都有可能严重影响产品的性能、可用性和成效。使用本书所讨论的技术就可以在系统上针对未知进行实验，以了解所能控制以及无法控制的组件是如何在实际场景中交互作用的。

6.2 实验结果的类别

当为生产系统交付混沌工程解决方案时，会遇到以下几类情况：

已知事件与预期后果

这类实验完全符合预期。其间应该能够随时控制情况。此时，混沌工程计划已取得最大的进展，测试覆盖范围已正确建立，监控系统性能的工具（无论是度量工具、日志记录工具还是其他可观测性工具）已熟练掌握。

已知事件与意外后果

这类实验未遵循预期。其间虽然可以控制事件的触发，但结果并非预期。其原因既可以像监控与跟踪策略无法正确反映事件那样简单，也可以像如何进行灾难恢复那样复杂。无论怎样，此时都应该按计划进行——中止实验、记录事件并随后跟进。如果有工具可以自动中止实验就更好了。此时，可以从中学到很多知识，以了解系统如何发生故障，以及如何从此类故障中恢复。

未知事件与意外后果

此时各种故障交织在一起，失控的风险大增。当需要人工参与以进行故障切换和灾难恢复时就会面临这种情况。从长远来看，这能从中学到关于系统的最有价值的知识，因为混沌工程可以帮你找到盲点，明确需要在哪里投入更多的时间，并为将来保护系统做出规划。

第一种情况遵循计划，不言而喻。而后两种情况则值得进一步讨论。

6.2.1 已知事件与意外后果

当向公司领导层或干系人介绍混沌工程、故障注入或灾难恢复时，人们通常将介绍的重点放在引人注目的大规模问题上。确实存在这种大规模灾难。但是，还有许多其他故障场景。例如一些常见的威胁。考虑一下系统定期会发生的所有事件：新版本的部署、操作系统补丁、安全凭证的轮换和夏令时更改等。即使一切运行正常，这些事件也会造成计划内的变更或其他众所周知的干扰，如服务的故障切换或停机。此外，此类事件还会带来另外两个风险：

- 与生活中的所有事情一样，出错在所难免。无论事先计划得多好，都可能因上述事件所引入的变更而出现系统损坏的情况。例如，安全凭证轮换期间使用了错误的证书，或者新的网卡驱动程序版本导致了性能问题。任何此类问题都可能导致事故，延长停机时间，降低故障切换的能力，或导致其他问题。

- 某些变更是不受任何系统控制的。比如与时钟有关的变更，如夏令时或安全凭证到期。不管是否准备妥当，夏令时总会如期到来，安全证书也会在特定日期过期。GPS（Global Positioning System，全球定位系统）的星期计数的上限是 1024。此外，外部组织也可以强制要求进行强制性的安全更新。这些外部事件可能会严重限制系统的响应方式。例如，如果正解决系统容量和故障切换能力受限的问题，则可以延迟 CI / CD 的部署。但是，却不可以延迟安全证书的过期时间。

考虑一个使用 CI/CD 进行定期服务部署的例子。以下是例行更新可能出错的一些情况：

- 服务的新版本存在错误，必须回滚或修复。
- 服务存在缺陷，并且破坏了数据的持久状态，因此无法回滚以进入上一个已知的正常状态。
- 部署过程因故中断，造成服务的新版本无法部署。
- 部署过程因故中断，但在中断前存在问题的服务的新版本的部署速度过快，导致故障切换成本过高。
- 以上各种情况的任意组合。

我最近经历了一次为系统打安全补丁的任务。一旦发现了任何安全威胁，就必须争分夺秒地工作。为了赶时间，整个过程都很匆忙，导致忽略了安全性，有时还会省略测试。这会事与愿违。因为匆忙打安全补丁反而会大大增加失败的风险。

在处理熔毁和幽灵[译注1]事件（*https://meltdownattack.com*）期间，我们预计在部署程序补丁时，会出现无数的故障模式：启动失败、性能下降和功能损坏等。但正如预料的那样，我们能够通过提前预防避免上述许多问题。但是，如果未能对此类事件进行实验，那么打安全补丁将无法在合理的时间内完成。我们会定期针对此类情况进行紧急变更交付的操练。随着时间的流逝，我们从中学到了足够多的知识，并做好了相应的调整。现在，重大的维护和交付工作已经实现了对平台客户透明。

正如上述例子所展示的，如果定期加以操练，就可以熟能生巧，从而逐渐改善工作。一旦经过设计并做好准备，即使遇到大规模的问题，也能顺利化解。

6.2.2 未知事件与意外后果

几年前，我在 Bing 产品的基础设施团队工作。有一天，我的 Outlook 应用程序突然停止了工作。起初我并不太担心，因为 IT 部门会随时发布软件更新。但是 Outlook 在重启后仍然无法正常工作。接着 Skype 和其他一些工具也罢工了。正当我感觉不妙时，就听到有人在走廊上奔跑。

人们在办公室里奔跑通常是一个坏兆头。而如果奔跑的是高级管理人员，那只能表明情况更糟。这位经理在我房间门口止住脚步，说："拿着笔记本电脑，跟我来。"我们一边走，一边叫上更多的人，最后进入了一间会议室。那位经理把刚才发生的事情向我们做了简要介绍——看起来任何系统都无法访问了，甚至包括我们自己的遥测系统。一切都停机了。

在尽快修复的压力下，团队立即动员起来，集体讨论了潜在的解决方案：应急的通信渠道，几处手动干预点，访问平台控制平面的方式。在经过了 20 分钟的紧张时刻，打了几个电话，想出了几个好主意后，我们做出了正确的评估，并邀请相关团队来解决问题。这次故障是多个小规模故障叠加的结果，最终导致错误的 DNS 配置，从而让公司总部与外界隔绝。然而非常幸运的是，客户流量并没有中断。

为什么会碰到这种情况？因为之前没有想到。我们被孤立了。由于之前一直专注于模拟数据中心内部的事件，以至于完全对公司总部可能出现的问题视而不见。大型基础设施的复杂性，取决于对组件之间的交互作用和依赖关系的理解程度。单个组件的变化会导致上游和下游组件产生复杂的累积效应。网络隔离使我们盲目和无助。而了解问题的确

译注 1：熔毁（Meltdown）和幽灵（Spectre）攻击，指利用现代计算机处理器中的关键漏洞实施攻击的行为。其中，熔毁攻击会利用硬件漏洞破坏用户应用程序与操作系统之间的隔离，使得程序可以访问内存，从而也可以访问其他程序和操作系统的机密信息。幽灵攻击旨在打破不同应用程序之间的隔离，从而让攻击者能够欺骗已经遵循了最佳实践的无错误程序，并泄露其机密。

切影响和范围，是盘点潜在影响因素并最终解决问题的关键。

能做些预防此类事故的工作，从而避免人们奔跑着去“救火”吗？当然，对于此类问题，人们只能当事后诸葛亮。人们永远不会在事故发生前就已经拥有能避免事故所必需的完备知识。所以“事后诸葛”无法预防事故。在当初设计时，我们漏掉了与公司总部的连接会失效的特定场景。这里的教训是，我们需要对意外的后果持开放态度，并尽最大可能操练故障恢复。

6.3 故障优先级

你无法提前识别所有可能的事故，更别提用混沌工程实验来发现所有事故了。在任何大小合理的软件系统中，变量实在太多了。为了最有效率地减少系统故障，应该针对不同类别的事故确定优先级，并确定对产品更重要的场景以进行覆盖。

可以从三个不同的角度来进行优先级排序：

事件发生的频率有多高？

什么事件会定期发生？首先要看看确定发生或更有可能发生的事件，例如新版本部署、安全凭证轮换、夏令时更改、流量模式更改和系统安全性威胁。考虑与每个此类事件相对应的各种故障模式。因为要期望在实际事件发生之前就能发现故障，所以要优先考虑那些经常发生的事件。

让我们以安全凭证轮换为例。因为凭证在到期时必须轮换，所以要经常做轮换。实际上，只要成本能够接受，应尽可能多地做轮换，而不是根据实际的安全需求来确定做轮换的次数。请记住，我们只擅长做那些常做的事情。反之亦然。如果有半年或更长的时间没有进行凭证轮换，那么如何才能确信在需要做轮换时不会出现问题呢？

优雅地处理该事件的可能性有多大？

感觉可以处理哪些类型的故障？尝试了解无法避免的风险。有些故障模式会导致服务在全球范围内瘫痪，而你对此却无能为力。这些故障随服务的架构和耐受性的不同而有所差异。对于附近的餐馆网站，故障可能源自本地电源问题。而对于微软云而言，故障可能源自全球性的自然灾害。无论哪种情况，总会存在一些无须调查的事件，因为需要接受全部损失。另一方面，也总会存在一些不允许出现停机事故的事件。要认真和持续地优先做以下实验——能支持系统的可靠性和健壮性的假设。

事件发生的可能性有多大？

迫在眉睫的威胁是什么？与频繁发生的事件不同，间隔很久的事件（例如总统大选、超级碗美式橄榄球赛事或已知的安全漏洞）发生的频率并不高，所以不会优先考虑对其进行定期检查。但是，一旦事件迫在眉睫，就必须优先针对此类事件进行测试。比如安全密码被泄露。历史上发生过几次攻击者破坏密码的著名事件。回顾这样的事件，就可以问自己：系统到底有多依赖经过特定密码保护的通信？更新系统所有组件所使用的密码需要什么工具？在更换密码过程中，系统还会正常运行吗？如何与用户沟通此事？更换密码需要多长时间？是否甘愿接受风险所带来的全部损失？

上述问题的答案应基于产品或服务的业务需求。关于业务需求的可靠性目标的满足程度，应与客户设定的期望相匹配。最好始终与干系人明确核实可靠性计划是否在可接受的范围内。

6.3.1 探索依赖项

一旦列出可能影响系统的事件后，就可以对依赖项做同样的事情。可以以与产品相同的方式考虑整个服务依赖链中预期的事件、耐受度以及即将到来的偶发威胁。如果可以联系依赖项的所有者，并使其同意使用类似的威胁建模方式和设计模型，则将有所裨益。虽然这并不总是可行，但是邀请依赖项所有者加入会很有用。

要考虑到每次故障都可能同时受多个依赖项的影响。而且，某些依赖项还相互依赖，这会导致系统内的传递性故障和层叠失效。传递性故障更难通过终端的监控来诊断，并且在设计阶段通常被忽略。混沌工程的一项任务就是要发现此类故障的可能性，并记录其对生产系统的实际影响。对具有潜在复合影响或未知影响的事件进行优先级排序，是在混沌工程系统中对事件进行优先级排序的另一种方法。

6.4 多样化的程度

混沌工程是发现真实系统行为和真实依赖关系图的利器。虽然可以了解系统运行的方式，以及各个依赖项的价值，但人们看不到端到端客户体验的全貌。当前微服务架构的兴起经常会形成过于复杂的依赖关系云[注1]，以致难以理解。而试图理解所有潜在的依赖项变化和故障切换计划是徒劳的。组件开发人员在孤立状态下所做出的决策可能在更加宏大的系统中会导致无法预料的后果。经典的建模策略会要求进行设计评审，并召开架构委员会会议。但是，这无法做到规模化，更不用说许多组件可能完全不在组织的控制范围之内。

这使得设计组合性故障和传递性故障成了为产品进行混沌工程演练的重要一环。通过引入各种故障模式，可以发现未知的连接、依赖关系和设计决策。在研究所依赖的外来的、无文档的和不友好的系统时，可以考虑将此类故障作为一项研究任务。

注 1：有关复杂性含义的更多信息，参见第 2 章。

6.4.1 多样化的故障

在列举事件并确定其优先级时，考虑每个实验所引入的多样化故障是一个好主意。将变化限制在单个组件或单个配置设置上，可以使设置和结果更加清晰。另外，在系统中引入较大范围的变更有助于学习更复杂的系统行为。

例如，如果目标是模拟组件的网络故障，则可以在应用程序协议层引入这种故障。比如可以在连接的另一端或正在使用的库框架内断开连接。这能让你在孤立的范围内理解服务的因果关系。但是，真实发生的网络故障却往往源自 ISO-OSI 模型的不同级别、硬件故障、驱动程序故障或路由更改。

比较两种不同的故障注入途径——在传输层上关闭机器上的 TCP 协议栈，或简单地拔掉网线。从模拟因果关系的角度来看，后者将更为现实。但是，这将同时使同一台计算机上的所有组件发生故障，从而导致多个组件的组合性故障。例如，在这种情况下，监控组件就会失去连接，从而不会注册任何有关该机器的遥测请求，从而使诊断故障影响变得更加困难。负载均衡器组件的行为在此时也可能无法预测。组合性故障会对系统产生更大的负面影响，但可以加深对系统之间实际交互的了解。

除了组合性故障，还应考虑传递性故障。这些是在实验对象的上游或下游所发生的故障。传递性故障非常危险，因为它们会迅速扩大实验的爆炸半径。这可能会超出实验框架的控制范围，违反最初的安全考虑和设计假设。在演习或 Game Day 期间，不要寄希望于系统会按设计要求工作。要以任何事情都可能失败的心态来分析演习计划。混沌工程假定可以回退受控实验，将系统恢复到之前的良好状态。如果可能，请在进行实验之前规划并测试上述恢复计划。

最后，应该考虑超出设计范围的故障，因为需要接受其全部损失。人们并不期望系统能应对此类故障。此时最好的情况就是快速失败并通知适当的受众。但是，人们会期望系统能在条件具备时恢复运行。比如恢复供电后系统重新上线，光纤修复后恢复网络连接，重新实例化存储的副本——所有这些都应能正确执行。必要的自动化程序必须能够正常运行，应根据需要对人员进行培训等。这种类型的演习通常难以自动化，因此会被延迟。但是，这些演习很重要，因为与事故本身所带来的损失相比，我们经常因无法在条件具备时恢复服务而遭受更大的损失。针对全球灾难性故障而进行的实验通常昂贵且具有侵入性。但是能够有效地恢复服务可以降低总体风险，并为组合性故障和传递性故障的实验提供更大的自由度。

6.4.2 结合故障多样化和优先级

在设计混沌工程系统，并在孤立性故障、组合性故障和传递性故障之间进行选择时，同样可以使用为服务和依赖项选择实验场景时所使用的优先级排序方法：

- 如果选择传递性故障会怎样？组件的性能肯定会在超出 SLA 允许的范围之外波动。还有什么可能会受到影响？如果依赖特定的硬件组件，驻场团队会在晚上提供支持吗？在周末和假期也提供支持吗？如果依赖上游服务，那么上游服务能否扛住彻底的全局性故障？如果使用外部 CDN 或流量整形器，那么会带来哪些其他故障模式？能否应对这些故障模式？是否需要处理新的故障模式？只有你对自己的产品负责。客户并不在乎微软、Amazon 或 Akamai 是否爆出了新闻，他们只想要服务能正常运行。
- 可以处理哪些故障？哪些依赖项即使完全失去也无妨？能够耐受哪些依赖项的服务状态降级？可以耐受多长时间？
- 什么是迫在眉睫的威胁？虽然要假定每个依赖项至少会失败一次，但是也要看看迫在眉睫的事件，例如计划内的依赖项变更（具体如云供应商的变更，或更新到较新的操作系统版本）。如果决定改用其他依赖项，则应先进行相关实验。

6.4.3 将故障多样化思维扩展到依赖项

一旦在解决单独依赖项方面取得进展，就可以开始考虑整个系统的运动：实验对象内部和外部的每个运动部分的执行效果各不相同，并且会随机出现故障。这就是世界本来的样子。例如，在已知各个依赖项的情况下，请考虑这些依赖项在以下不同场景之间来回切换后，系统会是什么样子：

- 依赖项在满足 SLA（正常情况）的条件下保持可持续的性能。显然，此时你的系统应该能正常运行。
- 依赖项的性能开始降低，但仍能满足 SLA（例如网络吞吐量开始下降、访问请求的丢弃率开始上升、偶尔服务不可用）。在这种情况下，你的系统应该能够长期正常运行，甚至要永远能够正常运行。
- 依赖项的性能刚好满足 SLA。这与前面两种情况类似，但是从以下角度来看却很有趣：如果此时的服务质量不足，则应重新协商契约或重新设计系统。例如，假设你提供数据库服务，而上游为每个副本系统提供了 80%的可用性，那么你将无法保证 3 个副本系统的可用性高于 99.2%。这三个副本同时发生故障的机会是每个副本故障概率的乘积，因此你的系统可用性为 $1 - (0.2)^3$。此时，你可以选择重新协商更高的实例可用性（比如每个副本的可用性达到 90%，那么你的系统可用性就可以达到 99.9%），或添加另一个副本（这样你的系统可用性会达到 99.84%）。这些决定要取决于目标和成本。
- 依赖项的性能违背了 SLA。此时你必须要确定上游的性能是确实违背了 SLA，还是完全不可用，从而导致你的系统发生严重故障。根据业务的不同，你可以决定将此问题视为致命问题，也可以将系统设计得可以维持一段时间。对于上面提到的数据库服务的例子，你可能会在完全放弃之前使用本地缓存一段时间。

将各种规模的多个事件组合起来，就可以了解在这种情况下系统性能的大量信息，从而减少将来的意外情况。

6.5 大规模部署实验

现在计划已准备就绪，可以开始执行了。如本书其他章节所述，应该从“小处着手”，并将爆炸半径控制到最小[注2]。请记住优先级，并从执行最高优先级的实验开始。为紧急情况准备行动预案。请记住，你所做的就是真实会发生的事情。你只不过加快了这些事件的自然发展过程，以消除意外。

了解要处理的事件类型很重要。为此，建立监控和跟踪功能至关重要。这包括两部分：

- 了解发生故障的系统。这将揭示实验是否能收到预期的反应。其中的关键是确保实验保持在预定义的范围内。可以将范围定义为特定的故障域、特定的组件或特定的客户（测试账号）。
- 了解产品的整体状态。多个故障可能会相互组合和传递，以无法预料的方式超出实验所关注的范围。在这种情况下，任何异常都应重新审视。在实验执行期间，收到故障升级电话和电子邮件的情况并不罕见。所以区分预期结果和意外结果很重要。

在微软，开展一系列新实验的最成功的策略是，一旦定义了实验边界，就会假设一次性地失去该边界内的所有系统。同时，边界的定义必须根植于一些考虑了潜在层叠关系的设计假设中。例如，对多副本存储系统进行混沌工程实验时，应考虑参加实验的账号可以接受数据完全不可用的情况。我们预计现实世界不会出现这种情况，但还是存在这种可能性。然而，我们不会对实验边界以外的其他存储实例做出假设。

在实验期间限制值班工程师的参与是探索系统效果的一种潜在策略。但我建议不要这样做。端到端地对过程进行演练对于了解过程的运作方式非常重要。如果值班人员的报告是过程（故障切换或恢复）的一部分，则他们也应该参与。

将混沌工程实验从准生产环境阶段过渡到生产环境阶段会带来多个新风险。请记住，混沌工程系统本身也是一个系统，并且容易存在与正在考验的系统相同的缺陷和故障。在实验时可能会丢失状态，缺乏容量，并且通常无法像所承诺的那样不会过于侵入用户。但无论如何，要使你自己的系统经受所有严格的实验。这不仅有助于确保产品的质量和

注2：参见3.3节。

稳定性，还能构建护城河，甩开其他竞争对手。另外还能为混沌工程的重要性贡献你自己的案例。

6.6 总结

要预见所有未来可能发生的事件是不可能的。而事件将会如何影响产品也是无法预测的。我们只擅长做经常做的事情，因此要做好短期重复实验的规划。列出每周将发生的事件，然后首先尝试对其做实验。如果某事每月发生一次，那么每周尝试一下。如果每周发生一次，那么每天尝试一下。如果出现故障，那么有 6 天的时间来找出解决方案。执行任何方案的次数越多，对方案的担心就越少。

具有预期后果的已知事件是可以期望的最佳情况。在混沌工程中引入各种事件的目的是减少将来的意外。如果会发生停电，那么可以尝试每天模拟断电，以使其不那么恐怖。如果操作系统每月更新一次，那么可以每天尝试几次向前或向后更新版本，以了解处理这种情况的方式。我们已经在云服务基础设施中进行了所有这些操作，因此系统对故障有了更高的韧性。

可以以 3 个月为周期预测产品所面临的主要挑战。例如，流量高峰、拒绝服务型攻击或使用老旧客户端版本的客户。今天就开始尝试那些。规划要添加到系统中的所有事件，然后规划如何从故障中恢复。还要制定当故障恢复失败时如何还原系统状态。

系统中事件的可变性会大大超出预期。而依赖项在各种条件触发后的行为方式只有通过研究和实验才能发现。对正确的事件进行优先级排序能让产品的混沌工程实践更加实用。

关于作者

Oleg Surmachev 在 Azure 云基础设施团队中工作了数年，为微软提供工具链，并对全球规模的服务提供支持。他是使混沌工程成为行业标准的早期支持者。在微软，他维护内部混沌工程工具。该工具可以在云平台提供故障注入和可靠性实验的服务。

第 7 章

LinkedIn 心中有会员

Logan Rosen

每当在生产环境中进行混沌实验时，都有可能影响产品的用户。没有忠实的用户，我们所维护的系统也就不复存在了。因此在精心计划实验的过程中，必须将用户放在首位。虽然可能会对用户产生一些轻微的影响，但务必要最小化混沌实验的爆炸半径，并制定简单的恢复计划，以使一切恢复正常。实际上，最小化爆炸半径是混沌工程的高级原则之一（参见第 3 章）。本章将讨论遵循该原则的最佳实践，以及在软件行业中实现该原则的一个故事。

为了说明这一主题，让我们先暂时进入汽车行业。所有现代的车辆均要经受制造商、第三方和政府的严格碰撞测试，以检查乘客在发生事故时的安全性。为了执行这些测试，工程师利用碰撞测试假人来模拟人体，并在其上安装多个传感器来帮助确定碰撞将如何影响实际的人。

在过去的几十年中，汽车碰撞测试假人有了很大的发展。2018 年，NHTSA（美国国家公路交通安全管理局）推出了 Thor 这个被称为有史以来最逼真的碰撞测试假人。Thor 拥有约 140 个数据通道，可为工程师提供丰富的数据，说明事故将如何影响真实的人，而像这样的假人也能够使制造商和政府对投放市场的车辆充满信心[注 1]。

这看起来不言而喻——当可以模拟撞击影响时，为什么要让真实的人遭受故意的碰撞，以测试车辆结构的完整性和安全机制呢？同样的想法也延续到了软件行业的混沌工程。

就像使用 Thor 的几种传感器来确定碰撞的影响一样，工程师多年来开发了几种方法来检测偏离系统稳态的情况。即使进行了有限规模的故障实验，也能够看清故障是否会让指标发生扰动，并影响用户体验。至少在足够相信系统能处理大规模故障之前，实验应

注 1：有关 Thor 的更多信息，参见 Eric Kulisch 的文章“Meet Thor, the More Humanlike Crash-Test Dummy”，*Automotive News*，2018 年 8 月 13 日，*https://oreil.ly/tK8Dc*。

设计为只影响尽可能少的人。

即使在混沌实验中采取了所有必要的预防措施（以及更多措施），以最大限度地减少对用户的伤害，仍有潜在的意外影响。正如墨菲定律所言，“凡能出错，必会出错”。如果实验会导致应用程序开始出现行为异常，从而超出用户可以接受的范围，那么就需要一个大红按钮来关闭实验。只需单击一下鼠标，即可恢复到稳态。

7.1 从灾难中学习

回顾因安全性实验出现差错所引发的著名事故，有助于规划和执行自己的混沌工程实验。即使所针对的对象彼此不同，也可以从这些实验的进行方式中得出一些洞察，以避免再犯类似的错误。

1986 年的切尔诺贝利灾难是最臭名昭著的毁灭性工业事故。当时核电厂的工人正在进行一项实验，以查看当发生断电时，堆芯是否仍能充分冷却。尽管可能会造成严重后果，但安全人员并未参与该实验，也未与操作员进行协调，以确保将风险降到最低。

实验不仅没有达成核反应堆停机的预期，反而使反应堆功率激增，并引发数次爆炸和火灾，产生大量放射性尘埃，对周围地区造成灾难性的破坏[注2]。实验失败后的几周内，31 人死亡。其中 2 人是工厂工人，其余人员都是遭受辐射中毒的急救人员[注3]。

事故后的分析表明，该系统当时正处于不稳定状态，没有适当的防护措施，并且没有“足够的仪器和告警信息来警告和提醒操作人员已经出现了危险”。[注4] 上述众多因素导致了震惊世界的灾难。而当针对软件进行规划和实验时，其所涉及的众多因素也与之相似。

相比切断核电厂的供电来说，混沌工程这种将错误注入网站的做法风险较低。但即便如此，仍然需要在每次进行实验时将用户放在首位。当进行混沌实验时，必须从切尔诺贝利事故中吸取教训，并确保以安全至上的方式来规划实验，最大限度地减少对用户的潜在影响。

7.2 细化实验目标

如果在公司刚刚开始探索实施混沌工程，那么很可能会将该实践与 Netflix 公司的混沌猴

注 2：世界核协会，“Chernobyl Accident Appendix 1: Sequence of Events”（2019 年 6 月更新），*https://oreil.ly/CquWN*。

注 3：世界核协会，“Chernobyl Accident 1986”（2020 年 2 月更新），*https://oreil.ly/Bbzcb*。

注 4：Najmedin Meshkati，“Human Factors in Large-Scale Technological Systems' Accidents: Three Mile Island, Bhopal, Chernobyl”，*Industrial Crisis Quarterly*，第 5 卷，第 2 号（1991 年 6 月）。

和混沌金刚（会关闭服务器或整个数据中心）联系起来。但是，只有通过在基础设施中构建足够的健壮性来处理这些类型的故障，才能做到这一点。

当首次进行故障实验时，从小处着手很重要。如果系统并不是为实现高可用性而构建的，那么即使关闭一台服务器，也会很难恢复。所以要尝试以某种方式设计实验，以使实验具有较高的粒度，并以尽可能最小的单元做为实验目标，而该单元可以是系统中的任何组件。

出现服务中断的单元有几种可能的排列组合方式，而这些排列组合方式都依赖正在进行混沌实验的软件。想象有一个非常简单的出售小饰品的电子商务网站。该网站的前端使用 REST 协议调用后端服务，而后端服务需要访问数据库（如图 7-1 所示）。如果想要引入应用程序级别的混沌实验故障，那么你可能想看看当前端遇到特定的后端调用问题时，会出现什么情况。

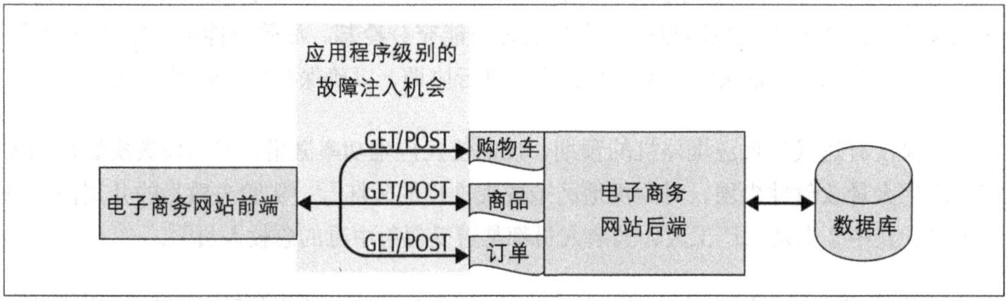

图 7-1：简单的电子商务应用程序

假设后端公开了商品、购物车和订单的 API 接口，每个 API 都有自己的 HTTP 请求方法（如用 GET 方法获得一件商品，用 POST 方法将商品添加到购物车等）。对于前端到后端的每次调用，通常都应该有一个客户的上下文，该上下文可以是购买小饰品的任何个人或公司。

即使在这个非常简单的应用程序中，也可以通过多种方式触发服务中断，其中包括各种 API 调用失败与不同用户的组合。但是，可以采用从小处着手的方法研究系统的故障路径，从而避免引起涉及所有用户的大规模服务中断。

理想情况下，可以根据上下文仅针对涉及用户的 API 调用失败来开始尝试。这样一来，就可以在不担心产生大规模负面影响的情况下，小范围地验证服务失败[注5]。现在假设需要了解当前端无法对后端购物车 API 进行 GET 调用时的用户体验。首先可以这样考虑，

注 5：Waterbear 团队的 SRE 工程师 Ted Strzalkowski 做了一场内容丰富的演讲（*https://oreil.ly/eu44v*），讨论如何在一个小型 Flask 应用程序中触发服务中断。

当发生这一故障时，对用户而言最佳的体验是什么。是显示一个错误页面，要求用户重试？还是自动重新发起调用？或者在修复 API 期间，作为后备应急机制，为用户展示其可能希望查看的商品？

在这种情况下，可以为用户引入上述故障，并查看当尝试将小饰品添加到购物车，并且当 API 调用超时后，会发生什么。其结果可能与预料中的发生此故障时应该或确实发生的情况相匹配，你也许能从中发现提高系统健壮性或客户体验的机会。

当然，这是一个基于简单系统的虚构示例，可以在其中设计或利用混沌实验框架，该框架可以有针对性地中断 REST 调用。这并非总是能做到的，要取决于在混沌工程上投入的资金，或正在实验的系统的限制。

也许可以将实验的粒度限定在特定主机的特定端口上的所有通信。将粒度限制在这样的级别就可避免实验所带来的更大范围的负面后果。因为此时最坏的情况就是单个主机未能响应请求。只要保持负面影响较小，就可以使爆炸半径最小化。

7.3 安全地进行大规模实验

当已经验证了系统对于各种故障（或者是那些特别关注的特定故障）的健壮性，下一步该做什么？自然地，人们此时会倾向于大规模地运行这些故障实验，并观察系统是否仍然以健康的方式做出反应。大规模地进行故障实验是有意义的。有时系统对一个请求失败的反应，与对大量相同类型的请求失败的反应截然不同，但是否这样取决于系统的架构。

当引入数据库调用超时的故障时，或许还可以利用缓存获取一些数据。但此时想确保系统可以处理**所有**对那个出现故障的数据库的调用。相比系统中的多个不同组件出现服务中断，系统也许会对大规模发生的同一故障做出不同的响应。某些服务中断可能会导致贯穿整个系统的层叠失效。而如果在实验时仅对一个用户引入故障，是无法重现上述层叠失效的。

很明显，大规模实验很重要，但会伴随着重大风险。在进行大规模实验之前，应逐一规划如何应对这些风险。每当实验各种规模的故障时，务必要了解系统的稳定状态，以及因实验而引起的任何偏差。而此时至关重要的是要了解何时故障可能会对系统用户造成灾难性的影响。稳态原则的关键要点是应该始终关注自己的指标，一旦出现了意外和有负面影响的故障，要能够迅速中止实验。通过规划何时中止实验的标准，可以更快地减轻负面影响，并缩短解决事故的时间。

如果发现系统的指标出现偏差，系统出现了会对用户造成负面影响的问题时，要是能让混沌工程实验自动停止，那么就能更好地确保安全。由于混沌工程实验框架可能无法捕获由实验所引起的所有意外问题，所以添加基于明确信号而中止实验的处理逻辑可以降低影响客户的事故的频率，缩短事故持续的时长。

如前所述，无论如何实现混沌工程实验框架中的自动化功能，能够立即中止实验的大红按钮是任何混沌工程实验的关键组成部分。取决于执行实验的方式，此“按钮”可以有多种形式，比如从 kill -9 命令到一系列 API 的调用。只要能够使环境恢复到稳定状态，就可以胜任。

如果注入系统的故障引发了实际问题，则需要在导致严重的用户负面影响或收入和信任的损失之前，先将混沌工程实验关闭。一定的负面影响是可以接受的，但是长时间的负面影响会使人们远离你的系统。

当然，用户的体验降级到何种程度就应该终止实验的评判标准是很微妙的。这取决于很多因素，包括受到影响的用户群规模，以及核心功能受到影响的程度等。要找到这个阈值，可能会涉及多个团队之间的协作，包括产品所有者和工程师。在开始实验之前进行这些讨论是很重要的。因为这样才能知道如何在各种故障和用户体验之间做出权衡。

7.4 LinkedOut 实战

作为一直致力于将混沌工程引入组织的 LinkedIn 的 SRE 工程师，我花了大量时间试图设计故障实验框架，以遵循混沌工程的原则（*https://principlesofchaos.org*），尤其是通过提供细粒度的混沌实验能力将爆炸半径最小化。作为 Waterbear 项目[注6]的一部分，LinkedOut[注7]这个请求级别的故障注入框架显著改变了 LinkedIn 工程师编写软件并进行实验的方式。但只有建立了可以轻松避免对用户造成广泛影响的信心之后，工程师才能轻松地使用它。

为什么是 Waterbear？

图 7-2：Waterbear 的图标

注 6：Bhaskaran Devaraj 和 Xiao Li，“Resilience Engineering at LinkedIn with Project Waterbear”，LinkedIn Engineering，2017 年 11 月 10 日，*https://oreil.ly/2tDRk*。

注 7：Logan Rosen，“LinkedOut: A Request-Level Failure Injection Framework”，LinkedIn Engineering，2018 年 5 月 24 日，*https://oreil.ly/KkhdS*。

缓步动物 Water bear（因其外观而通常被称为水熊）是一种微观动物。它们几乎可以生活在任何条件下，从温泉到山顶，再到外太空。即使处于极端不利的大气压力或温度下，它们也能轻松地生存下来[注8]。

它们很好地代表了我们希望在服务中看到的健壮性，并且可以通过 LinkedOut 之类的工具进行实验。

在为 LinkedIn 构建请求中断框架时，我们受益于标准化的开源 REST 框架 Rest.li（*https://oreil.ly/7k1c_*），该框架已在公司的大多数生产应用程序中使用。由于使用了可预测的服务间的通信机制，所以能简化 LinkedOut 的设计，并使其对整个技术栈产生重大影响。Rest.li 的可插拔架构也具有极大的优势。该架构具有可自定义的过滤器链，可对每个请求和响应进行评估。

在这些过滤链中，工程师或服务所有者可以添加一个过滤器。该过滤器拥有进出客户端或服务器信息的完整上下文，并根据需要操纵请求或响应。该上下文包括发起调用的服务、调用要访问的资源、正在使用的方法以及其他相关数据。

此时在默认过滤器链中编写一个 Rest.li 中断器就很合适。因为这样就可以将故障注入客户端的请求中。当在混沌工程实验中选择何时以及如何中断请求时，就可以借助 Rest.li 框架，使用中断器来获取所有上下文，从而有助于通过细粒度地定位实验来最小化爆炸半径。

我们选择从客户端中断来开始进行混沌工程实验，因为这能降低进入混沌工程实验的门槛。这样一来就不必让下游服务失败，而可以完全控制在客户端中所进行的故障模拟，从而最大限度地降低风险。反之，如果要对下游 servlet 中的多个请求添加延迟，则可能会占用其所有线程，并导致其完全崩溃。而在客户端模拟服务中断，虽然可能无法全面了解具体哪个延迟的请求会对所有涉及的服务造成什么影响，但却可以验证客户端的影响，同时减少对系统所依赖的服务的潜在危害。

7.4.1 故障模式

在为中断器选择故障模式时，我们重点关注那些能代表值班 SRE 工程师日常遇到的故障，以及能代表互联网公司所需应对的大多数问题。我们有意避免修改响应消息体（例如，更改响应代码，或创建格式错误的消息内容），因为该方法更适合在集成测试阶段采用，并存在安全风险。而前面那些日常故障模式不仅简单，且十分有效，可以很好地预

注 8：Cornelia Dean，“The Tardigrade: Practically Invisible, Indestructible ‘Water Bears’”，《纽约时报》，2015 年 9 月 7 日。

测 LinkedIn 应用程序如何响应实际故障。

为此，我们在干扰器中内置了三种故障模式：

错误

第一种故障模式是错误。各式各样的错误也是值班 SRE 工程师所要处理的最普遍的问题。当所请求的资源发生通信或数据问题时，Rest.li 框架会抛出多个默认异常。我们会在过滤器中触发一个通用 Java 异常，以模拟资源的不可用性。而该异常最终会以 `RestliResponseException` 的形式抛出来。

LinkedOut 用户还可以在抛出异常之前设置要注入的延迟时长。此功能可以模拟下游服务在抛出错误之前，处理请求所花费的时间。这也使工程师可以避免在客户端产生延迟度量标准的偏差，因为在抛出错误之前，下游服务可能早已开始处理请求。

延迟

第二种故障模式是延迟。可以给实验框架传递一定的延迟，然后过滤器会相应地将请求延迟，然后再将请求传递给下游。这也是一个值班工程师常见的问题，因为下游服务可能会由于数据库或其他相关服务出现问题而变慢。延迟可能会导致面向服务的 SOA 架构出现层叠失效，因此，了解延迟对技术栈的影响非常重要。

超时

超时这个故障模式虽然排在最后，但也很重要。超时指将请求一直滞留，直到达到所配置的时长，然后再由 Rest.li 客户端抛出 `TimeoutException` 异常。此故障模式会利用被中断端点所配置的超时设置，这使 LinkedOut 可以揭示配置过长的超时，从而可以对其进行调整，以改善用户体验。

由于能用 LinkedOut 从错误、延迟和超时这 3 个故障模式之间进行选择，从而使工程师能够以一种能够准确模拟实际生产事故的方式来对实验进行有效的控制。在确切地知道这些故障模式的行为方式后，就可以对限制爆炸半径充满信心。

7.4.2 使用 LiX 定位实验

在 Rest.li 过滤器链中嵌入 LinkedOut 中断过滤器，可以使我们将内部实验和目标定位框架 LiX（如图 7-3 所示）与 Rest.li 框架关联起来。该框架使我们能够细化选择受实验影响的对象的粒度，并能提供 API。这些 API 不仅可通过自定义 UI 提供一流的实验定位体验，还可以实现用“大红按钮”按需终止实验的功能。

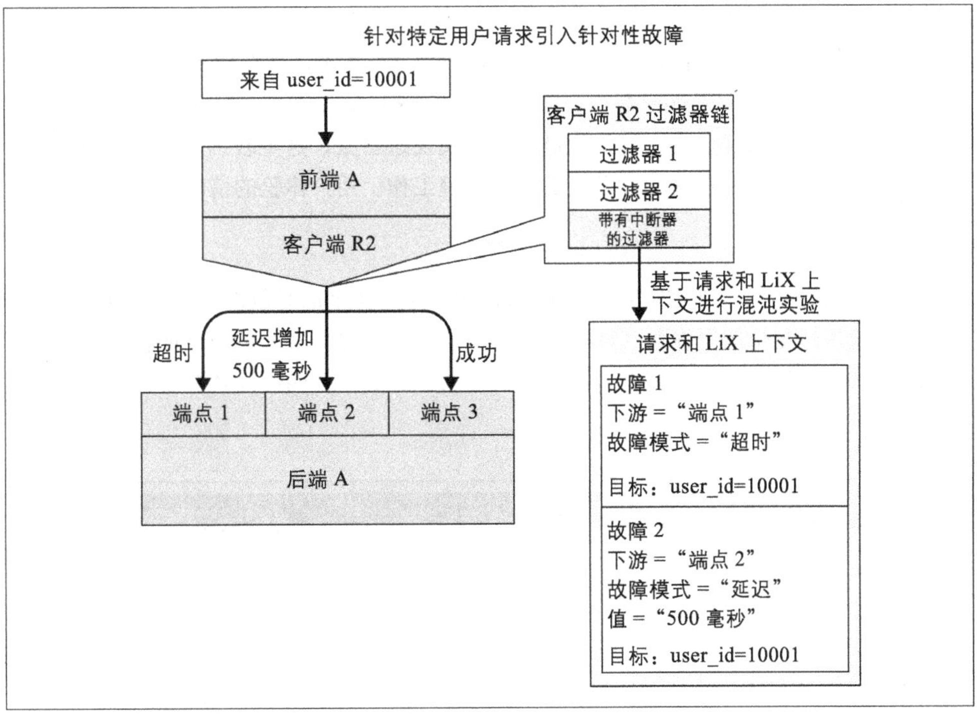

图 7-3：LinkedOut 中基于 LiX 的服务中断机制图

因为 LiX 框架允许我们指定哪个系统应会到哪种实验的影响，所以这种集成是我们为触发故障实验而构建的第一个机制。我们构建了一个与 LiX 的“处理”概念相关联的 schema，并描述了故障应该如何发生，以及该故障应该针对哪个系统（如图 7-3 所示）。

LiX 这个强大平台，可以使用选择器来定位我们的会员细分群体，从单个会员到居住在美国并说英语的所有会员，再到特定百分比的所有会员。功能如此强大，就需要在实验时承担巨大的责任，并且必须在设置实验时格外小心，因为一旦输入一个错误的数字或字母，就可能会导致实验产生负面影响。

我们很快就意识到，良好的用户界面对于确保平台用户的轻松操作至关重要。在 2018 年年初，夏威夷居民所收到的核导弹袭击误报造成了广泛的恐慌。那是在一次常规的演习中，工作人员本应发出测试警报，但却发出了真正的警报。虽然后来的报道表明，该工作人员认为遭到导弹攻击情有可原[注9]，但对该事故的调查显示，相关用户界面的设计很容易导致误报。

注 9：Cecelia Kang，“官员表示夏威夷导弹警报绝非偶然，要追责肇事人员”，《纽约时报》，2018 年 1 月 30 日。

夏威夷政府官员提供了一个截屏，示意了工作人员所使用的真实用户界面。图中用于发送测试警报的链接与用于真实警报的链接同处一个下拉菜单，并在后者的正上方[注10]。在界面上将这些链接放置得如此靠近，使得 UI 无法帮助使用者有效使用该界面。不管工作人员是否有意单击那个真实警报的链接向居民发送警报，这个教训很明显：用户界面对于用户来说应该是有意义的，尤其是对于关键工作。用户体验的清晰性还有很长的路要走。

即使 LiX 有自己的用于确定实验目标的 UI，我们还是决定最好是设计特定于 LinkedOut 的故障实验目标定位应用界面（如图 7-4 所示）。就可以进行实验的范围而言，该界面提供了有意加以限制的选项，特别是仅针对已登录该工具，并明确同意针对他们的系统进行故障实验的员工。

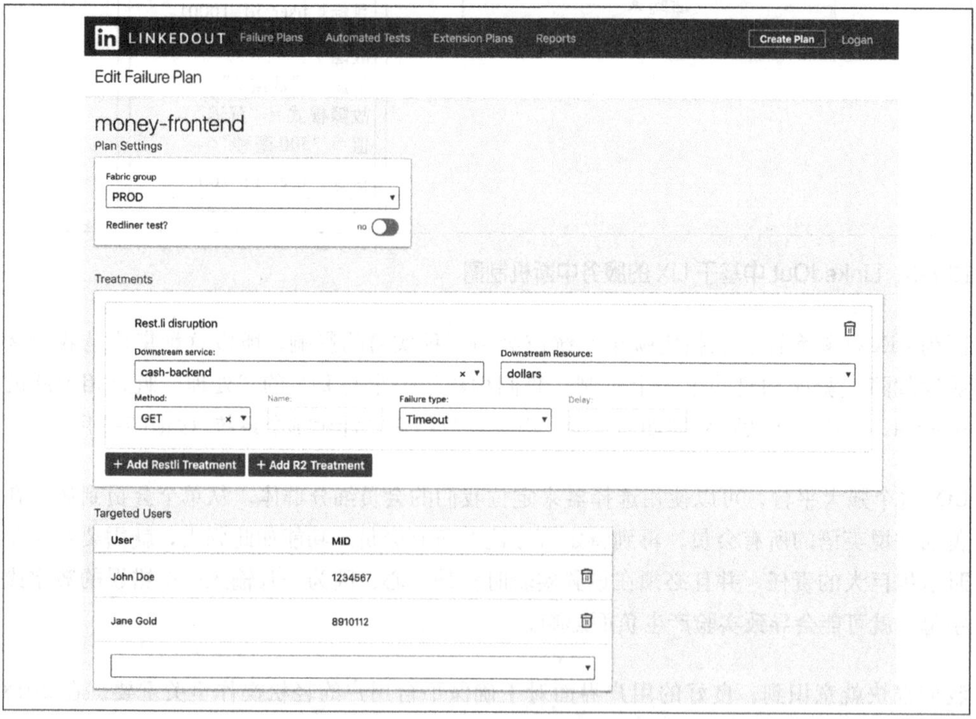

图 7-4：我们自定义的 LinkedOut 故障注入实验目标规划 UI 截屏

如果有团队确定他们已经针对小规模特定故障，验证了其 LinkedIn 服务的健壮性，并且希望将实验扩展到更多的人群，则他们需要手动编辑底层 LiX 实验，并与 Waterbear 团

注 10：Colin Lecher，“夏威夷紧急警报设计如何导致误报”，The Verge，2018 年 1 月 28 日，*https://oreil.ly/Nqb59*。

队密切协作。我们认为此时重要的是要仔细检查并做出权衡，尤其是当 LinkedIn 会员的福祉受到威胁时。

即使底层的 LiX 框架支持以真实 LinkedIn 会员为目标，我们也在 UI 中刻意将实验目标限定为 LinkedIn 员工。因为我们相信产品所有者可以从内部实验中获得重大价值，而不必冒在生产环境出现事故的风险。此外，即便允许员工通过该 UI 来选择会员进行实验，也需要建立保护措施，以便在实验明显偏离稳态的情况下，自动终止实验。LinkedIn 的 Redliner 服务容量实验工具提供了类似的技术[注11]。因此，如果我们的客户看重并要求此功能，将来可能会有合作的机会。

当然，较小规模的实验也有可能出错。此时利用 LiX 框架的功能，就能立即终止任何给定的实验，并在 UI 中赋予 LinkedOut 用户执行此操作的权力。只需单击一个按钮，员工就可以立即发送信号，以终止整个生产环境中的 LiX 实验。该过程能在几分钟之内实现收敛。对于该系统默认允许的实验，即使其爆炸半径本来就很小，但是“大红按钮”可以在发生意外影响时轻松中止实验。

7.4.3 用于快速实验的浏览器扩展插件

虽然基于 LiX 的产品非常适合于针对多个用户进行实验，且适合进行大规模实验，但我们意识到，这个成功的故障实验框架还缺少另一个组件。该组件能让你在自己的浏览器中快速进行故障实验，而不必等待在生产环境中的实验通过技术栈一层层传播过来。混沌工程的很大一部分内容就是探索。通过尝试不同的故障以了解其对系统有何影响。而对于这种探索类型的快速迭代，基于 A/B 测试的解决方案则过于烦琐。

为此，我们添加了另一种机制，来通过 IC（Invocation Context，调用上下文）将故障注入请求中。该 IC 是 Rest.li 框架特定于 LinkedIn 的内部组件，允许将键和值传递到请求中，从而传播到所有处理该请求的服务。我们为中断数据建立了一个新的 schema。该 schema 可以通过 IC 向下传递，然后相关请求就能立即发生故障。

凭借通过 cookie 注入 IC 中断数据，IC 注入机制为在浏览器中快速进行一次性混沌工程实验打开了大门。但是根据常理猜测，没有人愿意为了运行故障实验而遵循我们给定的 JSON schema 自行构建 cookie。因此，我们决定构建一个 Web 浏览器扩展插件（如图 7-5 所示）。

注 11：Susie Xia 和 Anant Rao，“Redliner：LinkedIn 如何确定其服务的容量限制”，LinkedIn Engineering，2017 年 2 月 17 日，*https://oreil.ly/QxSlJ*。

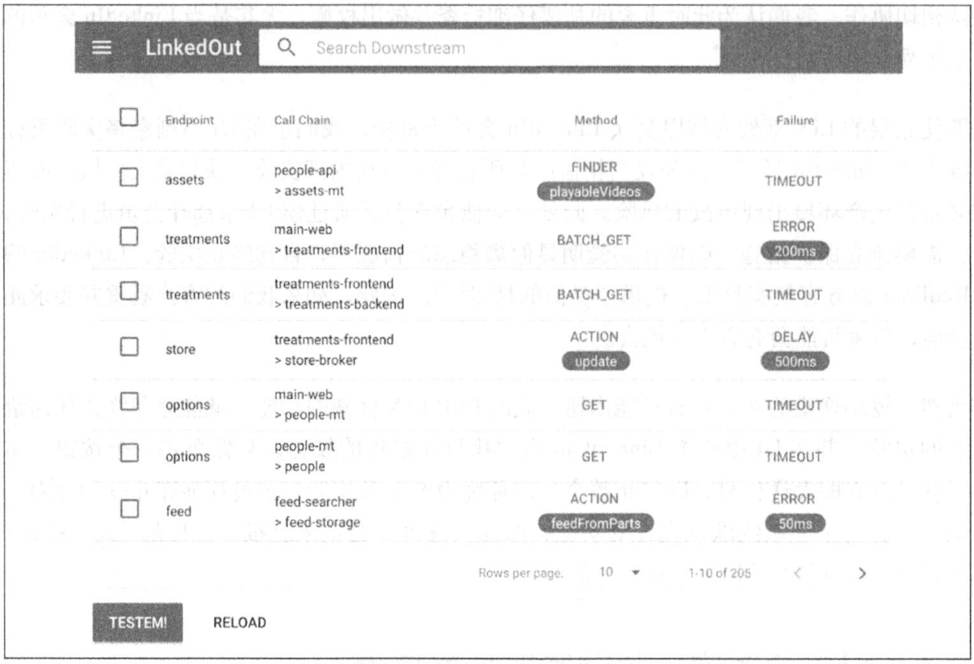

图 7-5：LinkedOut 浏览器扩展插件

基于对人们如何在他们的浏览器中快速运行混沌实验的想象，我们开发了一个简单的流程来进行故障实验：

1. 单击一个按钮，以发现请求中涉及的所有服务。
2. 选择要为其注入故障的服务。
3. 单击一个按钮，以刷新注入了故障的页面。

为了发现请求所流经的下游，我们通过称为“调用树”的内部框架来使用请求跟踪信息。该框架允许工程师在发往下游的请求中设置带有分组键的 cookie，这样就将发现的所有下游调用链接在一起。为此，我们设计了浏览器扩展插件，以使用“调用树”分组键 cookie 设置刷新页面来发现所涉及的下游，并在 UI 中显示出来（如图 7-6 所示）。

一个 LinkedIn 的请求中可能涉及多种服务，实际上可能会涉及数百种。因此，我们添加了一个搜索框，使用户可以快速过滤出他们所关心的端点和服务。而且，由于中断过滤器支持细化的实验粒度，所以用户可以只针对给定的端点，为特定的 Rest.li 方法注入故障。

一旦用户为所有适用的资源选择了故障模式后，扩展插件将为这些故障创建一个中断 JSON blob，然后设置一个 cookie，并将该 blob 注入 IC 中，然后刷新注入了故障的页面。这是非常无缝的体验，几乎不需要用户做任何工作。

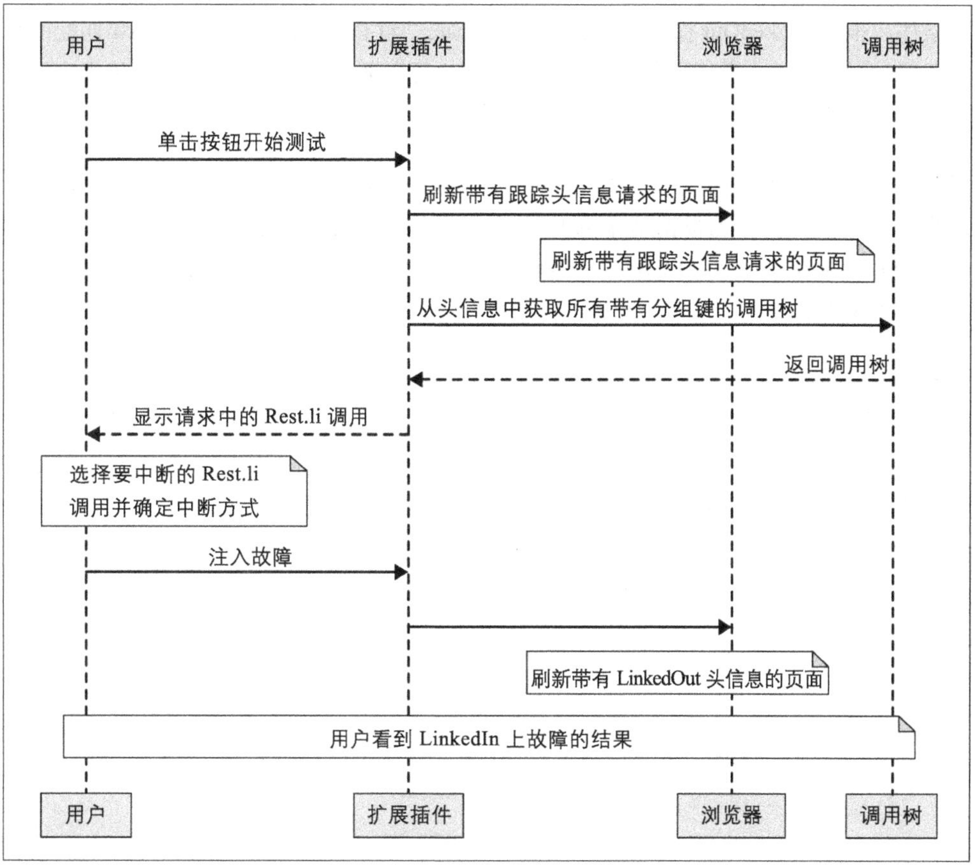

图 7-6：浏览器扩展插件的时序图

浏览器扩展插件的优势在于爆炸半径实际上是不存在的。由于仅允许员工在自己的浏览器中定位请求级故障，所以这些故障的影响仅作用于他们自己身上。如果他们在从首页发往提供 LinkedIn 服务的 API 的请求中引入故障，则故障只会破坏他们的会话中的使用体验，而不会影响其他任何人。而单击扩展插件中的按钮即可轻松消除负面影响。

7.4.4 自动化实验

除了上述在 LinkedOut 中触发失败的方法之外，我们的平台还提供了一个自动化实验框架。除了有一处存在不同之外，该框架能以与浏览器扩展插件类似的方式来限制爆炸半径。浏览器扩展插件仅涉及在用户自己的会话上进行实验，并且仅影响该用户，但自动化实验框架却仅影响服务账号或合成用户，以验证触发故障的影响。

LinkedOut 中的自动化实验允许用户输入希望进行实验的 URL、希望向调用树中每个下游系统注入的故障、用于实验的服务账号（以防万一需要拥有特殊权限）以及匹配故障的条件。虽然 LinkedOut 提供了与出现故障页面、空白页面和错误响应代码相匹配的默认条件，以表明站点功能恶化的严重程度，但也可以通过 DOM 选择器，准确指定导致产品体验下降的因素。

触发后的自动化实验对真实的 LinkedIn 会员绝对没有影响。由于调用图会随时间发生变化，因此需要首先根据请求的 URL 来发现调用树中所有涉及的服务，然后通知 Selenium 工人池（a pool of Selenium worker），使其以合成用户身份登录，并通过 cookie 将故障注入请求中。

实验完成后，实验框架会向用户提供一份报告，其中包含注入的中断，以及中断是否导致页面故障（依据所指定的标准）（如图 7-7 所示）。框架还提供了中断时的屏幕截图，以显示真实会员在生产环境遭遇故障时会看到什么。当要验证为实验所选择的故障标准时，员工发现此功能非常有用。

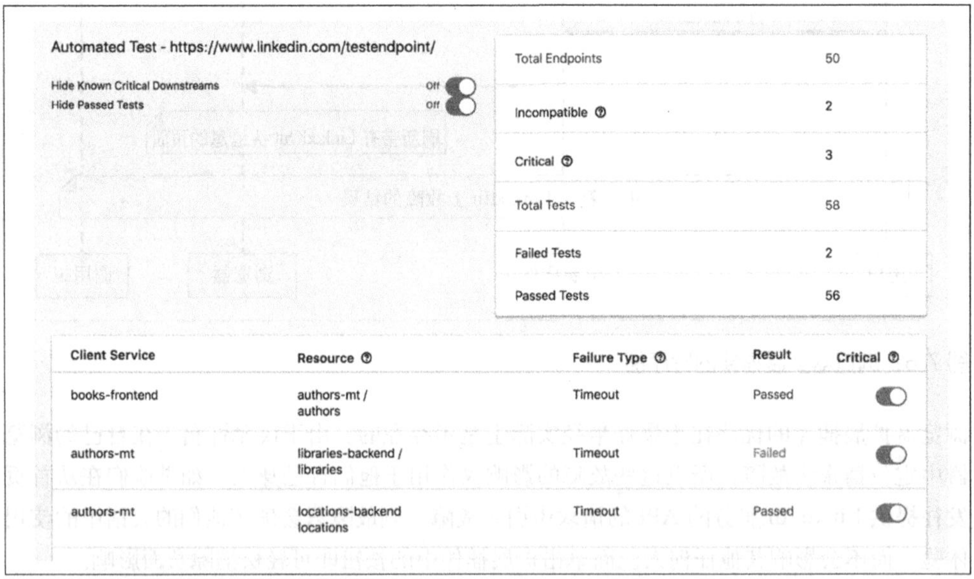

图 7-7：自动化实验报告示例

在上述报告中，如果下面的条件满足，产品负责人就可以将某些下游系统标记为已知的关键服务——如果下游系统的数据的正常降级与产品要求背道而驰，并且会导致无法接受的错误状态。当关键服务失败时，为会员提供良好体验几乎是不可能实现的。在这种情况下，我们希望产品所有者能够在调用图中将这些边缘服务标记为关键服务。并在将来的报告中，将其排除在故障注入之外。

实验可以安排每天、每周或每月定期执行，可以说能实现自动执行。一旦定期安排执行这些实验，当下游出现故障时，产品所有者就可以通过实验发现任何回归问题并进行修复，以维护其服务的健壮性。对于安排在产品路线图上的功能，能够在发布该功能相应新代码时触发自动化的混沌工程测试，使开发人员能够进一步了解其更改是否会影响系统韧性。

通过直观的报告定期对服务进行有关健壮性的低接触调查，LinkedOut 的自动化混沌工程实验在其中扮演了关键角色。将实验限制在服务账号或测试用户中，就可以最大限度地减小爆炸半径，并避免对 LinkedIn 会员造成负面影响。

7.5 总结

即使是最精心计划的实验也可能会产生意想不到的后果。因此必须有适当的保护措施来终止实验，并限制对用户的影响。而最安全的选择始终是进行小规模的实验，尤其是在实验对用户的潜在影响未知的情况下。

而通过使用 LiX 限定实验目标，使用浏览器扩展插件在浏览器内快速进行实验，以及针对服务账号的自动化实验，LinkedOut 就能完成上述工作。希望本章的相关实例可以激发你在自己的系统中尝试类似的想法。通过强调仅针对内部员工的目标，我们既可以在故障实验中获得很好的反馈，也不会冒给 LinkedIn 会员带来不良体验的风险。

在强调编写具备健壮性的新软件方面，LinkedOut 的易用性和及其功能已经让 LinkedIn 公司发生了转变，并且会持续验证工程师在其应用程序中所内置的故障保护机制。我们当前和计划中的自动化实验功能，可以帮助产品所有者确保其服务在整个技术栈中继续保持强大的功能，以应对故障。

一旦验证了较小半径范围内的系统具备对故障的健壮性，那么大规模实验就变得很重要。 如果实验会对许多潜在用户产生影响，那么就应该密切关注系统指标，并当其与稳态有任何偏差时，能够迅速中止实验。如果要大规模地进行多个实验，那么强烈建议构建自动化的保护措施，以在对业务指标和会员体验产生意外影响时中止实验。

关于作者

Logan Rosen 是常住纽约的 LinkedIn 公司 SRE 工程师。作为 Waterbear 项目的创始成员之一，他帮助实现了 LinkedOut（一个请求级故障注入框架），并将混沌工程引入了 LinkedIn 公司。

第8章

采纳并演进混沌工程的第一资本金融公司

Raji Chockaiyan

混沌工程拥抱故障，并从故障中了解系统的弱点。在云原生环境中，这种开发软件的方式不容忽视。云原生系统接受故障随时可能发生这一事实。我们需要设计和构建可以承受各种故障的强大系统。与法规较少的行业相比，金融服务行业的软件要考虑更多的复杂性。在系统发生故障期间，一位单亲家长可能正在为自己的第一所房子申请贷款，另一位客户可能正在尝试使用其移动设备进行转账，而一名学生可能正在申请自己的第一张信用卡，以开始建立信用记录。根据故障的规模，客户的影响范围可能从产品使用中的轻微烦恼，到痛苦地远离相关品牌。这对金融机构的声誉会产生负面影响，进而损害业务。

此外，还需要考虑与银行如何开展业务有关的治理机构。需要维护必要的审计追踪材料，并定期提交给美国财政主管部门，包括货币监理署（OCC）、消费者金融保护局（CFPB）、金融犯罪执法网络局（FinCEN）、联邦贸易委员会和司法部。结果是生产环境中的任何变化，都必须对原因、方式和时间进行清晰的审计。银行已经采用了必要的治理流程和工具来收集相关证据，并将其提交给适当的主管部门。该过程具有法律意义，并且不得受到混沌工程之类的工作或工具的影响。

另一方面，随着数字银行和neobank[注1]的兴起，客户与其资金进行交互的方式正在发生变化。由区块链、人工智能、机器学习和商业智能来提供支持的财务能力，需要运行在云基础设施上的高度健壮和可扩展的系统。这推动了软件开发方法论的发展，并推动了将正确的工程实践融入工作方式的需求。以往的正确实践包括能提高功能交付速度的自

注1：neobank是一种完全数字化的直接银行，仅通过移动应用程序和计算机平台为其客户提供服务。

动化部署，以及能确保所部署的服务器永不会被修改的不可变（immutable）基础设施。而不断对系统进行可靠性验证也是一个正确实践。这提供了混沌工程的切入点。混沌工程有多种入门方法。对于某些公司来说，混沌工程的实践可能源于对事故的反应，而对于另一些公司来说，则可能是由内而外地建立在公司 DNA 中。本章介绍了第一资本金融公司如何拥抱和演进混沌工程，并讨论了在此过程中必须考虑的因素。我们将回顾为 FinTech 设计混沌实验时需要注意的事项，讨论在创建必要的审计记录时如何发挥工具的作用，以及在执行实验时如何获取必要的指标数据。

8.1 第一资本金融公司案例研究

第一资本金融公司这家美国最大的直接银行[注2]，因其在金融服务业所处的数据化和技术先驱地位而闻名。该公司的大规模数字化转型已持续了 7 年。他们解决了大多数美国企业的核心挑战：如何利用数字化技术、实时分析和机器学习来转型业务并提升客户体验。通过构建云原生应用，构建工具以融入先进的工程实践（例如持续集成和持续交付（CI/CD）流水线），创建具有内置合规性和法规标准的模板化框架，实践安全管理并创建混沌工程学，他们已经重塑了自己的才能、文化和技术性基础设施。

8.1.1 韧性盲测

从开始全面踏上云计算之旅开始，第一资本金融公司就开始了实践混沌工程。当仍托管在物理数据中心中时，为移动和 Web 门户提供服务的一个核心 API 便采用了混沌工程的做法和思维方式。如第一资本金融公司的技术负责人 Geetha Gopal 所言，实施混沌工程计划的动机，始于需要充分了解所有可能影响服务正常运行的因素——包括内部因素、外部因素、应用程序、硬件和集成点。他们称其为“韧性盲测”。在 2013 年，他们组建了两个负责混沌工程实践编排的小组：中断小组和响应小组。

有趣的是，这两个小组都不是支持核心 API 平台的应用程序团队。我们还邀请了网络安全和监控团队参加这些演练。演练每月一次或每次发布后定期进行。这样安排的目的是确保演练能够完成，并客观地对演练进行观察。首次演练开始前，实验清单中大概已有 25 个实验。中断小组随机选择了 2 个实验来执行，而响应小组则仅监视、响应并记录结果。实验的触发来自 DMZ 网络区域的多个合成账号所生成的网络请求。所有这些都是在非生产环境中完成的。在接下来的几年中，实验的数量将会增加，并且公司已经开始看到切实的成果：生产环境中因为事故而引发的变更数量开始减少，快速响应外部故障和硬件故障的能力开始提升。因为在后端服务中看到了潜在故障点，所以我们的混沌工程实践始终将重点放在后端服务上。

注 2：直接银行指提供远程服务的银行，其线上规模大于其实体分支机构。

8.1.2 过渡到混沌工程

光阴荏苒，时间到了 2018 年。上面的核心 API 团队开始将其平台完全运行在云环境中，并且在生产环境中执行实验。这样的实验被称为混沌工程实验。他们使用了自己开发的混沌工程实验工具，可以帮助他们安排可以反复执行的实验，并可在计划的时间和间隔自动触发实验。他们在非生产环境中运行每一项实验，并确保在将所有产品投入生产环境之前，已发现并修复了所有故障点。因此，他们的大部分学习成果都来自在非生产环境所进行的实验。

通常，公司和工程团队会纠结于如何在这两者之间进行排序——上述卓越的工程设计目标和具有直接商业投资回报率的业务能力。混沌工程的一项成功指标是技术支持求助电话在减少。平台执行通过的实验越多，生产环境中的事故就越少，就使得诸如登录问题之类的求助电话变得更少。这很容易转换成用美元来衡量的价值（例如，参与其中的众多客户服务代表所花费的时间，以及值班开发人员在故障排除和解决问题上所花费的时间），从而可以监测到切实的成效。结果，第一资本金融公司内的业务合作伙伴从执行这些实验中获得了实实在在的利益。而对于开发人员而言，更少的技术支持电话可以激励他们优先考虑执行混沌工程实验。除此之外，其他一些重要指标还包括延迟、服务出错率、故障切换时长、自动容量伸缩时长和资源饱和度（例如 CPU 和内存）。

这个核心 API 平台团队会从一个有趣的视角来看待告警和监控。如果在实验过程中收到告警，那么就意味着他们的系统没能通过实验。因为对健壮系统的期望是，遇到故障的请求应该已经被故障切换到备用云区域，或者应该开始了自动容量伸缩。

鉴于从上述实验中所学习到的内容如此重要，团队会定期与监管机构和审核员审查这些实验的结果。这已成为系统可靠性之旅的基本组成部分。他们还为企业中的混沌工程师建立了实践社区。对于所有已经在进行这些实验的团队来说，这是一个论坛。他们可以在其中组成一个小组，分享他们所学的知识。

8.1.3 在持续集成与持续交付中运用混沌工程实验

还有其他团队采用了混沌工程实践，并将其集成到他们的正常软件开发生命周期中。对于他们来说，将其作为一种很酷的新技术来玩一下已满足不了胃口。这些团队所维护的服务有些要日常处理每秒超过 10 000 笔的交易，有些则充当第一资本金融公司的两个核心系统之间的集成层。对于这些系统及其 API 来说，高韧性、高可伸缩性和高可用性都是基本需求。这些团队采用混沌工程，以确信其系统具有韧性，并可以实现其业务目标。

他们首先深入分析设计决策，以寻找潜在的故障点。然后，他们使用混沌工程实验进行验证。而这些混沌工程实验可以在持续集成和持续交付流水线上触发。第一资本金融公司拥有非常成熟的流水线过程，其中内置了合规性和法规要求，例如《萨班斯 - 奥克斯利法案》（SOX）和安全性。如果团队能够提供可被记录的证据，表明他们满足了上述要求，那么该团队就可获得预先批准，可以将其代码发布到生产环境中，而无须任何人工干预。

一些团队在其持续集成和持续交付过程中，触发了针对其基础设施的混沌工程实验。他们会在新基础设施技术栈整备之后，以及在将流量切换到新代码库之前，测试新基础设施技术栈的可靠性。这使他们能够确保基础设施在实验条件下具有可伸缩性和健壮性。另一个团队则将这些实验纳入性能测试工具的一部分，以便他们可以验证在用户访问峰值负载下系统的健壮性。他们使用这种方法的主要目的是验证其自动容量伸缩和区域故障切换的设计决策是否有效。这样，在完全切换流量之前，他们会收集并验证其 p99 度量指标[译注1]（一种常用的百分数度量指标）。

第一资本金融公司的平台团队会为上述团队及其各不相同的用例提供必要的支持和工具链。客户（既包括内部开发团队，也包括银行所服务的最终消费者）就是所有工作的北极星，我们做出每一个决定，都是为了使客户的生活变得更好。这些团队以自己的方式采纳了混沌工程技术，以最终实现高韧性的系统，从而提升客户体验。

8.2 设计实验时需要注意的事项

设计周到的混沌工程实验，通常比开发新功能要花费更多的时间和资源。在系统做好在生产环境进行混沌工程实验之前，在模拟生产环境的测试环境中运行该实验，还会产生额外的成本。还要花费时间和精力来设置具有所需容量的类生产环境，并确保所依赖的服务可用。在采纳混沌工程的早期阶段，在规划中考虑上述这一点十分重要。尽管需要进行大量的前期投入，但具备为基本的中断实验创建模版的能力，以及基于模板设计实验的能力，能极大地为连续执行混沌工程实验提供帮助。例如，如果关闭主机以测试自动容量伸缩设置是最常见且经常运行的中断实验，那么此时为团队提供可配置的模板则可以节省时间和精力。

在混沌工程的早期阶段设计实验时，对以下内容有充分的了解和记录，将有助于团队对执行实验充满信心：

- 清晰记录系统预期的行为
- 潜在或可能的故障

译注 1：p99 度量指标，指 99% 的请求应该在给定的延迟之内得到处理。换句话说，仅允许 1% 的请求处理变慢。

- 对处理中的交易的影响
- 监控基础设施和应用
- 要验证的特定故障点的关键性
- 每个实验的风险评分

实验开始后，从系统和业务角度记录所观察到的行为至关重要。

在非生产环境中，选择下面的时间来进行这些实验是正常的——整个团队都可待命解决问题。在金融服务公司中，无论中断是如何产生的，任何故障的风险都很高。如果实验是在生产环境中进行的，且在实验期间发现了新的故障点，那么选择一个对应用影响最小或没有影响的时间进行实验是非常重要的。

对于任何涉及合成客户信息或业务交易的实验，保持清晰的事件审计跟踪信息非常重要。例如：谁安排了该实验？在该特定环境中执行该实验是否获得了批准？该实验所针对的系统在实验中是否最终出现了故障？设置了哪些通知和升级程序来处理该问题，并避免对客户造成影响？等等。这样做有助于了解整体情况。除了日志记录和审计跟踪之外，这些信息还提供了有关应用程序运行状况和状态的更多信息。

当团队开始使用混沌工程进行实验时，他们会从小规模实验开始，比如在非生产环境中启动一个自动容量伸缩实例。通常一些团队成员会手工监视并记录整个实验过程。随着实验规模的扩大，对相应的支持工作的投入也会加大。这个变更管理的痛点可以通过以下方式来缓解：

- 使用可靠的工具自动化地执行实验。
- 设置适当的监控和告警。
- 随着混沌工程的进展，为团队制定支持计划。

8.3 工具链

混沌工程涉及三个主要操作步骤：

1. 设计实验，以验证对系统架构的某个具体的设计假设是否成立。
2. 按照计划执行（安排和触发）上述实验。
3. 观察实验结果。

所有这些步骤靠手工都可以很好地完成。但是，重复和大规模地进行混沌工程实验才能看到好处。为此，必须使用合适的工具来简化这三个过程。

为完成上述工作，市面上可以同时找到开源和需要购买使用许可的企业级工具。大多数工具都能将与基础设施和网络相关的中断注入所选的环境中。其中一些工具还提供仪表盘。当触发实验时，就能通过仪表盘了解发生的情况。重用现有工具的好处在于不必重新发明轮子，而是将精力和时间集中在建立业务能力上。

一些公司出于多种原因和需求选择构建自己的工具。拥有合适的人才、预算和核心能力是需要考虑的一些因素。第一资本金融公司也为混沌工程构建了自己的工具。与第三方工具相比，完全采用微服务架构的系统需要更高级别的企业级范围的韧性。系统韧性与安全性和风险管理能力一起，都是第一资本金融公司的必要核心能力。内部引入这种能力有助于促使团队构建可以满足上述需求及合规性的混沌工程平台。实验的意图、执行和观察都可以在内部得到完全控制，因此可以规避数据脱离网络的风险。另外，如果在实验运行后，需要获得任何特定的审计报告，则可以将其内置到该工具中。

如果使用内部的 SaaS 工具，那么数据就不会离开企业。所有的集成都会保留在企业网络内。这有助于减轻某些安全风险，例如可能会被泄露的加密数据。可以在基本网络饱和、服务器关闭或数据库锁定的基础上，添加特定于银行功能的自定义实验（例如可能破坏某些核心交易的实验）。与需要和外部第三方公司进行交互的情况相比，由于工具和应用程序团队的目标是相同的，因此可以通过较短的反馈循环，快速完成对这些自定义项进行优先级排序的工作。

可观测性和审计追踪与设计银行定制实验的能力一样重要。实际上，即使在不受监管的环境中这两点也至关重要。必须要了解由于实验而导致的故障并对其进行跟踪，以进行故障排除和学习。在实验之前、之中和之后，从工具以及应用程序的日志和跟踪中收集必要的数据可帮助团队满足合规性需求（区分实际故障和诱发故障的能力），创建有关基础设施运行状况的报告，确定观察到的行为与预期行为之间的差异，确定故障对正在处理的交易的潜在影响，以做进一步分析。

总而言之，为混沌工程选择适合公司业务和运营目标的正确工具非常重要。工具到位后，能否在正确的团队结构中保持对该工具的支持能力决定了混沌工程实践的成功与否。

8.4 团队结构

如果组织决定要构建自己的工具，那么混沌工程团队的结构就必须与公司的文化和工作方式紧密结合。这一点至关重要，因为这能极大限度地促进工具和实践的采用，并获得成功。企业团队最普遍采用的模型是拥有一个由全栈工程师组成的核心敏捷团队，再与一个产品经理一起来构建工具。该团队具备混沌工程的概念和实验设计技能。但是，运用此模型时也需留意一些问题。例如，由于只有核心团队来负责构建所有功能，所以会存在因该团队人力有限，而无法优先处理的功能待办项。此外，该团队缺乏系统功能和业务领域的专业知识。尽管可以读取日志和跟踪记录，但他们可能无法准确观察系统对中断问题做出反应时的业务上下文。

与其他干系人（包括网络安全、云工程、合规性、审计和治理以及监控和可观测性团队）建立一致的工作渠道，对于成功进行混沌工程至关重要。而这通常被忽略，所以必须从一开始就要实施。

一些在敏捷转型之旅中走得更远的公司，开始尝试让实验体现创新，并可持续。例如，第一资本金融公司相信软件是共同创造出来的。除了有核心团队之外，应用团队还有专门从事混沌工程的工程师或工程师小组。他们与核心团队展开合作以解决混沌工程平台的入门和使用问题。他们还与核心团队专家合作，确定其应用程序软件架构方面的故障点，并根据他们想要发现的内容设计实验。这可以通过各种渠道来完成，例如 Game Day、实践社区会议或简单的一对一研讨会。安排好实验后，这些专门从事混沌工程的团队成员会观察并分析系统中的异常情况，并记录所学到的知识。如果他们需要任何工具支持，就会与核心工具团队联系。

如果需要从工具中获得特定于其架构的功能，他们会开发该功能，并创建代码拉取请求以将其代码与工具团队的代码合并。这样，应用程序团队不仅不会因等待工具更新而停滞不前，还可以激发创新，并使其所贡献的代码为企业其他团队所用。这也能防止另一个主要陷阱：工具重复。在大型企业中，无论团队之间有多么紧密的联系，由于当今软件工程技能的创新性，多个团队必定会同时解决相同的问题，从而导致工具数量激增，进而带来更多成本和管理上的问题。让团队贡献自己的创新有助于工具整合。他们的工作还可以纳入实验模版中，让其他团队使用并受益。

8.5 传播

与任何成功的技术或开发实践一样，基层始终对混沌工程有着显著的兴趣。但要将其转变为可扩展且一致的趋势，则需要影响力、横向和纵向清晰的战略、简化流程的工具以及在工程、业务和合规团队之间分享成功案例的平台。进行有针对性的 Game Day、工作坊和网络研讨会，是将混沌工程实践进行传播的好方法。

在实践社区中，第一资本金融公司的一个团队吸引了来自不同部门的具有同样兴趣的工程师。他们创建了一个包含大量信息的知识库，其中包括“如何入门”的指南、可用的工具、Game Day 示例、韧性工程最佳实践和自动化的思想。他们成立了志愿者工作组，以管理所有这些内容。该小组经常开会分享他们所学的知识，并且规模已经大大增加。通过这种来自基层的知识共享，我们看到团队有越来越多的兴趣和意愿来尝试使用混沌工程。我们看到好几个团队去说服他们的经理进行混沌工程实验，并将其纳入开发最佳实践。

最后，合规性和法规可以用作宣传混沌工程实践的杠杆。它们有助于金融服务公司治理其业务。这些策略的重要目标是保持过程和数据的完整性。而混沌工程则有助于发现系统和基础设施在韧性方面与此目标之间的潜在差距。在任何此类风险管理流程或变更治理流程中推广这种做法，既能为系统的韧性提供证据，也有助于混沌工程的广泛采用。

8.6 总结

像每个大型行业一样，金融服务行业在软件工程实践方面也有独特的要求。在考虑诸如混沌工程之类的实践时尤其如此，因为混沌工程实验可能会破坏最终用户的体验。构建可靠的系统需要能验证可靠性的实践。通过适当的工具，在设计实验和确定指标时经过周密考虑，以及构建与组织文化相适应的团队结构，混沌工程就能起到这一作用。将治理和合规性作为杠杆来传播这种实践，可以帮助公司实现系统的可靠性目标。在第一资本金融公司，我们找到了最适合公司的核心价值观和使命的方式来进行这种实践。毕竟，工具和实践是为了使工程师能够做到最好，而不是相反。

关于作者

Raji Chockaiyan 是第一资本金融公司的软件工程高级总监。她领导着企业框架和容器管理平台团队，能为开发人员带来连续性的开发体验。她与她的团队一起制定了战略、路线图和平台，以测试和提高第一资本金融公司的微服务系统的可靠性。

第三部分

人为因素

系统韧性是由人创造的。开发人员、操作和维护系统的工程师，甚至为系统分配资源的管理人员，都是复杂系统的一部分。我们称之为“社会技术系统”[译注1]。

我们希望通过第三部分让你明白，如果想提高系统韧性，就需要理解核准、筹资、观测、构建、运行、维护和提出系统需求的人与物之间的相互作用。混沌工程可以帮助你更好地理解人和机器之间的社会技术界限。

Nora Jones 通过第 9 章开启了第三部分的内容。她将重点放在技能学习上，将其作为提高适应力的一种手段，解释了有时甚至在实验进行之前，混沌工程最重要的部分是如何进行的。她还将受控实验和计划外事件联系起来：“意外事件为我们提供了一个机会，让我们坐下来，看看不同的人对系统如何运作的思维模式有何差异。”

Andy Fleener 在第 10 章中探讨了混沌工程在社会技术系统“社会”部分中的应用。他问道：“如果我们能将混沌工程应用于我们所熟知和喜欢的复杂分布式技术系统，而且还能应用到复杂的组织系统上，那会怎么样？”“如果通过混沌工程实验来实现组织变革，会发生什么？”

在第 11 章中，John Allspaw 探讨了给系统带来可用性和安全性的工具与人本身之间的依存关系。具体到混沌工程，他认为“当我们持续应对成功软件带来的复杂性时，我们应该把混沌工程看作这样一种方法，它能够增强只有人类才具有的灵活性以及上下文相关的能力。”

与此形成鲜明对比，Peter Alvaro 在第 12 章中主张增加对自动化的依赖。特别地，他提

译注 1：社会技术系统是一种关于组织的系统观点，由英国塔维斯特克人际关系研究所的特里斯特通过对英国达勒姆煤矿采煤现场的作业组织进行研究后提出。该理论认为，组织是由社会系统和技术系统相互作用而形成的社会技术系统，强调组织中的社会系统不能独立于技术系统而存在，技术系统的变化也会引起社会系统发生变化。

出了一种原始算法，用于探索系统潜在故障的解空间。该算法的开发是为了“训练计算机以取代专家在混沌工程实验选择中的作用”。

与本书的前两部分一样，我们在这里展示了关于人为因素的多种观点，既加强了混沌工程的价值主张，也展示了其作为软件工程领域新生学科的灵活性。

第 9 章

先见之明

为了确定并设想如何实现客户和企业都满意的可靠性和韧性，组织必须能够反思过去，且不被后见之明的偏见[译注1]所影响。有韧性的组织不会把过去的成功作为自信的理由。相反，它们会利用这个机会进行更深入的挖掘，发现潜在的风险以及完善关于系统成败的思维模式。

除了建立可靠性测试平台和运行 Game Day 之外，混沌工程还有一些关键的组成部分。了解每个人对于系统构建的关注点、想法和思维模式，以及掌握组织在技术和人员应变能力方面的优势，这些都是无法通过代码自动完成的事情。本章将介绍混沌工程的三个不同阶段，以及隐含在每个阶段的目标，即混沌工程可能带来的最大好处——作为提炼专业技能的手段。

在这个行业，对混沌工程长期投入不足的往往是混沌工程开展的“前”和“后”两个阶段。这些阶段通常由协调员完成，他们在实验过程中扮演第三方的角色，且在实验之前才去了解团队正在经历的问题、负责的系统以及运作方式。如果我们仅仅是在发现问题之前才对其进行优化，那么将无法实现混沌工程的主要目标：优化我们的思维模式。

在本章中，我们将重点关注混沌工程实验开发的前、后阶段（无论是由 Game Day 还是软件本身引起的），并针对每个阶段展开重要的讨论，另外还将深入探讨当今混沌工程实践中有关“自动化的讽刺”问题[注1]。

在这个行业，我们一直把太多的注意力放在如何破坏系统以及导致系统故障的事情上，而忽略了准备阶段（前阶段）和成果分享阶段（后阶段）带来的价值。我将借鉴其他行业模拟实验的研究成果，也会借助自己的个人经验（我曾在多个业务目标截然不同的公司

译注 1：后见之明的偏见（hindsight bias）指当人们得知某一事件的结果后，夸大原先对这一事件的猜测的倾向，俗语称“事后诸葛”或“事后孔明”。

注 1：参见 Lisanne Bainbridge 的文章“Ironies of Automation”，1983 年发表在 *Automatica* 的第 19 卷第 6 期。

中进行过混沌工程实验)。需要注意的是，每个阶段都需要不同的技能要求，以及不同的角色类型来最大限度地实现成功。我们将讨论这些技能要求和思维模式（两者都可以通过训练和向他人求助获得提高)，以使其最为有效。

9.1 混沌工程与韧性

在回顾混沌工程的各个阶段之前，让我们为实践的目标设定一些共同的基础。如前所述，混沌工程的目标不是破坏系统。我们的目标也不是利用工具来阻止问题的发生或发现漏洞。

由于混沌工程是一个崭新的且令人兴奋的领域，因此人们一直非常关注混沌工程的工具，而不是进行混沌工程的原因。那么为什么要进行混沌工程？混沌工程到底是什么呢？

混沌工程就是要建立一种文化，在不确定的系统结果出现时保持韧性。如果工具能帮助实现这一目标，那就太好了，但它们只是实现目标的一种可能的手段。

> 韧性工程旨在识别并增强人员和组织的正向能力，使他们能有效且安全地适应各种情况。韧性不是要减少负面影响或错误。
>
> —— Sidney Dekker[注2]

混沌工程只是帮助我们增强这些适应能力的一种手段。

9.2 混沌工程的步骤

在本节中，我们将关注混沌工程的不同阶段（实验之前、实验期间和实验之后)，并特别关注前阶段和后阶段。为什么？因为在实验期间往往会得到很多关注，而在实验的前阶段和后阶段，有不少关键的数据和细节需要探索。

混沌工程实验前阶段的主要目标是让团队成员讨论在系统认识上的不同思维模式。其次是在实验执行之前以一种结构化而非临时的方式制定使系统失败（设计而非运行）的策略。在本节中，我们将讨论各种设计技术以及这些技术背后的思维模式是如何产生的。

注2：引用自 Sidney Dekker 的《安全科学基础：一百年来对事故和灾难的理解》(*Foundations of Safety Science: A Century of Understanding Accidents and Disasters*)，2019年，CRC Press 出版。

9.2.1 设计混沌工程实验

所有的（思维）模式都是错误的，但有一些是有用的。

—— George Box 注 3

意外事件提供了一个机会，让我们坐下来，看看团队某成员对系统运作方式的认知，与其他成员的理解有何不同。这给了我们一个很好的机会，因为在某种程度上，推翻了我们对系统如何运行和处理风险的假设。

假设乔西认为她可以期望服务发现基础设施拥有 100% 的正常运行时间。而马泰奥——该服务发现基础设施的设计者，预测这个基础设施的用户永远不会做这样的假设。

鉴于马泰奥作为操作员的长期经验，他认为没有人会期望一个系统有 100% 的正常运行时间，并且使用该基础设施的服务会配置重试和回退。他从来没有把这些放在文档中，也没有在服务发现基础设施中做一些设置来降低可能产生的风险，如有人假设其 100% 的正常运行时间。

乔西使用服务发现基础设施做各种工作已经有一段时间了，并且非常喜欢它。因为这为她节省了大量的时间和精力来存储重要的键值对，而且具有在需要时可快速更改的灵活性。过去，它确实做到了她想要的，直到有一天它没有做到。

出现了大规模的中断，部分原因是这些不匹配的预期以及缺乏讨论固有假设的机会。双方做出的假设是完全合理的，因为他们各自拥有关于该基础设施如何工作的上下文。乔西和马泰奥从来没有明确地谈论过。为什么会有人讨论这些显而易见的事情呢？你不会的，真的，除非你遇到了意外事件。

这就是混沌工程实验的用武之地。尽管它们确实为我们提供了在系统中查找漏洞的机会，但更重要的是，它们为我们提供了一个机会，让我们看到，当系统中 X 部分失效时，我们对于接下来会发生什么的思维模式和假设与我们的队友有什么不同。实际上，你会发现人们比意外事件发生时更愿意讨论这些差异，因为事件并未发生时，存在一个心理安全且不会夸大的因素。当知道我们在安全的环境下对此进行了实验，能消除问题发生时的羞耻感或不安全感。这种情感基础让每个人都专注于能学到的东西，而不会分心去担心发生的事情会给谁带来麻烦。

注 3：引用自 George Box 的“Robustness in the Strategy of Scientific Model Building”（科学模型构建策略中的稳健性），发表在 *Robustness in Statistics* 第 201 ~ 236 页，由 Academic Press 于 1979 年出版。

9.3 混沌工程实验的工具支持

团队如何决定实验对象和实验本身一样具有启示性。当我于 2017 年初加入 Netflix 时，我与合作的团队正在构建一个名为 ChAP 的工具（见图 9-1）。笼统地讲，该平台会查询用户指定服务的部署管道。然后，它将启动该服务的实验和控制集群，并将少量流量路由到每个服务。之后将指定的故障注入方案应用于实验组，然后将实验结果报告给创建实验的人员。

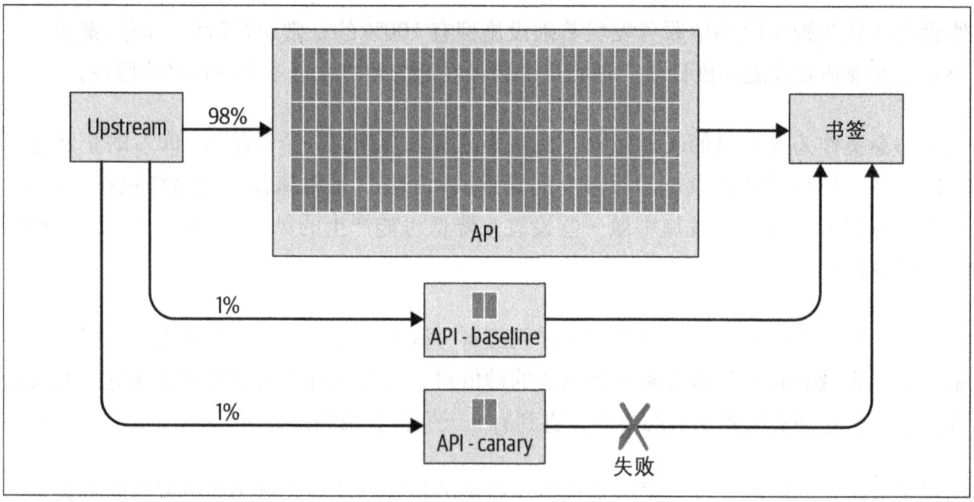

图 9-1：向书签的 API 中注入故障的 ChAP 实验[注 4]

ChAP 充分利用了以下方式：应用程序使用了一组通用的 Java 库，并在传入的请求元数据中标注了特定的调用故障。然后，当调用在系统中传播时，将传递元数据。当请求在服务之间传播时，ChAP 会寻找该元数据，计算流量的百分比，该流量应小到足以限制爆炸半径，但要大到足以获得具有统计意义的信号，将该百分比分成两半，然后将流量路由到两个集群中——实验（金丝雀）集群和对照（基线）集群。

很整洁，对吧？在我们发布了 ChAP 之后不久，许多组织推出了自己的版本，供应商也推出了类似的工具。

然而，几个月过去了，我们的 4 个后端开发人员除了低头编码外，什么都不做，我不禁注意到这个团队对系统及其故障模式拥有所有独特的专业技能。通过花时间设计如何安

注 4：引用自 Ali Basiri 等人的文章“Automating Chaos Experiments in Production”（生产中的自动化混沌工程实验），于 2019 年被 International Conference on Software Engineering (ICSE) 大会收录（*https://arxiv.org/abs/1905.04648*）。

全地使 Netflix 系统中的特定位置失效，自然而然地开始对它是如何连接在一起的形成了一种特定的知识，而无须在系统的任何特定领域拥有“深入”的专业技能。

我们不仅使用这些专业技能来构建混沌工程实验，还可指导团队如何以最佳的方式利用该工具。我们向这些团队展示了用法，并问了一些探索性的问题，让他们思考其服务怎样才会出现故障。虽然这些知识是非常有意义且必需的，但我开始注意到，大多数团队不会按照自己的意愿进行实验。他们通常会在被要求时或者在重大活动之前（比如 Netflix 的假日销售旺季）执行实验。我开始怀疑我的理论是否准确：“大部分实验都是混沌团队的成员自己进行的吗？这是件坏事吗？”

作为 ChAP UI 的一部分，我们创建了一个“运行”页面，在这个页面上，任何用户都可以查看以前的实验，并了解它们何时运行、运行了多长时间、哪部分出故障了，以及（对我来说最重要的是）谁运行了它们。出于好奇，我开始分析是谁在做这些实验。我发现了什么？好吧，我意识到之前提出的一个疑惑被确认了：基本上只有我们这些混沌工程师在做这些实验。但这是个好主意吗？毕竟，Netflix 的生态系统是巨大的，我们怎么能一直知道在哪里进行实验呢？

当然，我们对已经完成的这项惊人的技术壮举还是感到非常自豪——我们可以达到安全失效的效果并在生产中增加调用延迟——但如果使用该工具的只有创建它的四个人，那么这个功能又有什么用呢？最重要的是，虽然我们四个人都是优秀的工程师，但我们不能在 Netflix 生态系统的每个领域都获得专业技能，这意味着我们不可能单独设计出覆盖整个系统的令人满意的实验。

而且，当我们试图鼓励团队进行实验时，我们发现他们对可能引发的生产问题感到紧张。“但它很安全！”这是我们认为的。但是，他们的背景和我们不太一样。为了让他们在使用工具时感到有信心，我们安排时间协助他们构建一个“安全”的实验。

在全职的编程工作之外，这是一项相当繁重的工作，而我们的大部分时间都是在编程。很自然，我们会尝试用一种很普遍的方法来解决这个问题：将其自动化！我们过去以为可以自动地为团队创建并运行这些实验。

为此，我必须对生态系统的不同部分有一个全新的了解——足以开发出适用于系统不同位置的算法，以创建有意义的实验。我是怎么做到的？我必须收集几条信息，包括对一个服务来说什么是安全的，如何运行一个混沌工程实验，如何对实验进行优先排序，以及如何找到必要的信息来创建它们。我和我的团队采访了整个组织中大约 30 名人员，研究了他们对系统的了解以及他们如何做到的这一点。这样，当我们感到有足够的信息来了解如何在多个不同的地方执行此操作时，便开始自动收集这些信息。现在，虽然我们无法为整个 Netflix 生态系统开发不同的算法，但我们开发了一些在许多服务上相似的算法。根据对 Netflix 专家的采访结果，我们确定在实验前，至少需要以下信息才能判断针对特定服务混沌实验调用是安全或不安全的：

- 超时机制
- 重试机制
- 该调用是否有相应的回退（调用失败后是否有应对机制）
- 该服务通常处理的流量百分比

这就引出了我的下一个观点——许多开发混沌工程实验的团队需要去和用户交流。这可以得到产品经理或工程师团队经理的帮助，但最终工程师也应该做这件事。如前所述，收集所需信息的最佳方式是与这些服务所有者合作，并了解他们的观点和各自的思维模式。所以，让我们来谈谈如何明智地做到这一点。

9.4 有效的内部合作

其他行业（航空、医药、海事）的意外事件调查技术涉及第三方（协调员），第三方通过认知访谈的方式提取团队成员在意外事件发生期间的认知和导致事件发生的细节。这样做并不是为了得到一个互相印证的故事，而是为了揭示真正的问题在哪里。我们也可以使用认知访谈来为混沌工程实验提供信息。

尽管这可能是一项时间密集型的活动，但收集不同团队成员的思维模式并提出假设是很重要的（至少在混沌实验的设计阶段）。这种假设不应该来自第三方协调员。协调员应该在一个小组环境中采访团队成员（大约 30 分钟到一个小时），并给每个成员一个机会来谈论他们对系统的理解，以及当系统失效时会发生什么。

为什么小组设置很重要？参与实验的不同团队的多个人坐在一个房间里一起讨论对系统的期望时，你就可以从混沌工程中获得最大价值。提炼你在此阶段所获得的明确信息与执行实验同样重要。

接下来，让我们讨论一些要问的问题（作为协调员），以发掘从混沌工程实验中可以获得的最大价值。每个问题都代表了一种探究的路径，可以从团队成员那里提取他们的思维模式，并让团队对比他们的不同观点。

9.4.1 了解操作程序

协调员应该通过提出一系列问题来引导参与者，这些问题从“你担忧系统的哪些行为和交互？”开始。如果大家对此不反感的话，应首先将这个问题向团队的新人提出，然后再向一个较资深的人（或某个特定领域的专家）提出。然后，会议室中的每个人，无论专业技能的高低，都应该提供自己的见解。让我们快速回顾一下大卫·伍兹的“流利法则”（Law of Fluency）。该法则指出，一旦专家在自己的专业领域变得非常熟练，他们将无法意识到这些专业技能的存在[注5]。而专业技能隐藏了过程中涉及的工作。作为协调者，混沌工程实验的前阶段包含了解操作程序这一步，就是为了找出和发现这些隐含的工作项。

这种安排的另一个原因是新员工受到制度的干扰较少，对不易察觉的后见之明偏见是敏锐的。认知心理学家 Gary Klein 曾非常认真地研究了新员工和更资深的员工之间的思维模式差异：

> 新员工能看出系统崩溃的各种场景，却看不出系统如何能正常工作[注6]。

协调员应该根据团队成员提供的描述来记录他们对系统的理解。

协调员还应留心团队成员之间关注的行为和交互方式上的变化。确定专业技能和差距，并将这部分练习视为学习经验。团队成员对这个问题一定有不同的答案。

接下来，协调员应该问“你假定队友了解系统的哪些方面？”这样的问题。我们可以找到一些常见的共同之处：

- 你是否担心下游服务？
- 如果你的服务出现问题，上游服务将如何处理？
- 如果你的服务出现问题该怎么办？你是否有适当的备选方案（或其他措施）？这些备选方案有什么用？如何改变服务的行为？如何影响用户体验？
- 你的系统（在服务上或在其上游或下游）最近是否有可能会引入新的漏洞？谁最了解这些变化？
- 你的服务是否可能进入糟糕的状态？什么会导致这种情况发生？
- 你对系统各种配置参数的设置是否有信心？也就是说，你是否理解系统上配置的超

注 5：引用自 Robert R. Hoffman 和 David R. Woods 的论文“Beyond Simon's Slice: Five Fundamental Trade-Offs That Bound the Performance of Macrocognitive Work Systems”，于 2011 年发表在 *IEEE Intelligent Systems*。

注 6：引用自 Gary Klein 和 Robert Hoffman 的论文“Seeing the Invisible: Perceptual-Cognitive Aspects of Expertise”，发表在 *Robustness in Statistics* 第 201 ～ 236 页，由 Lawrence Erlbaum Associates 于 1993 年出版。

时、重试和其他硬编码值的含义？

- 系统的日常操作中，最让你害怕的是什么？

人们所流露出来的充满信心或缺乏信心，表明他们对自己的思维模式不确定，或者对操作程序缺乏信心。

参与实验设计的每个人都在这些问题上达成一致，你才能开始讨论实验的范围。请注意，基于对前面问题的回答，决定不往前推动是完全合理的，而且可能经常如此。

9.4.2 讨论范围

一旦你选择了一个实验，重要的是要讨论清楚实验的范围，并通过询问以下问题来调整每个人的思维模式以保持一致（这应该在实验开始之前完成）：

- 如何定义“正常”或“良好”的操作？
- 如何确定实验的范围（在哪里注入故障）？
  - 确定这个范围的理由是什么？
  - 房间里的每个人都明白其中的原因吗？你怎么知道的？
  - 这是出于恐惧吗？（我们做这个实验是因为这个东西过去发生过吗？如果是，请参考“事后分析”和与这些意外事件相关的对话。）
  - 这个实验是由于对 X 故障的后果缺乏了解而产生的吗？（即，这种故障是否很少发生，发生了我们也不确定后果。）
- 故障后我们期望会发生什么？（要明确）
  - 我们期望单个组件会发生什么？
  - 我们期望整个系统会发生什么？
- 如何知道系统是否处于不良状态？
  - 在实验过程中，哪些指标对我们来说是最重要的？

    当你问自己这些问题的时候，想想下面 Hollnagel 和 Woods 的一句话[注7]：“可观察性是一种反馈，它提供了对过程的洞察力，指的是从可用数据中提取见解所需的工作。”

  - 考虑到这一点，我们是如何观测这个系统的？

注 7：引用自 Erik Hollnagel 和 David D. Woods 的 *Joint Cognitive Systems: Foundations of Cognitive Systems Engineering*，于 2005 年由 FL: Taylor & Francis 出版。

- 如何限制爆炸半径？
- 实验（对产品团队）的商业价值是什么？组织的其他成员获得的价值是什么？

请注意，这些问题的答案可能不同，这没关系。

9.4.3 假设

接下来，花点时间来阐明和重申你的实验假设：

> 如果让系统的 X 部分失效，那么 Y 就会发生，影响是 Z。

- 写下来“稳态”是什么。
- 对稳态偏离的期望是什么（针对你决定要监控的所有指标）？
- 然后写下你对用户体验的期望（如果有的话）。
- 接着写下你预期的对下游系统的影响（如果有的话）。
- 最后，与所有利益相关者共享文档。

确定角色

如果你正在运行 Game Day 类型的实验，请确定涉及的人员及其在实验中的角色。请注意，自动化实验并不需要所有角色，但是如果你有足够的时间和资源临时配备人员，总体上还是非常有益的。在我们实现自动化来限制爆炸半径并自动注入故障之前，每个便利的实验准备都应具有以下角色：

- 设计师 / 协调员（引导讨论的人）
- 执行者（执行命令的人）
- 记录员（在交流工具如 Slack 中记录房间内发生的事情）
- 观察者（查看并与小组其他成员分享相关图表）
- 监视员（关注 Slack 的 #alerts-type-channel，确保当前待命人员知道实验的发生以及预期的影响）

列出所有参与实验设计和运行的人员以及他们在实验中的利害关系。

一旦所有这些问题都得到回答并且角色到位，设计者 / 协调员应以易于使用的格式，与小组的其他成员分享他们对实验、本次会议讨论和学习内容的理解，明确说明他们使用的方法以及应引起注意的领域。

让我们快速总结一下在这几个阶段我们学到的东西和值得思考的地方：

实验之前：

- 你如何通过提问来了解团队成员之间理解的偏差和对稳态的假设？
- 这些差异从何而来？意味着什么？你如何定义“正常”或“良好”的操作？
- 在这个系统上进行实验带来的价值是什么？
- 你如何鼓励人们用一种结构化的方式来描绘他们的思维模式——无论是通过一种可视化的表示，还是一种结构化的假设（关于他们理解的系统运作方式）？
- 为了进入实验执行过程，你可能会决定一些需要自动化的事情——你如何决定这些事情应该是什么？你如何确定可以安全执行的实验规模？衡量韧性实验平台的有效性应该做什么，不应该做什么？如何从噪声中分离出信号，并确定误差是由混沌工程实验造成的还是其他原因造成的？

实验之后：

如果实验中发现了问题，之后你会想问以下问题：

- 你学到了什么？
- 你如何使用学到的信息来重组理解并重复实验？
- 团队在进行实验之前是如何获得信心的？
- 团队之间是如何就实验的进展进行沟通的？
- 是否有任何没有参与设计或运行实验的人需要被召集到实验中或在实验期间被通知（因为他们具有特定的专业技能）？
- 实验过程中是否发生了任何意外事件（相关的或不相关的）？
- 我们如何开始对实验结果进行分类？
- 实验的哪些部分表现与预期不同？
- 根据我们已经了解的和不了解的，下一次我们应该考虑哪些实验？
- 我们如何分享这些知识，使组织中的每个人都能看到并通读？
- 我们如何确保，随着时间的推移我们可以理解不同实验中的主题？我们如何将这些主题与组织经历的意外事件和其他事件联系起来？

9.5 总结

刚才列出的问题是协调员可以用来指导讨论的工具。然而，这些讨论的目的是帮助专家团队发现和分享他们关于系统中那些隐藏的专业技能。记住：在这种情况下，作为协调员的你，不是也不应该是专家——你在那里是为了发现专业技能，而不是展示它。所有这些发现专业技能的工作都是为了提出最好的假设，从而引导实验发现令我们惊讶的东西。

我们在寻找惊喜。

让我们回到本章前面的 Netflix 故事。所有关于混沌工程实验前后阶段的指导原则，都来自尝试在生产中自动化实验和尝试消除用户“负担”的经验。虽然我们成功地综合了所有这些信息，建立了一个算法来创建、排序和运行混沌工程实验，但我们从所有这些中获得的最大价值是，我们帮助人们完善了他们对系统的思维模式。

通过收集所有这些信息来自动创建实验，我们开发了一种新的专业技能，并希望与全世界分享。我们在开发自动化过程中学到的所有东西都在动态仪表盘上分享。这当然是自动化实验项目的一个副产品。我们的主要目标不是开发仪表盘。然而，这个仪表盘提供了很多关于系统的信息：在我们对其进行实验之前，向用户展示我们的算法是否认为他们的服务能安全失效。我最喜欢用这个仪表盘做的事情就是把它带到团队，向他们展示系统的哪些部分能安全失效。结果呢？每次我把仪表盘展示给别人看时，他们都很惊讶。他们总是学到新的东西，无论是他们的一项服务“出乎意料地关键”，还是超时时间过高，或者从逻辑上讲，重试行为没有意义。每次我把仪表盘展示给用户看时，他们的脸上都是惊讶的表情。我可以看到他们明白了我们一直在努力做的事情：让他们更好地理解他们的系统。虽然我们开启了自动化系统，而且它能正常工作，但在运行了几周后，我们最终将其关闭了。为什么？老实说，我们从仪表盘和自动化这些实验的过程中(而不是自动化本身）获得了大部分的价值，因此采纳实验的人数直线上升，但并不是我们最初预期的那种方式。所以大家想想看吧。

整个经历使我认识到：协调、认知访谈和专业技能传播对组织成功开展混沌工程非常重要，但我们长期以来对其投入不足。将这些指标进行自动化，最终降低了其他团队的学习难度，却再次提高了我们团队的学习深度。只有在分享了这种自动化的开发方法和实现的成果之后，才能实现我们想要的：每个人对他们的系统是如何工作和如何失效的有一个更好的全面理解。团队最终将从被良好引导的实验设计与思考模式的比较中学到更多东西。

第 10 章

人类系统的混沌

Andy Fleener

我面临一个困扰我很久的问题：如何将混沌工程应用到人类系统中？当我第一次了解混沌工程这一新兴领域时，要说我只是感兴趣就显得轻描淡写了。有目的地将故障注入系统可以帮助你更好地了解系统行为，我马上被这一点说服了。作为“新观点”的安全专家和系统思想家，我会支持一个观点，即承认我们每天使用的系统本质上是不安全的。我最初的假设是，如果混沌工程的实践设计是针对在分布式 Web 系统上运行的，那么它们也可以应用于我们每天与之交互的其他分布式系统——构成我们日常生活的系统。

如果我们不仅可以将混沌工程应用到我们所熟知和喜欢的复杂分布式技术系统中，还可以应用到称为组织的复杂分布式系统，那会怎么样呢？如果一个组织是一个庞大的系统，那么为什么不能适用相同的规则呢？在本章中，我将介绍三个实际案例，将混沌工程原理付诸实践，包括我领导的平台运维团队，以及更大的 SportsEngine 产品开发部门。希望这些工具可以在你自己的组织内得到应用。

10.1 系统中的人

在一个组织中，人是系统中的基本单位或参与者。真正困难的问题在于弄清楚这些参与者之间的互动关系。我们经常面临这样的问题：“我们如何才能创建一款软件，使得人们能高效使用并实现自己的目标？”请注意，在问题和解决方案中，人都是核心。同时，人也是需求存在的原因和对应的解决方案。

10.1.1 将“社会”放在社会技术系统中

作为技术专家，我们会被技术方案吸引，来解决人类的问题。当然，技术对我们的生活的方方面面产生了巨大影响。“从单体架构到微服务”的故事有很多，其中许多都是围绕着非常实际的组织扩大问题而展开的。但是单纯地改变技术并不会奇迹般地创造我们渴望的文化。我们总是忽视每天使用的社会技术系统中的“社会”部分。显然，改进技术系统最有效的方法是绘制它们。Gary Klein 在他的 *Seeing What Others Don't* 一书中谈到了我们如何获得这些见解。他指出，一个个发生的故事是组织中的“锚”，而对这些故事的描绘是我们解释细节的方式。我们可以通过多种方式来实现这一点，比如架构审查、系统设计和文档编制，以及在更高层次上的回顾性工作，例如事件审查。我们一直努力试图调整对系统运作的思维模式。但是，我们如何利用系统的“社会”部分做到这一点呢？

- 上次制定意外事件响应升级流程是什么时候？
- 是否包括 2 级值班人员休假时的情况？
- 是否包括当某人正在处理某个问题时你却不知情的情况？
- 是否包括如何确定某件事情是否是偶发事件的信息？

太棒了，你已经将所有这些事情都列出来了，你是否曾经尝试监控这些系统的实际运行？请记住，想象的工作与完成的工作之间是有差距的。我们所说的和实际做的也会不同。这种差距的影响可以称为“暗债”[译注1]，这个词最早出现在 SNAFUcatchers 的 STELLA 报告[注1]中。

我们可以把系统的组件或参与者看作已经被设计好的，用来处理一定的容量。当这种能力耗尽时会发生什么是非常不确定的。在系统的技术层面，这可能会像级联故障那样出现大的涟漪效应[译注2]。在系统的人性层面，我们经常把它想象成倦怠或者失误。但是，在没有亲眼目睹的情况下，一个精疲力尽的工程师或者一个经理的失误所造成的影响是很难推测的。

10.1.2 组织是系统中的系统

对我来说，组织最吸引我的地方是它的系统无处不在。其中有些系统已经写下来了。例如，你可能有一个假期政策，允许你每年休假 x 天。或者你有一个为期一周的值班轮岗，在六个人之间轮换。但其他系统根本没有被记录下来，它们只是众所周知的圈内知

译注 1：暗债（drak debt）源自物理学术语“暗物质”，它会影响世界，但本身并不能被直接发现或看到。暗债是 IT 系统中的一种脆弱性，只有在引起问题后才被知道或可见。暗债也是指未计划或无法抵御的意外事件。但是，暗债通常不只是质量控制中未发现的问题，还是比较复杂的系统故障。

注 1：SNAFUcatchers 报告“Dark Debt”，于 2017 年 3 月发表在 STELLA：Report from the SNAFUcatchers Workshop on Coping With Complexity, *https://oreil.ly/D34nE*。

译注 2：涟漪效应描述的是这样一种现象：往平静的湖水里扔进一块石头，泛起的水波纹会逐渐波及很远的地方。此处形容级联故障引起的连锁反应和波及的影响。

识。比如，只能通过 Slack 和 George 交流，因为 Geroge 从不查看电子邮件，或者 Suzi 最了解这个服务，因为其中大部分都是她写的。圈内知识系统往往比显式的同类系统更不可靠。但是没有什么比糟糕记录的显式系统更不可靠了。想象和实际工作之间总是有差距的[注2]。创建真正可靠的系统的方法是积极地努力缩小差距。

由于组织是复杂的系统，因此组织遵循 Richard Cook 博士关于复杂系统如何失效的原则[注3]。简而言之，每个角落都隐藏着许多潜在的故障，这对于组织而言是危险的。组织也有很好的防御故障的能力（灾难只能通过一系列故障来触发）。人类扮演着故障的捍卫者和制造者的双重角色。在复杂系统中采取的每一个行动都是一场赌博，但正是这些赌博创造了系统中的安全性。

10.2 工程师团队的适应能力

Sidney Dekker 博士关于人类行为的论文[注4]提出了组织安全性的两种观点。一种（旧的）观点是“把人看作一个需要控制（通过流程化、合规化、标准化和惩罚）的问题”。安全性主要通过负面影响来衡量。另一种（新的）观点希望“把人看作一种可以驾驭的解决方案，而不是一个需要控制的问题，把安全更多地看作一种积极能力的存在”。正是通过这种焕然一新的视角，我一直致力于建立一支高度可靠、稳定、有韧性的工程师团队。作为一个值班轮换团队的经理，我认为自己的角色是搜寻表明团队可能耗尽其能力的信号，同时寻找增加能力边界的方法。作为系统中的参与者，我能做些什么来将系统从真正有影响的故障（如重要工程师的退出、客户的大量流失或数据泄露）边缘推离呢？

10.2.1 发现弱信号

专注于如何在正常的“安全”操作和重大故障之间保持一定的余量，促使我寻找系统的弱信号[译注3]。弱信号是指系统中新出现行为的某种微小的、难以察觉的迹象。在 Web 系统的世界中，我们使用像 USE[译注4]这样的方法。这些是系统关键瓶颈上的监视器。它们

注 2：引用自 Steven Shorrock 的“The Varieties and Archetypes of Human Work”，Safety Synthesis: The Repository for Safety-II（网站），*https://oreil.ly/6ECXu*。

注 3：引用自 Richard I. Cook 的“How Complex Systems Fail”，Cognitive Technologies Laboratory，2000，*https://oreil.ly/kvlZ8*。

注 4：引用自 Sidney Dekker 的“Employees: A Problem to Control or Solution to Harness?”，于 2014 年 8 月发表在 *Professional Safety* 第 59 卷第 8 章。

译注 3：系统的弱信号指的是可能在未来出现重大变化的微小迹象，其一般有以下特征：新颖性、惊人性、现有假设的挑战性、影响未来、重大变化发生的延迟性。

译注 4：USE 是 Utilization（使用率）、Saturation（饱和度）和 Error（错误）的缩写，由系统性能大师 Brendan Gregg 在其撰写的博客中总结，见 *http://www.brendangregg.com/usemethod.html*。

可能不会立即显示问题，但一旦超过了给定的边界，系统就会开始失效（强信号）。在一个组织的背景下，Todd Conklin 博士在他的“事故发生前的调查”直播节目[注5]中描述的信号就是一种弱信号，它告诉我们哪个时刻正在发生问题，而不是何时已经出现了问题：“你永远听不到故障发生时刻的弱信号，尽管在故障中的信号很响”。他举了几个例子，比如“倒开的车门”[译注5]，或者“绿灯的时间不够长，不能安全过马路”。要理解弱信号，你需要成功地监听并找到它们的稳定状态。组织是如此可靠，以至于弱信号通常是可以用来判定是否增加系统容量的唯一信号类型。

来看一些我自己见过的例子。我曾注意到，在周一结束值班轮换要比在周五结束更累。当下看起来并不是一个问题，但总有一天它会成为问题。因为如果一个工程师很累，他的工作效率就会降低，甚至可能会犯重大的错误。当时，我们在团队范围里还用 Slack 作为从其他团队接受请求和回答问题的渠道。这在多数情况下都很好，但是如果整个团队都回应了问题，而只需要其中一个回答，甚至更糟的是没人回答，那么这将影响我的团队和其他团队的工作流程。另一个非常常见的弱信号可能是“我对此一无所知，我们需要和 Emma 谈谈”。“我们需要和某人谈谈”这种情况经常发生。信息没有、也不可能均匀地分布。但这是系统接近边界的信号。如果 Emma 决定追求其他的机会会怎样？你的系统在不断发出信号。找到需要采取行动的信号与继续监控信号之间的平衡才是真正困难的部分。

10.2.2 成功和失败，一枚硬币的两面

寻找弱信号对我的启示是成功和失败并非可选。像 Jens Rasmussen 博士在其动态安全模型中所描述的那样，成功与失败的界限在于，系统的工作点是否越过性能故障的临界点。Rasmussen 称其为“稳固点”[注6]。曾经成功的事物可能突然陷入失败状态。如果我们有意地搜索组织系统的故障状态，那么将更加熟悉其边界。这将使边界更加明确，甚至更好，从而改善系统并将边界进一步扩大。我在 SportsEngine 上观察到的是，通过混沌工程原理，这两种情况都是可能发生的：我们可以使边界更加明确，并将其推向更远。

注5：引用自 Todd Conklin 的“Safety Moment: Weak Signals Matter”，见 2011 年 7 月 8 日的 Pre-Accident Investigation 直播节目，*https://oreil.ly/6rBbw*。

译注5：倒开的车门，又称“自杀车门”，万一车门没有关紧，行驶中的逆向气流会突然把车门掀开，里面的乘客就处在很危险的境地。特别是在早期，汽车中还没有安装安全带，乘客很容易被甩出汽车。

注6：引用自 R. Cook 和 Jens Rasmussen 的“‘Going Solid’：A Model of System Dynamics and Consequences for Patient Safety”，2005 年发表在 *BMJ Quality and Safety Healthcare*。

10.3 付诸实践

将混沌工程原理应用到大型分布式系统的文章已经有很多了。Netflix、ChaosIQ 等公司开发了很多很棒的工具，但这些工具都是用于技术系统的。那么，如何开始探索人类系统中的混沌工程呢？

人类系统的有趣之处在于，你在系统中的位置会极大地影响你改变它的能力。作为系统中的参与者，你将以某种方式获得他人的反馈，这在“下方系统”[注7，译注6]中是不可能的，比如我们创建和运行的软件产品。如果你想获得反馈，可以尝试在整个部门范围内移动办公桌。如果你的行为不合适，别人会告诉你的。

与任何混沌工程实验一样，它应该基于一系列核心原则。对于这些案例研究，我们将关注其中三个核心原则。首先，建立一个基于系统稳态的假设。在能够监控结果之前，你需要了解当前的系统。然后，定义一个有意更改其变量的计划。这是故障注入部分。最后，监控结果。在系统显示中查找新的应急行为，并将其与系统的先前状态进行比较。

10.3.1 建立假设

我们知道，进行混沌实验的第一步是建立一个关于稳态行为的假设。在传统意义上，我们讨论的是基本的服务水平指标，如吞吐量、错误率、延迟等。在人类系统中，我们对稳态的理解就大不相同了。输入 / 输出度量标准更难获得，反馈环可以更短，人类系统的可见性与我们监控技术系统的方式截然不同。这就是定性分析可以发挥更大作用的地方。人类是反馈机器，我们一直处于给予反馈的状态。如果你要建立一个实验，那么在实验中创建有效的反馈环是至关重要的，因为反馈环是在组织内创建成功变革的核心。

如果你在寻找第一个假设，看看你的组织限制。哪里有单点故障、沟通瓶颈、较长的任务队列？通过你的直觉，识别出已近产能阈值的系统，这是你将发现最大价值之地。

10.3.2 多样化地引入现实世界的事件

一旦确定了限制，下一步就是尝试突破限制。试着找到边界。你可能会看到三种不同的情况：

注 7：引用自 SNAFUcatchers 的“The Above-the-Line/Below-the-Line Framework,”，2017 年 3 月发表在 STELLA: Report from the SNAFUcatchers Workshop on Coping with Complexity，*https://oreil.ly/V7M98*。

译注 6：与下方系统（below-the-line system）相对的是上方系统（above-the-line system），上方系统代指系统中与人有关的部分，下方系统代指系统中与技术和机器有关的部分。

场景 1

你对系统进行了更改，系统立即在更改的重压下崩溃。不要忘记制定回滚计划。你可能不会从这个场景中学到很多东西，但是恭喜你找到了一个硬性限制！硬性限制应该是明显的，而实验的价值在于你现在已经明确了它。这种情况的一个例子可能就像某项修改导致重要的工作“掉落到地上”——这项工作太关键以至于不能脱手。

场景 2

你对系统已经进行了更改，一直监视的限制也被改变，但这对容量的影响太大，无法无限期地维持这种更改。这种反馈是有意义的，特别是有助于理解系统的余量以及在这种状态下系统可能会呈现的突变特性。系统的应急行为可以帮助你识别反映未来情况的弱信号，并为你提供主要指标。这往往表现为优先事项之间的竞争，而且比工作掉落到地上要微妙得多。假设你在两个团队之间调动了几个人，这在一段时间内是可行的，但是当原始团队的生产压力增加时，你可能不得不将他们直接送回该团队。

场景 3

你对系统进行了更改，所有的迹象都表明它没有显著影响。这是最具挑战性的场景。这可能意味着你的假设是完全错误的，或者你测量的对象是错误的，并且没有适当的反馈环来理解其影响。在这种情况下，你通常应该从头再来。就像一个失败的科学实验一样，你可能会丢失关于实验稳定状态的关键信息。这里的一个例子是你在系统中发现了一个单点故障（某个人）。但是，尽管你试图分享他们的知识，他们仍然是某类意外事件的唯一专家。

10.3.3 最小化爆炸半径

与技术系统一样，级联故障是此类活动的最大风险。要注意一个特定的实验会产生什么样的影响。例如，对其他许多团队所依赖的那个组织大幅度更改其容量限制，可能会在整个组织中引起巨大的涟漪效应，并使未来的实验更加困难。这种程度的影响可能会导致场景 1，你将需要快速地撤销所做的任何更改。

你将很快了解系统是如何运行的，以及哪些地方的余量比你预期的要少。但在你再次尝试这个实验之前，你肯定需要努力增加余量。爆炸半径的影响高度依赖于业务环境。例如，SportsEngine 本质上是非常季节性的。尝试一些会持续一年影响客户使用产品的重大举措，将对我们的业务产生非常实际的影响。我们下次重新获得该客户大约就是一年后了。但是，如果我们将范围缩小到当前过时的产品内，则不会影响我们的客户或业务底线。

你的计划阶段应该包括应急计划。这显然取决于实验的性质，但是"回滚""应急拉索""逃生舱门"——无论你想怎么称呼它——都应该是明确的。每个参与实验的人都应该有能力和权力去拉取它，即便只是为自己。

在这个级别上进行变更，就像在技术系统上进行实验一样，意味着要做出好的商业决策。不要为了证明一个观点而破坏一个系统。你需要在整个组织中得到支持，这意味着你所做的事情要表现出明确的价值。

你还需要记住，这个系统中的所有参与者都是人。这意味着他们都有自己的观点、生活经历和目标。你的个人偏见可能会对实验、实验中的人以及公司产生重大影响。质疑一切，寻找反馈，并对改变甚至取消整个实验持开放态度。不要让你对成功的渴望蒙蔽了你对反馈的判断。

10.3.4 案例研究 1：Game Day

抛开文化和系统思维，让我们来发现一些新的系统边界。出于对"新观点"安全的迷恋，我相信意外事件是在我的组织中值得学习的计划外事件[注8]。这一想法激发了我创建 Game Day 来充分实践有关事件响应的生命周期。这是一个机会，可以让公司里的新员工陷入一些困境，让他们在一个安全、后果较少的环境中，感受事件响应部分是什么样的。除了时间投入外，对客户或业务没有直接的影响。如果你的公司没有参加 Game Day，你应该参加。

SportsEngine 的 Game Day 有四个阶段：

1. 日程安排和计划：基本上，你是在日历上挑选一天或一个下午，并确定一群不同的人来成为你的"游戏参与者"。
2. 游戏执行：这是我个人最喜欢的阶段。作为一名游戏执行者，你的目标是以一种有条理的方式将故障注入系统，然后退后一步，看看它是如何影响你的系统的。
3. 事件响应：作为一个执行者，你应该仔细观察这里。你可以了解触发的事件。密切关注事件响应可以让你洞察流程、监控和警报中的漏洞。
4. 事件回顾：就像我们为生产事件进行回顾一样，我们将在每一次游戏后进行非正式的简短回顾。

这样循环往复：你在第二阶段开始一个新游戏，直到游戏结束，或者时间结束。

注 8：引用自 John Allspaw 的" How Your Systems Keep Running Day After Day"，2018 年 4 月 30 日发表在 IT Revolution，*https:// oreil.ly/vHVIW*。

Game Day 对 SportsEngine 平台的健壮性产生了显著的影响，也对既定事件响应计划的执行带来了更大的影响。成功的事件响应涉及很多方面，比如向领域专家分配工作、有效的故障排除、与利益相关者的沟通，以及通过状态页面等外联渠道与客户沟通。我们将事件响应视为一项团队运动，这意味着你需要做大量练习才能有效地做到这一点。

假设

事件响应是一项团队运动，如果有人无法参与，我们的流程将如何工作？如果你要采访一个职业球员关于一个明星球员受伤的情况，他们会给你一个机器人式的回答，类似"那就下一个球员上场"。我发现平台的具体组件中，往往都有一个或两个领域专家。如果系统最大的单点故障是只有一个专家怎么办？很显然，通常这属于灰色地带，不像黑和白那么明确。也可能两个或三个人了解某个系统，但只有一个人知道某个特定的子模块。我基于这个非常具体的假设，有意创造了一个"必须的人"不能参与的游戏。我的预感是，这将极大地影响事件响应和解决问题所需的时间。我期望在事件响应过程中可以有意识地找出单点故障，但我也想给人们带来真正的经验以应对故障。

变量

在混沌工程实验中，你会想到使用对照组和实验组。在一次实验中执行控制并不容易，我发现最有效的方法是在完整的团队响应下正常运行几场游戏。然后，当你开始游戏时宣布："我认为属于单点故障的专家在度假。"之后开始游戏，给工程师最熟悉的系统注入故障。此外，你还需要他们观察所有的沟通环节、故障排除过程和团队所采取的行动。这将给他们一个全新的视角来看待应该如何分享知识。

另一种稍微不那么令人吃惊的实验方法是，招募一个被认为是单点故障的专家作为游戏的观察员。这并不奇怪，因为每个人都知道，在游戏开始之前，他们无法向他提问，但这给了你一个机会，可以利用他们对系统的了解将故障注入游戏中。这不仅可以让专家不参与回答，还可以帮助他们批判性思考系统中的弱点到底在哪里。

结果

在组织中，识别内部单点故障的方法对我们来说是成功的。我们要积极地寻找更多的单点故障，并试图以此发现更多的系统弱点。然而，这些弱点在不断变化，我们的工作永远做不完。我觉得，衡量成功与否最有效的方法是，当人们去度长假，却从没有被叫起来处理一个事件。你还可以使用简单的调查来评估轮换人员的信任度，以及处理系统警报时的舒适度。建立这种人性化的值班文化是我在 SportsEngine 上最自豪的事情之一。

10.3.5 沟通：组织的网络延迟

在分布式世界中，我们花了无数的时间来思考如何创建有效的通信协议和系统。如果你在一个技术会议上大声地说出“CAP 定理”，你会被大家关注，但你也会看到像我这样直奔主题的人。分布式系统总是处于成功或失败的状态，并依赖于共识算法（如 Raft[译注7] 或 Paxos[译注8]）和健壮的传输机制（如 TCP）。但是，如果给系统增加了意想不到的网络延迟，即使是那些高度可靠的系统也会开始崩溃，也有可能让你陷入级联风暴、领导者选举、脑裂或数据丢失的世界。

延迟故障在人的分布式系统（即组织）中有类似的表现。我们创建了所有这些可靠的系统来跟踪工作，比如工单系统、异步聊天室，以及诸如精益、Scrum 或 Kanban 之类的框架。这些系统的设计都是基于沟通能够保持一致且迅速有效的假设。当沟通的频率降低时，这些系统开始变得没那么有效。通常，这是沟通开始跨越边界（例如团队或部门）的时刻。这些系统的有效性都依赖人与人之间较短的反馈环。实际上，许多此类系统旨在缩短反馈环，但通常它们并不是为了实现新的沟通模式而设计的。这种僵化可能导致工作停滞，错过最后期限或无法达到期望。自治性和有效性其实都是建立在这些信任关系之上的。预期的中断会在系统中得到有效处理，但是意外的中断可能会使电子邮件、点对点留言[译注9]、backlog 等丢失，而永远不会将所需的上下文推送给正确的人。

为沟通开辟新的道路

这些丢失的电子邮件、点对点留言和工单，其实是对系统中外部参与者的承诺。在整个组织中，沟通上的一个小问题可能以多种形式带来急剧恶化的后果，例如，生气的客户、收入损失或不良的公众声誉。这些级联故障非常普遍，尤其是在软件行业。我们缺少的就是对项目规模和范围的总体估计。这也是这些系统如此普遍和有效的原因。组织在不断寻找系统参与者之间的共同点。

本着减少沟通网络延迟，为沟通模式创建更多路由的想法，我想找到新的沟通渠道：可以是已经铺好的路，也可以将一条土路转变成铺好的路。这些人际网络故障，通常由两个人之间进行的直接沟通引起。但同时，系统中两个参与者之间的频繁交互是最有效的沟通形式。那么，如何避免陷入沟通障碍的陷阱，同时又保持沟通的速度和效率呢？

译注 7：Raft 是一种用于替代 Paxos 的共识算法。相比于 Paxos，Raft 的目标是提供更清晰的逻辑分工，使得算法本身能被更好地理解，同时安全性更高，并能提供一些额外的特性。

译注 8：莱斯利·兰伯特（Leslie Lamport）于 1990 年提出的一种基于消息传递且具有高度容错特性的共识算法。

译注 9：常见于线上社交产品提供的点对点留言服务，即 Direct Message，简称 DM。

10.3.6 案例研究 2：把点滴串联起来

看到组织内标准沟通渠道的风险，我开始思考如何扩大网络。邓巴数字[注9]告诉我们，你能与之保持稳定关系的人数是有限的，大约 150 人。这意味着你能在一个组织内建立的新关系数量有一个硬性限制。许多依赖高度互联性的组织通常都超过 150 人。那么我们该如何处理这些矛盾呢？该理论认为，如果团队成员能够与不同团队的人建立联系和关系，网络就可以扩展。

假设

当我在思考这个概念时，我看到了 Etsy 的一篇博客[注10]文章，内容是关于他们的“训练营”概念。每个新员工在正式加入对应的团队之前，都会在整个组织中的不同团队中度过一段很短的时间，从几周到几个月（即轮岗）。由此，他们从组织的不同部分获得了不同的视角。通过建立彼此间的信任关系创造了自然的沟通渠道。在 SportsEngine，我们总是处于某种增长状态，无论是招聘新员工，还是收购新公司（自 2011 年我开始工作以来，已收购了 15 家以上的公司），每家公司都有自己的软件和人员。这种近乎持续的扩张需要形成新的联系。我们问自己：如果我们有意地、定期地让人们与不同的团队一起工作，会怎么样？这会对产品交付、可用性和可扩展性带来什么样的影响呢？

变量

想办法让人们走出舒适区和平常节奏是相当困难的。在平台运维团队的案例中，我们可从几个不同的角度来看待这个问题。首先，目标是在整个产品开发过程中创建更多的运维环境[译注10]。其次，创造机会，使之与即将到来的项目和新出现的运维问题更加协调。这类对话和交流当然都是通过会议、电子邮件和工单正常进行的。而且，我觉得有意创造空间让这些对话能定期发生是很重要的。

运维团队大量借鉴了 Etsy 的“训练营”理念，启动了一个轮岗项目。我们决定让每个产品团队中的一名软件工程师在运维团队中进行一次 sprint（两周）轮岗，而不是把运维人员派到产品团队。最初的产品团队由 5 名工程师组成，所以每隔几个月都有一个工程师在运维团队中进行一次 sprint。这样就有效地创建了一个系统，在这个系统中，运维团队都会额外获得一名全职工程师，而每个产品团队在 20% 的时间里只会减少一名工程师。这里的目标是扩大每个团队的运维意识。随着时间的推移，产品团队将会获得一名

注 9：引用自 R. I. M. Dunbar 的“Co-evolution of Neocortex Size, Group Size and Language in Humans”，于 1993 年发表在 *Behavioral and Brain Sciences*。

注 10：引用自 Marc Hedlund 和 Raffi Krikorian 的“The Engineer Exchange Program”，2012 年发表在 Etsy Code as Craft，*https://oreil.ly/sO7fK*。

译注 10：运维环境（Operating Context，OC），指的是应用的外部环境会影响运维状况。例如，移动端应用的运维环境是由设备的硬件和软件决定。

既能在产品领域担任专家，又能在平台上运维产品的工程师。

去年进行的另一个实验反向使用了这种方法。我没有培训一个产品团队的工程师，而是给每个产品团队指派了一个运维工程师作为他们的运维推动者。这样做是为运维工程师和产品团队制定对应的职责。通过指派指定的人员与产品团队直接合作，他们更有可能主动联系并提出问题。这个人还需要参加设计会议、发布会等，实质上已经成为团队中有关运维的利益相关者。

结果

这些举措既给我们带来了成功也带来了失败。按照混沌工程的精神，将工程师从他们工作的团队中抽调到其他团队一段时间，其实就是将故障注入系统中。所以这是一种权衡，期望通过提供运维环境或产品域环境来衡量这些工程师在日常工作中的表现。

你可能会提，生产压力总是与这类计划背道而驰。“我们需要这个工程师在下一个 sprint 中完成一个即将发布的特性”。更糟糕的是，这个工程师对其正常团队的成功至关重要，而现在他们突然之间被抽调到多个地方，而不能在任何一个团队中有效工作。

“训练营”的概念产生了一些有趣的结果。几位工程师决定在运维团队中做更长时间的工作。有一位甚至全职加入了运维团队一年，之后才决定回到原来的产品团队。借助增加的人员数量和软件工程技能，运维团队能够完成重要的项目，且能节约不少时间。“训练营”几乎一手将 SportsEngine 内部的部署服务，从一个想法变成了一个平均每天在 75 个不同服务上部署近 100 次的怪兽，并向开发人员分享了如何部署各种形状和大小的服务的经验。这个实验也迫使运维团队想出如何有效地把新人在该团队中带出来。在几个月的时间里把一个新人在运维团队中带出来，和把五个几乎没有运维经验的工程师带进该团队，这两者是完全不同的经历。

有了这些运维推动者，这一体系的执行难度加大了。它不像“训练营”概念那样，具有内置反馈环的干净设计。如果不是团队的一员，就很难知道他们错过了什么信息。有趣的是，新兵“训练营”的学员通常会意识到运维推动者应该在什么时候出现，并把他们拉进去。我从运维推动者的概念中注意到，其实最大的权衡都围绕着资源分配。如果我有个重要项目的运维工程师，而产品团队正把他拉到讨论中，或者有需要他帮助的新项目，那么这将影响我的工作。

这些有意增加组织内部联系的尝试，极大地提高了运维团队为工程师创建所需平台的能力。作为一个组织，我们没有无限的资源来解决问题，坦率地说，我甚至不确定这是个问题。运维环境对软件的成功至关重要。我一直在想如何在整个组织中分享这些。我认为，在更普遍的情况下，你也可以说这是通过共享环境和找寻共同价值而得到的。

10.3.7 领导力是系统的涌现属性

我发现，系统思维和复杂性理论的迷人之处在于它适用于一切事物。当我意识到一个组织的领导力可以通过这个角度来看待时，我感到非常震惊。需要注意的是，当我在这里提到“领导力”这个词时，我指的不是“领导他人”的人或一群人。相反，我说的领导力是一种现象，就像系统中行为者间的交流是系统的一种属性。在共识算法的世界里，有一个“领导者”或“领导者选举”。这些都是系统随时间变化的属性。这并不是说处于“领导地位”的人没有这些属性。事实上，他们比其他人做得更频繁。这是为什么呢？我们在分布式系统中处理的许多挑战，都可以映射到组织内部的挑战，并且在某些时候，所有权和责任最终会落到系统领导者的肩上。

推动你的组织前进

James Barker 博士是达尔豪斯大学的教授和研究员，专门研究组织安全、领导力理论和复杂性理论。他将领导力描述为推动组织前进的涌现[译注 11] 属性。我喜欢这个定义。它将领导力定义为：在有限的上下文信息中制定决策。领导者是做出决策的人，因此他们要对此负责。由于从业者最了解自己每天如何进行权衡，因此可以将有限的上下文信息和决策交给这些从业者。

用信号来设定方向

当不同的从业者都要决策的时候，正如你预期的那样，达成共识变得越来越困难。完全靠局部的理性在起作用。局部理性可以被描述为：从一个人的角度看是合理的，从另一个人的角度看可能是不合理的。但作为回报，你得给那些负责的人以自由和责任。与给定系统交互的人必须是该系统的专家。他们会看到并理解来自那个系统的信号或反馈。当他们有权根据这些信号采取行动时，然后神奇的事情就会发生。

10.3.8 案例研究 3：改变基本假设

作为技术人员，我们经常发现自己在质疑我们所立足的基础。这是生活的自然状态。我们经常质疑架构决策（例如，“我们选择了正确的数据库吗？”“我们是否选择了正确的网络拓扑？”“这应该是它自己的服务吗？”）。在组织如何运作的核心问题上，你多久会问自己一次这类基本问题？关于 SportsEngine，有一件事一直让我着迷，那就是我改变系统的能力。随着时间的流逝，这种能力会慢慢具备。正如 Eli Goldratt 在《约束理论》[注 11] 的一

译注 11：涌现（Emergence）是一种现象，许多小实体相互作用后产生了大实体，而这个大实体展现了组成它的小实体所不具有的特性。包括亚里士多德等人将涌现定义为：复杂系统在自我组织的过程中，所产生的各种新奇且清晰的结构、图案和特性。

注 11：引用自 Eliyahu Goldratt 的 *Essays on the Theory of Constraints*，于 1998 年由 MA：North River Press 出版。

篇文章中所描述的那样，通常当你能够“改变一个基本假设，你就改变了系统本身”时，这就开始了。一个组织内任何系统的基本假设都是系统是有效的。系统参与者可以对系统实施变革以产生巨大影响。通过提出只有从他们的角度才能看到的弱信号，帮助他们改变组织对系统的基本假设。

假设

员工管理是可以利用的解决方案，而不是一个需要控制的问题。Sidney Dekker 在这个主题的论文[注12]中谈到了员工管理的安全问题。边缘人才是这个系统的专家。其次，敬业度是人类表现的驱动因素。创造一个人们想要工作的地方，你最终会拥有更快乐、更高效的员工。这一系列实验是为了让组织中的个体贡献者、工程师，能够对系统做出有影响力的改变。

变量

当开始谈论组织变革和有效的领导时，确定具体的行为可能是困难的。根据我的个人经验，这两个例子来自工程师的行动，这些行动后来成为我们文化的重要支柱。

第一个例子是关于工程师的，他们有强烈的改进欲望。他们完全被个人成长和掌控力所驱动。作为工程经理，你不仅能为工程师如何改善其日常工作提供大量指导，而且作为团队中的同龄人，你可以分享更多的信息，确定具体的改进方式可能成为你日常工作中很自然的一部分。正是这种渴望和渴求催生了导师计划。我们最初的迭代只是一对工程师，有一些关于如何变得有效的松散的指导方针，以及定期的反馈来确保能带来价值。这个结构又增加了两个额外的导师，直到目前的状态，有六个活跃的导师。但这个项目的存在只是因为一个工程师想要寻求更多的反馈，如果这个系统能让一个工程师受益，它可能会对组织内的学习文化产生更大的影响。

第二个例子源于一个信念，即你可以有意识地创建一种通过回顾的分享学习文化。一位工程师读了 Spotify 关于如何有效进行团队健康检查的博客[注13]，想看看在 SportsEngine 的产品开发团队中进行一次健康检查会是什么样子。他们开始的时候规模很小，在一年的时间里，一个团队举办了好几场这样的活动，而积极的反馈告诉他们，扩大活动范围是值得的。现在，这已经发展到每个产品团队都定期进行健康检查。他们使用记分卡，并对团队在哪里有效以及在哪里有增长空间进行有趣的讨论。这是另一个由一名工程师发起的一次性实验，它变成了一个大规模的生产性练习，反映了组织扩展和逐步改善中的真正价值。

注 12：引用自 Sidney Dekker 的“Employees: A Problem to Control or Solution to Harness?”

注 13：引用自 Henrik Kniberg 的“Squad Health Check Model–Visualizing What to Improve”，2014 年 9 月 16 日发表在 Spotify Labs，*https://oreil.ly/whbiH*。

结果

到目前为止，上述的建议并不是灵丹妙药。不是每个人都能成为优秀的导师，也不是每个需要导师的人都能拥有足够的投入来获得经验的全部价值。同样地，当你有一个良好的工作关系，生产压力将永远与成长发展的重要性进行斗争。如果你的团队没有良好的沟通，或者领导不愿意改变和接受新想法，健康检查将会产生更多的问题。要想实现有效的健康检查，则不能通过绩效考核的管理，也不能包含一丝指责和羞愧。这是为了反思团队如何才能比现在更加高效。

这就是为何最小化爆炸半径[注14]对成功至关重要。找一个安全的地方去尝试创意，在那里彼此的信任程度更高，而且对业务结果的影响风险更小。当他们觉得自己被倾听，可以不受失败的影响，被鼓励去进行更多的尝试时，你会惊讶于人们的想法。这两个例子都是在安全的地方进行的，都可被视为失败的影响很小的实验。

这些例子并没有什么开创性，但与大多数此类文化创举不同的是，它们是从头开始形成的。通过经验建立，通过从业者的能力，它们不是自上而下的“管理计划”。当你认为领导是根据一系列信号来推动组织前进时，就更容易认可和鼓励这种行为。

我发现，当我明确地说我想“尝试一些事情”时，这类活动最成功。如果你清楚地设定了这样一个预期，即这件事可能会失败，你最终成功的可能性就会更高。

10.3.9 安全地组织混沌工程

此时，你可能会问：你是如何实现这一点，让人们都能参与进来的？这个问题的答案就像 Andrew clay Shafer 喜欢说的，“砍柴挑水”。你必须专注于创造合适的文化，让这类活动被大家接受。我喜欢使用社会学家 Ron Westrum 创建的模型[注15]。你可以使用它来了解组织的状态。一个组织可以分为三种状态：病态型、官僚型和生机型。这是通过观察组织是如何沟通和合作来刻画的。例如，在一个病态型的组织中，创新被扼杀；在官僚型中，创新会导致问题；在生机型中，创新被实现。这个模型可以用作“嗅探测试”，以了解组织对实验的准备程度。如果你不把组织归为接近生机型的一类，我甚至不会去尝试更大的实验，比如“训练营”。你只能在一个自主的系统中进行这些实验，这个系统有利于学习和改进，而不是充满教条和官僚主义。我从来都不擅长遵循规则，但有一件事我取得了一些成功，那就是围绕系统变革的必要性提出有关数据驱动的论点。

注 14：请参考第 3 章有关“最小化爆炸半径”的内容。

注 15：引用自 Ron Westrum 的“A Typology of Organizational Cultures”，2004 年发表在 *BMJ Quality and Safety*。

10.3.10 你所需要的是高度和方向

你进行的任何实验都需要有足够的余量来避免灾难性的故障。在航空行业，这个界限的字面定义是海拔高度。如果你还没有撞到地面，还有时间。但如果你不移动，这个界限就没什么用。你所做的任何实验都应该有明确的目标和预期的结果，并在对参与者或公司造成严重伤害之前结束实验。在我之前描述的所有实验中，都有一个明显不可接受的结果。在 Game Day 中，如果一个团队花了大约一个小时的时间试图解决一个问题，而添加“休假工程师”可以立即解决这个问题，这就是明显不可接受的结果。因为我们不能错过任何学习的机会。在“训练营”的例子中，我们灵活地使用了轮岗工程师。如果他们受到了超级严重的打击，他们会跳过一个回合，或者与另一个工程师进行交换。对于运维推动者来说也是一样：如果他们因为任何原因无法联系上我们，我们可以代替他们。或者如果这不是一个重要的谈话，可以在以后的某个日期进行。当这些应急拉索开始变得司空见惯时，你应该开始重新考虑你的实验了。我们最终结束了“训练营”，因为我们所有的工程师都太忙了，他们或者换了团队，或者换了角色。我们的余量消失了，实验该结束了。

10.3.11 结束反馈环

系统思维围绕着反馈环。它们就像感官、神经系统——把信号传递给感官创造者。如果没有反馈回路，你就不知道自己在往哪个方向走，或者根本不知道自己是否在前进。当混沌工程原理谈到对稳态的理解时，它是在谈论你的反馈环。你从系统中得到了足够的反馈来了解它是如何正常工作的。如果你更改了系统，那么可能需要实现新的反馈环来理解更改的影响，这是显而易见的。在“训练营”的案例中，我们一起进行了一次回顾，以了解它是否提供了价值、他们觉得这项工作是否有趣，以及觉得这项工作是否很好地利用了他们的时间。这次回顾对于确定工程师的“技术领导”角色至关重要，因为“技术领导”往往很难离开团队一段时间。在人类系统中创建反馈环通常非常简单。与相关人员进行面谈，对情况进行定性分析。如果他们感觉到了价值，你就走对了方向。

10.3.12 无失败，非学习

一旦你有了这些有用的反馈环，如果一切都“只是工作”，那么你就没有努力去寻找。记住，所有的系统本质上都包含成功和失败。戴着有色眼镜看你的实验并不会给你带来你需要的价值。期待犯错，做出调整，然后继续前进。失败是在行动中学习。实验常常无法成功，因为它们要么成本太高，要么似乎没有增加足够的价值。我们常常半途而废。因此要拥有一个充满学习热情的团队，这样才能创造出令人惊叹的文化。当你开始有更多的想法，然后花时间去尝试它们，你就在朝着正确的方向前进。

关于作者

Andy Fleener 是一位人道主义者，也是一位“新观点”的安全专家，他认为软件的开发人员、运维人员和使用人员一样重要。他是 SportsEngine 的高级平台运营经理，自 2011 年以来，他一直在为青少年和业余体育组织开发和运行“软件即服务”的应用程序。

第 11 章

决策圈中的人

John Allspaw

在软件系统上进行实验是一种有意义的方法，可以更好地理解系统行为，当然这种方法本身也隐式地承认了在设计系统时不可能全面规范系统的行为。大多数现代软件工程师都明白，编写软件和理解软件如何工作（以及如何失败）是两件完全不同的事情。

发展和维持对系统行为的理解依赖这样一种能力：人们能否修正或重新校准他们对系统行为的思维模式[注1]。生产系统中的实验过程（以及事后回顾）可以视为一种富有成效的重新校准或“思维模式更新”的机会。

本书的大部分内容致力于研究混沌工程的方法、差异、细节和观点。在当前的软件工程和运维领域，本书以及这个话题的出现令人兴奋，而且很可能会继续发展。它让人们意识到，可以通过更复杂和更成熟的方式建立对系统的信心。

正如软件界所预想的，关于如何在混沌工程环境中实现越来越多的自动化，已经出现了新的想法和争论。这种趋势是可以理解的（假定建立“自动化”本质上就是软件工程师的存在理由）。这种提议可能没有意识到将更多的自动化引入流程所产生的自相矛盾之处，因为该流程主要是为不确定的自动化行为提供信心。

正如混沌工程原则[注2]所言：

> 混沌工程是在分布式系统上进行实验的学科，目的是建立对该系统能够承受生产环境的动荡条件的信心。

注 1：引用自 David D. Woods 的 *STELLA: Report from the SNAFUcatchers Workshop on Coping with Complexity*（Columbus, OH: The Ohio State University, 2017）。

注 2：引用自 Principles of Chaos Engineering 2019 年 6 月 10 日的版本，*https://principlesofchaos.org*。

在现实世界中，我们是如何“建立信心”的？

- 人们对何物感到自信、何时感到自信以及如何感到自信，取决于所处的环境。
- 实验过程也与环境相关：驱动实验的目标、给定实验的细节、何时和如何实施实验，以及实验结果的解读方式。

为了理解“决策圈中的人”的真正含义，我们需要探索这些领域。

11.1 实验的原因、方法和时机

混沌工程提供给软件工程师的方法非常简单：在各种条件和变化的参数下，增加对系统行为的信心，这些条件和参数可能会超出令人乐观的“快乐路径”[译注1]。

11.1.1 实验的原因

上述做法可与其他方法和技术相结合，以建立对软件行为的信心，例如：

- 各种形式的测试（如单元测试、集成测试、功能测试等）
- 代码评审策略（收集同一代码变更的多个反馈）
- 生产中的暗部署[注3]
- 根据群组（例如，仅针对员工）或百分比（例如，客户流量的 50%）来开启新功能

其中一些方法将它们的“目标”作为代码中的函数，或作为相互引用的代码库，或作为关联的子系统或组件。在任何情况下，工程师都可以用这些方法建立信心，这些方法中也包含通过混沌工程进行的实验。

这些建立信心的技术通常与称为“持续交付”[注4, 注5]的现代模式有关，并且在该模式中把混沌工程当作一种可靠的方法是合理的[注6]。

译注 1：系统构建的默认路径是快乐路径（有时称为快乐流），即没有异常或错误情况。例如，用于验证信用卡号码的函数的快乐路径是没有任何验证规则会引发错误，从而成功执行完成。详细信息参见 *https://oreil.ly/g7L-P*。

注 3：部署一个执行路径只对部分用户“开启”的软件变更称为“暗”部署。参考 Justin Baker 的“The Dark Launch: How Google and Facebook Release New Features”，于 2018 年 4 月 20 日发表在 Tech.co, *https://oreil.ly/jKKRX*。

注 4：持续交付是以可持续的方式将所有类型的更改（包括新特性、配置更改、bug 修复和实验）导入生产或交付到用户手中的能力。参见 *https://continuousdelivery.com*。

注 5：引用自 Jez Humble 和 David Farley 的 *Continuous Delivery* 一书，2015 年 Addison-Wesley 出版。

注 6：可参考本书第 16 章有关持续验证的部分。

不过，有些实验并不是因负责该实验的团队对“目标”缺乏信心而驱动，而是因对其他方面缺乏信心而驱动的。例如，假设一个团队若想要对其服务进行重大更改，则需要向利益相关者展示一种尽职调查的形式，或者“生产准备就绪”的效果。为此，实验就可以以一种隐式验证的形式证明他们已经做出了特别的努力。

11.1.2 实验的方法

如前所述，这些技术是上下文情境相关的，这意味着在不同的情况下它们的效果可能不同。

例如，在缺乏单元测试或功能测试的情况下，一些代码更改可能需要通过代码审查的方式进行更详细的检查。或者在特定时间（可能是每天的流量高峰，也可能是电商网站的假日季）以更保守的方式考虑启用新代码。数据库模式更改、搜索索引重建、底层网络路由和装饰性标记更改，都是带有不同不确定性的例子，如果事情“偏离方向”，将会产生不同的后果，需要采取不同的应急措施。

混沌工程也不例外。要有效地进行实验，就要对上下文情境敏感。因此，必须考虑以下几点：

- 你在做什么（和没有做什么）实验
- 何时进行实验（以及需要运行多长时间才能对结果有信心）
- 如何实验（以及实验具体实现的所有细节）
- 实验的对象
- 实验更广泛的目的可能是什么（除了为实验的设计者建立信心之外）

实践中，一个厚颜无耻的回答便是“视情况而定”。而只有人才能告诉你更多关于“视情况而定”的信息。本章将探讨“视情况而定”。

11.1.3 实验的时机

对实验启动的时机产生影响的因素有什么？在实践中，工程师团队已经证明，各种各样的条件可以影响何时开始实验以及何时结束实验。当被问及关闭或暂停正在运行的实验有多常见时，一位工程师说：

> “在某些情况下，这些实验经常被推迟……因为有另一个团队想要将我们的练习或实验与他们的部署周期进行协调。当我们准备执行让整个区域都失效的实验时，他们会说，哦不，你能等一下吗？我们正在重新部署。”[注7]

注 7：个人通信，2019。

影响实验时机的条件包括：

- 对事件中观察到的意外或令人惊讶的动态和行为做出响应。
- 发布具有潜在意外行为的新特性 / 产品 / 子系统。
- 与系统的其他部分集成，即引入新的基础设施。
- 为具有高要求的营销季活动做准备，例如，黑色星期五或网络星期一[译注2]。
- 应对外部事件（股价波动、有新闻价值的事件等）。
- 确认关于未知或罕见的系统行为的原理（例如，确保回退操作不会破坏关键业务的基础设施）。

在系统事件发生时："这和你正在运行的东西有关吗？"

不确定性和模糊性是系统事件的标志性特征。为了帮助工程师理解系统实际发生的事情，一个常见的方法是通过停止进程、停止服务等方式减少潜在的干扰（无须先判断哪些值得注意）[注8]。

生产中的混沌工程实验也有可能被认为是系统事件的潜在贡献者，这是可以理解的，因为团队经常在了解自己的系统发生了什么时感到不知所措。

如何实现自动化并使人们"摆脱困境"呢？

正如前面提到的，关于混沌工程的哪些部分可以"自动化"[注9]其实是有一些问题的。对这些围绕混沌工程的活动的描述在"混沌工程原则"[注10]中已有所论述：

1. 首先将"稳态"定义为系统正常行为的可测量输出。
2. 假设这种稳态在对照组和实验组都将继续。
3. 引入反映真实世界事件的变量，比如服务器崩溃、硬盘故障、网络连接中断等。
4. 试图通过寻找对照组和实验组在稳态下的差异来反驳假设。

译注 2：黑色星期五和网络星期一是美国感恩节假期后的常年促销项目，它是由零售商创造的，目的是鼓励人们在网上购物。

注 8：引用自 John Allspaw 2015 年的硕士论文"Trade-Offs Under Pressure: Heuristics and Observations of Teams Resolving Internet Service Outages"（Lund University, Lund, Sweden）。

注 9：自动化使以计算为中心的工作成为可能。从现代计算的角度，实际上没有"非自动化"的说法。即使是像键盘输入这样的常规操作也无法手动完成。而软件不能以任何实体形式存在，因此不应被描述为自动化本身。所以，对于在软件中的应用，该术语应加引号。

注 10：引用自 2019 年 6 月 10 日版本的 Principles of Chaos Engineering, https://principlesofchaos.org。

哪些活动可以自动化，或者应该自动化？

哪些活动不能自动化，也不应该自动化？自动化应该如何助力实验过程？

为了批判性地解决这些问题，有必要先谈谈功能分配的话题。

11.1.4 功能分配：人类更擅长还是机器更擅长

功能分配问题源自 1951 年一篇题为“Human Engineering for an Effective Air-Navigation and Traffic-Control System”的论文[注 11]，旨在提供关于哪些“功能”（任务、作业）应该“分配”给人，哪些应该分配给机器（现在通常是计算机）的指导。这个想法被封装在所谓的“费茨列表”中，参见图 11-1 和表 11-1。

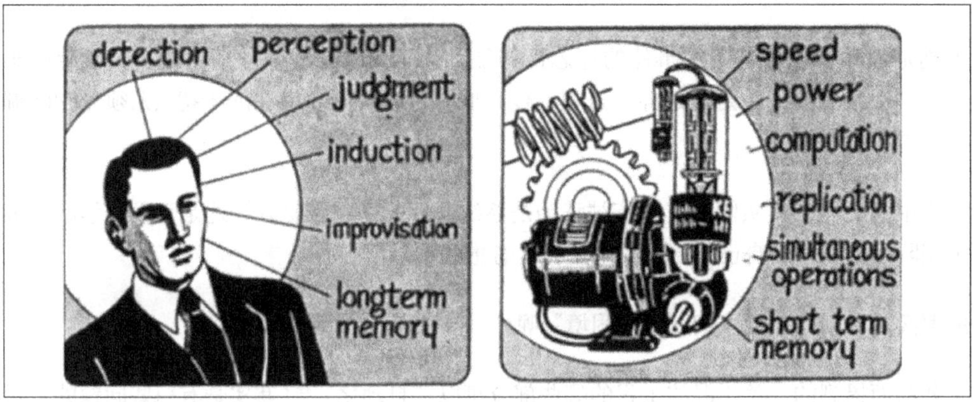

图 11-1：取自 1951 年原始论文的“费茨列表”插图[注 12]

许多软件工程师读到这里会觉得费茨列表中的条目很熟悉。人们几乎可以将其中一些想法看作软件工程的一种宏大的哲学方法。功能分配从费茨列表开始，后来被称为“HABA-MABA”[注 13]（人类更擅长还是机器更擅长），一直是几十年来人为因素研究的核心，但最近有一些来自认知系统工程实证研究的（相对而言的）批评。

全面地探讨这些评论超出了本章的范围，但可以在这里总结一下对 HABA-MABA 模式的主要挑战。

注 11：引用自 P. M. Fitts 的“Human Engineering for an Effective Air-Navigation and Traffic-Control System”（1951, Washington, DC: National Research Council）。

注 12：引用自 P. M. Fitts 的论文“Human Engineering for an Effective Air-Navigation and Traffic-Control System”。

注 13：这是“人类更擅长还是机器更擅长”的缩写。最初的名称是“MABA-MABA”（男性更擅长还是机器更擅长），反映了当时性别刻板印象的状态。

表 11-1：原始的费茨列表

在这些方面，人类似乎超越了当今的机器	在这些方面，当今的机器似乎超过了人类
能够检测少量的视觉或声学能量	能够对控制信号做出快速反应，并能平稳、准确地施力
能够感知光和声音的模式	能够完成重复性的日常工作
能够即兴发挥和使用灵活的流程	能够简单地存储信息，然后将其完全删除
能够长时间存储大量信息，并在适当的时间回忆相关事实	演绎推理能力，包括计算能力
归纳推理能力	能够处理高度复杂的操作（如，同时做许多不同的事情）
行使判断能力	

11.1.5 替代神话

工作可以被分解成任务，这些任务可以被识别和隔离，然后可以“分配”给合适的代理者（人或机器）。这种想法存在很多问题，原因如下[注 14]：

> 这就是 Hollnagel（1999）所称的“替代功能分配”。其理念是，自动化可以作为直接替代品引入机器以代替人工。在保留基本系统的同时，还可以改善一些输出指标（更低的工作量、更好的经济、更少的错误、更高的准确度等）。
>
> 在替代概念的背后是这样一种逻辑：人和计算机（或任何其他机器）都有固定的优势和劣势，而自动化的关键在于利用优势，同时消除或弥补劣势。问题是利用计算机的某些优势并不能取代人类的弱势。它常常以意想不到的方式创造出新的人类优势和劣势[注 15]。

当新基于“把计算机能做好的交给计算机”的逻辑的自动化形式被提出时，通常会有这样的假设[注 16]：

> 除了对输出的影响外，新的自动化可以代替人工操作，而不会对操作或任务所在的系统产生更大的影响。这个观点基于这样一个主张：一个复杂系统可以分解为一组本质上独立的任务。

注 14：引用自 Sidney W. A. Dekker 的 *Safety Differently* 第二版，于 2015 年由 CRC Press 出版。

注 15：引用自 Lisanne Bainbridge 的“Ironies of Automation”，于 1983 年发表在 *Automatica* 第 19 卷第 6 章。

注 16：引用自 Nadine B. Sarter 和 David D. Woods 的“ Team Play with a Powerful and Independent Agent: Operational Experiences and Automation Surprises on the Airbus A-320”，于 1997 年发表在 *Human Factors*。

> 然而，对新技术的影响的调查表明，这些假设是站不住脚的（它们可以被称为“替代神话”）。在真实的复杂系统中，任务和活动是高度相互依赖或耦合的。

这些观点是否适用于混沌工程方法的“自动化”部分？

在第 12 章中，Peter Alvaro 提出可以自动进行实验选择[注17]。其理由是，在混沌工程实践中要克服的不仅仅是要对所有可能故障的组合进行实验[注18]，而且还要通过对上述组合的自动拣选发现更有可能揭示非预期行为的实验。

乍一看，这个想法似乎是合理的。如果我们能够开发和执行一个应用程序，以“发现”潜在的弱点或实现，并将其呈现给人们以供选择，那么该应用程序将可能“解决”混沌工程实践的一个挑战。进行“选择”工作的应用程序可以分析软件系统，然后将结果呈现给选择运行那个实验的人。在许多方面，这样的努力无疑会很有趣。这种应用程序的最大贡献也许就是在工程师之间创造了对话。

但是，这种应用程序将“自动消除”干扰的基本概念是有问题的。正如 Bainbridge 在她的开创性文章“The Ironies of Automation”中指出的第一个讽刺：

> 自动化方面的设计错误可能是运维问题的主要根源。

进行此自动实验“选择”的算法是否没有 bug？如果不是，这种自动化将需要多少额外投入？应用程序本身是否需要专业知识才能有效运行？

这里具有讽刺意味的（用 Bainbridge 的话来讲）是，旨在使人们的生活更轻松的自动化本身可能会成为人们思考和处理新挑战的问题来源。事实上，自动化不是免费的。

Bainbridge 指出的第二个讽刺是：

> 试图消除运维人员的自动化设计者，仍然让运维人员去执行设计者无法想到的自动化任务。

虽然从理论上讲，我们已经让工程师从探索潜在实验场景的空间中解脱了出来，但我们已经碰到了他们以前没有的新任务：

- 由于系统处于不断变化和使用的状态中，他们必须决定这个自动实验查找器应该多

注 17：这里的“选择”指从实验选项列表中进行实验选择，而不是设计实验。

注 18：Peter Alvaro、Joshua Rosen 和 Joseph M. Hellerstein 的“Lineage-Driven Fault Injection”，2015 年发表在 *Proceedings of the 2015 ACM SIGMOD International Conference on Management of Data-SIGMOD*，doi：10.1145/2723372.2723711。

长时间运行一次。

- 他们还将负责在某些条件下（就像在实验中一样）停止或暂停生产系统上的自动化操作。
- 现在他们将有另一个软件（自动实验查找器）需要维护和扩展，理想情况下将会引入新的改进，并需要在出现 bug 时进行修正。

11.2 总结

混沌工程的出现代表了一个令人兴奋的机遇，我们应该期待它不断发展。尽管有相反的说法，但是这种机会并不意味着软件系统中的错误和事件会变得更少。

相反，这个机会是一种新的且富有成效的方法：在混沌工程实践中，系统工程师和运维人员不仅可以对系统的行为有更深入的理解，而且可以对话周围所有的活动（建立假设，定义稳态，对不确定性或模糊性表达关切和担忧）。当我们持续应对成功软件带来的复杂性时，应该把混沌工程看作这样一种方法：它能够增强只有人才具有的灵活性以及上下文相关的判断能力。

人是包括软件在内的所有技术的受益者。通过实验建立对软件系统的信心之所以重要，是因为这些软件系统对人而言很关键（有时是以多种方式展现的）。

人总是需要在软件的“决策圈中”，因为人能负责，而软件不能：

> 人的一个重要能力是做出承诺并对其预期的行动负责。计算机永远无法做出承诺[注 19]。

利用混沌工程建立信心的能力，最终将帮助人们承担设计和管理复杂系统的责任。

关于作者

John Allspaw 从事软件系统工程和运维超过 20 年。John 的著作包括 *The Art of Capacity Planning* 和 *Web Operations*（都是 O’Reilly 出版的）以及 *The DevOps Handbook*（IT Revolution 出版社）的前言。他在 2009 年与 Paul Hammond 进行的 Velocity 演讲“10+ Deploys Per Day: Dev and Ops Cooperation”帮助开展了 DevOps 行动。John 曾担任 Etsy 的 CTO，并拥有隆德大学的人因学和系统安全硕士学位。

注 19：引用自 Terry Winograd 和 Fernando Flores 的 *Understanding Computers and Cognition*，于 1986 年由 Addison-Wesley 出版。

第 12 章

实验选择问题及解决方案

Peter Alvaro

很难想象一个大规模的、真实世界的系统不涉及人与机器的交互。当我们设计这样一个系统时，通常最困难（也最重要）的部分是弄清楚如何最好地使用这两种不同类型的资源。在本章中，我将说明韧性社区应该重新考虑如何利用人和计算机这两种资源。具体来说，我认为可以利用可观测性基础设施，开发关于系统故障模式的直观展示方法，并最终以混沌工程实验的形式解决这些问题，这里计算机将比人能更好地发挥作用。最后，我提供了一些证据，证明社区已经准备好朝着这个方向前进。

12.1 选择实验

与本书其余部分所讨论的方法关系不大（也可以认为是对其的补充）的是实验选择的问题：选择将哪些故障注入哪些系统中执行。正如我们所见，选择正确的实验意味着先于用户发现故障，还能学习关于大规模分布式系统行为的新知识。不幸的是，由于此类系统固有的复杂性，我们可以运行的不同实验的数量可能是天文数字——组合数量呈指数级。例如，假设我们想详尽地测试涉及 20 个不同服务的应用中，导致节点崩溃的每种可能组合带来的影响。即使是中等规模的分布式系统，也有 2^{20}（超过 100 万）种方式受到节点崩溃的影响。

那不是一个 Bug！

你会注意到，在本节中我一直假设发现“bug”是混沌实验的主要目标。尽管我非正式地使用“bug”一词，但它有两种同等有效的解释，一种狭义，一种广义：

- 分布式系统中一些最有害的 bug 是容错逻辑中的细微错误（例如，与复制、重试、回退、恢复等有关）。这些 bug 通常仅在集成测试中才能被发现，即这些测试产生的实际故障（例如，机器崩溃）可以在代码中潜伏很长一段时间，并在生产中显式导致灾难性问题。我自己的许多研究都集中在此类“时间性故障”[注1]的 bug 上。

- 正如我在本节后段详细描述的那样，只有进行混沌工程实验才有意义。实验中，首先假设系统可以容错这些故障，然后实施注入。如果该实验导致了一个意想不到的结果（比如用户可见的异常、数据丢失、系统不可用等），那么这个假设显然是错误的——我们一定是在某个地方犯了错误！这个错误可能是由于 bug 引发了前面提到的时间性故障，但也可能是配置错误、过于保守的安全策略或防火墙规则，或者在架构层上对基础架构如何运维的误解。而问题往往是这些逻辑错误的组合。好的混沌工程实验能帮助识别这些“逻辑错误”。

阅读本节时，你可以选择你喜欢的“bug”解释。

在如此庞大的组合空间之中，我们如何选择这些耗时耗资源的实验？进行彻底的搜索并非易事——即使是一个中等规模的分布式系统，对其进行所有可能的实验也需要很长的时间。尽管如此，本书还是根据当前的技术水平，提供了两个合理但不够满意的答案。

12.1.1 随机搜索

早期的混沌注入方法（比如，这门学科的名称就来源于猴子[译注1]）随机地搜索故障空间（参见图 12-1）。随机方法有很多优点。首先，它很容易实现：一旦我们枚举了一个故障空间（例如，所有可能的实例[译注2]崩溃组合，混沌猴子 Chaos Monkey 就是用这个简单方法），就可以通过均匀随机抽样的方式选择实验。随机方法也不需要任何领域的知识，它在任何分布式系统上都表现出色。

不幸的是，随机方法在任何分布式系统上的效果都不好。故障的组合空间巨大，以至于仅仅盲目的简单注入不可能发现足够的软件 bug 和配置错误，因为这些问题可能在几个独立故障共同发生时才能检测到。例如，机架顶部交换机失效和数据副本节点崩溃几乎一起发生。迄今为止，随机方法也无法告诉我们目前这些实验的覆盖状况。另外，随机方法也无法告诉我们随机实验应进行多长时间，才能使我们得出结论：被测试系统已足够健壮，可以安全发布新代码。

注 1：Haopeng Liu 等的“FCatch: Automatically Detecting Time-of-fault Bugs in Cloud Systems”，2018 年发表在 *Proceedings of the Twenty-Third International Conference on Architectural Support for Programming Languages and Operating Systems*, Williamsburg, VA。

译注 1：混沌工程的学科名称来源于 Netflix 早期的 Chaos Monkey 工具。

译注 2：此处实例指代亚马逊 AWS 的 EC2 实例，可以简单理解为虚拟机。

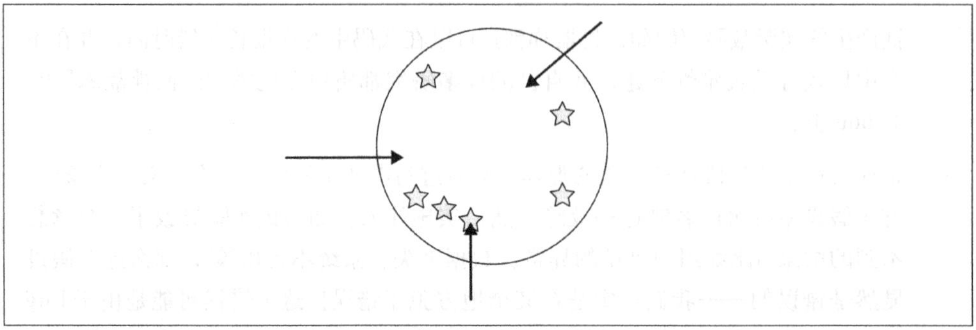

图 12-1：圆圈代表了一个基础设施注入的可能故障空间。在随机实验选择中，单个故障注入实验（用箭头标示）有时会识别出软件 bug（用星型标示），系统本应容错却失效了

12.1.2 专家指导

最新的一种替代随机搜索的方法是本书的主要主题：利用系统专家的领域知识来推动对实验的搜索。专家指导的实验选择（如图 12-2 所示）与随机测试完全相反。这是以大量资源（专家是昂贵的）和时间为代价的，这种方法可以针对系统的特定弱点或极端情况，而不是在任何地方都应用相同的策略。与随机测试不同（随机测试不能从错误中学习，在某种意义上永远不会取得进展），专家指导的实验选择可以利用之前实验的观察（积极或消极）形成新的假设并逐步完善。如果仔细执行，这个改进的过程能逐步发现专家在研究该系统所用的思维模型中的“漏洞”，并通过实验确定这些漏洞，并最终通过发现系统如何容错这些故障的 bug 或获取新证据来填补这些漏洞，以纳入我们的既有假设。

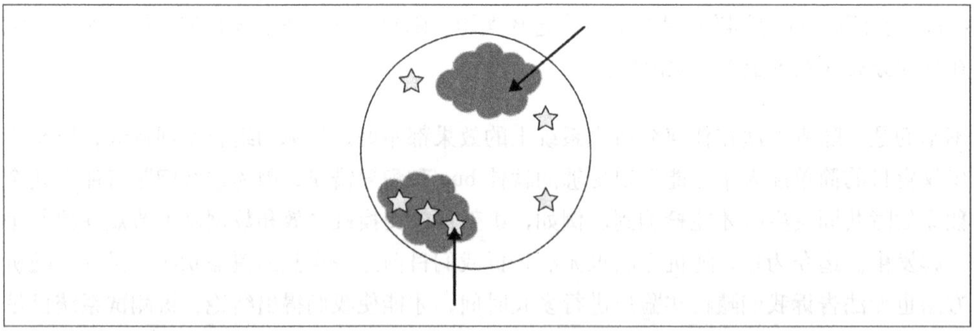

图 12-2：通过利用可观测性的基础设施来解释执行结果（成功和不成功），专家指导的实验选择可以确定实验空间的区域（用云标示），在该区域中已经进行的实验结果可以确定将来不需要再执行的实验。在本例中，一部分实验（用顶部云形状标示）没有出现 bug，它们的踪迹显示了我们无须搜索的区域。其他实验（用底部云形状标示）发现了一个 bug，并告知我们其他 bug 的存在（同样是我们不需要再运行的实验）

不幸的是，企业要开始使用专家指导的实验选择方式，就必须招聘和培养专家。

专家的角色

专家的一部分工作是对故障注入进行筛选：他们必须决定哪些实验需要花费时间、金钱和精力来进行。但是从另一个角度来考虑这个问题更有趣：专家必须决定哪些实验不需要进行。为何我们能选择不去进行某个故障组合空间中的实验呢？因为只有在我们对系统有所了解的情况下才能这样做。更进一步讲，因为我们已经知道如果注入该故障组合将会发生什么！正如你在本书的其他章节读到的，如果我们已经知道某个特定的故障注入实验将触发一个 bug，那么执行该实验其实是没有必要的。相反，我们应该在故障影响到我们的用户之前，集中资源修复它。例如，假设有一个针对某特定服务的实验，发现其故障处理逻辑中有一个关键缺陷。在探索任何其他依赖服务的故障注入之前，这个 bug 要优先修复！因为，我们不可能从这个实验中学到任何新东西，而且很可能给运维团队增加负担。

这里的另一面更有趣：如果知道一个实验不会触发 bug，我们也不应执行该实验。例如，考虑一个服务（称为 X），我们已经通过实验确认它具有软依赖。也就是说，所有调用 X 的服务都已被证明，在该服务宕机时仍能正常运行。现在考虑一个 X 依赖的服务 Y（而不是其他服务），我们在 Y 中注入的任何故障，在最坏的情况下只会被观测为 X 的故障，而我们已经知道整个系统容错这种故障！因此，该故障空间根本不值得探索。

第二个例子说明，除了选择实验之外，专家的一个同等重要的工作是决定以何种顺序运行它们（在这种情况下，我们决定在关注服务 Y 之前对服务 X 进行彻底的实验，服务 X 实验的结果将为我们节省许多实验）。但是，选择正确的顺序需要我们优化许多不同的目标，这些目标可能彼此不一致。首先，正如之前所指出的，我们应该考虑所研究系统的语义，以更好地了解哪些实验可能会给我们带来新知识，从而使我们可以跳过以后的实验。也就是说，我们想利用对系统已有的知识来选择新的实验，从而最快速地增加知识。其次，由于我们想在用户之前发现错误，因此还希望在探索罕见事件（例如，同时丢失三个不同的数据中心）之前，进行与可能的事件（例如，副本的并发故障和两个剩余副本之间的网络分区并发）相对应的实验。

把所有这些放在一起，一个“实验选择”的专家必须：

- 从被测系统的内部知识开始（例如，调用链的拓扑图）。
- 利用这些知识来避免重复的实验，因为这些实验的结果已经可以预测了。
- 进行这些实验时，按照最能增加新知识的顺序，同时优先探索可能注入的故障。

这个过程是迭代的：新获得的知识将指导以后的实验和顺序选择。

但是这些知识从何而来？为了完成工作，专家要求被研究的系统在实验（以及稳态）期间能揭示关于自身的信息。也就是说，需要某种可观测的基础设施——越丰富越好。没有可观测性，就不会有新知识，也就无法完善实验空间。我们稍后再讨论这个问题。

令人困惑的是，人的大脑很擅长遍历广袤的可能性空间，同时还能管理不同的、有时甚至是相互冲突的目标。好的混沌工程师非常擅长他们所做的事情。然而，我们能准确地描述他们成长的过程吗？如果不能，我们怎么有效地培训新员工呢？

人类直觉的可传播性问题

正如你从本书前面的章节中推断出来的那样，关于自动化在混沌工程中的角色，以及自动化与人的专业技能之间的平衡，目前正在进行一场辩论。我想每个人都会同意，我们既不想要一个全人工的系统，也不想要一个全自动化的系统。相反，我们希望把所有让人分心的细节自动化，这样我们就可以在不分心的情况下做自己最擅长的事情。我希望在开始下面的讨论之前，就这一点达成一致。

人特别擅长的到底是什么？这个问题很难回答。有时候，我们在地球上要做的似乎是综合——将现有的想法结合起来，想出一个全新的想法。然而，每过一年，计算机的综合能力都让我们惊讶不已。那么抽象（从具体例子到概念的一般化）呢？这当然是人类最擅长的事情之一。但在这里，机器也显示了很大的希望。也许最好的答案是无中生有的创造：想出一个全新的想法，不涉及现有的、更小的想法的结合。计算机还不擅长这个！这并不奇怪，毕竟我们无法解释是什么让人们擅长于此。在我们能够做到之前，几乎没有希望教会计算机如何做这件事。

人们会说这是直觉——不需要明确推理就能“凭直觉”思考的能力——是人们最擅长的。人有一种惊人的能力，可以根据观察迅速建立联系，然后利用这些联系有效地做出决定。不幸的是，人在向他人解释自己的直觉方面做得很糟糕。当我们基于直觉做决定时，往往不可能回忆起促成这种直觉的观察结果。（尽管它可能很有用！）因此，将人的直觉（通常不能记录或传播）作为业务流程的关键部分是有风险的。如果SRE[译注3]工程师在故障期间，凝视仪表盘片刻后，就将调查范围缩小到特定的可疑服务，那么我们可能会想问他们为什么看到这组信号就能缩小调查范围。他们能讲清楚吗？也许这就是为什么把SRE工程师放到事件之前，就可以有效地训练他们处理事件的能力，但是我们并不擅长拿过去SRE工程师所积累的知识来训练他们。

译注3：SRE，是Site Reliability Engineering的缩写，是一门综合了软件工程各方面，并将其应用于基础设施和运维问题的学科，其主要目标是创建可扩展且高度可靠的软件系统。

2015 年 Netflix 科技博客上的一篇文章[注2]中，Casey Rosenthal（本书的作者）描述了通过一项名为"疼痛西服"[译注4]的思维实验，对复杂系统行为建立"整体的理解"。系统警报以及可观测性基础设施捕获的其他信号，可以通过"疼痛西服"转换为穿戴者皮肤上的疼痛感觉。

他们写道：

> 现在想象你穿着"疼痛西服"呆上几天。一天早上醒来，你感到肩膀疼。你会想，"微服务 X 又在胡闹了"。用不了多久，你就会对系统的整体状态有一种发自内心的感觉。很快，你就会对整个服务有一个直观的理解，而无须了解任何有关事件或显式警报的数据。

我想，如果"疼痛西服"真的存在，它会像这篇文章的作者所描述的那样有效。此外，我认为，类似 SRE 的当前培训方法是合理的。在目前的技术条件下，SRE 以学徒的方式进行培训，将这些未来实验选择的专家置于大量的监控信号中并教导他们，例如，教导他们如何从信号发掘到潜在的事件原因。但是我坚信，对于实验选择问题，这是一个灾难性的且错误的解决方案。

尽管直觉是人能力中最强大的一种，但作为一条普遍规则，我们无法解释它。凭直觉做出的决定并不是理性的，尽管可能是基于某种意义上的观察，但我们已经失去了通过解释将它们联系起来的能力。解释是强有力的：它们使我们的决策背后的理由具有传播性。如果我们可以解释一个决定，就可以教其他人在类似的情况下做出类似的决定，而不会"过度拟合"一个特定例子的细节。如果我们可以解释一个决策，就可以将逻辑编码到一个计算机程序中，并自动完成（部分）决策步骤。混沌工程的既定目标是增加我们对系统的知识，而知识是可传播的。从某种重要的意义上说，穿着"疼痛西服"的 SRE 或现实世界中的同类并不具备知识——他们只是有反应或本能。

我想说的是，人们最擅长的事（也许是最重要的事）就是提供解释。如果我们需要的只是放置在"疼痛西服"中的身体，可以通过事例进行训练，但不能通过其他方法进行训练，那么我们可能应该在里面放一台计算机！这听起来像是深度神经网络的工作，而不是昂贵的 SRE。

注 2：Casey Rosenthal 等的"Flux: A New Approach to System Intuition"，2015 年 10 月 1 日发表在 The Netflix Tech Blog，*https://oreil.ly/dp_-3*。

译注 4：疼痛西服，英文 pain suit，一般是比较紧身的西装，如果穿的时间较长，肩膀、膝盖等关节处会产生疼痛感。这里是比喻的手法，用来形象描绘 Casey Rosenthal 的思维实验。

12.2 可观测性：机会来了

以本书所提倡的原则方式进行混沌工程实验，不仅需要投资于故障注入基础设施，还需要对可观测性基础设施进行投资。毕竟，如果你不能看着它燃烧，那么点燃它又有什么意义呢？在许多情况下，用于确定测试组是否脱离稳态的观测机制，同样可用来解释测试组中的单个请求如何在实验中引入故障的情况下仍然能成功。

例如，调用链跟踪图揭示了互相通信的因果链，从而提供了各个分布式系统的执行状况。如今，大多数请求级的分布式跟踪基础设施，都是基于 2010 年发布的 Google Dapper[注3] 的设计。到 2012 年，Twitter 的工程师已经实现了一个名为 Zipkin 的开源版本。到 2015 年，Zipkin 变体已经激增到许多基于微服务的组织（例如，Netflix 的 Salp、Uber 的 Jaeger）。最近 OpenTracing 为调用链跟踪图提供了一个开放标准。

在拥有调用链跟踪系统的组织中，SRE 和开发人员通常会狭隘地考虑潜在的用例。特别是在最常见的用例中：

- 调用链跟踪图可用于诊断异常执行中出现的问题，例如，了解为什么特定请求失败或耗时比平均用时长得多。这不足为奇，例如，使用 Dapper 可诊断大规模 Google 搜索中的尾延迟问题，但监控基础设施提供的聚合方法并没有很好地解决这个问题。
- 调用链跟踪图由最终用户使用（人机交互问题），因此不在自动化范围内。最近的许多工作都是为了更好地可视化调用链跟踪图，但很少有人对其进行批量分析。

但是，这些用例只是触及了潜在应用的表面，这些应用的跟踪包含了可用的丰富信号。考虑一下 SRE 培训的价值，即研究什么是对的，而不仅仅是诊断出什么是错的[注4]。为了阐述 12.1 节中确定的问题（即选择要运行的实验以及运行的顺序），我们需要了解被测系统的稳态。尽管我们倾向于认为，分布式系统的稳态最好由一系列系统运行状况的聚合度量来表示，但这种 3 万英尺的视图[译注5] 并不能说明全部问题。了解系统的稳态还涉及了解单个请求成功或按预期执行（例如，单个请求或响应的交互）的状况。如前所述，选择正确的实验需要对被测系统的内部逻辑有所理解，尤其是要理解该系统如何容错原先设计中考虑到的故障。这也意味着，不仅要理解系统可以容错某些故障，还要去理解符合预期的实际运行状况。SRE 特别感兴趣的就是这些运行时的调用链跟踪图，这些图有助于说明系统如何容错特定故障或故障组合。

注 3：Benjamin H. Sigelman 等的 “Dapper, a Large-Scale Distributed Systems Tracing Infrastructure”，2010 年发表在 Technical Report (Google)。

注 4：在韧性工程中，此概念称为安全 II。请参阅 Eric Hollnagel 的说明，*https://oreil.ly/sw5KR*。

译注 5：3 万英尺原指飞机的巡航高度。在这个高度，从飞机上往下看时，是看不到人的。这里是比喻的说法，代指系统状态的聚合就像是 3 万英尺的视图，看不清单个请求的处理状况。

12.2.1 直觉工程的可观测性

虽然可观测性基础设施表面上的目的是在现场出现故障时协助观测，但我们可以看到，在这种情况下，该基础设施可用于协助专家构建所研究的系统模型。人们不禁要问——尤其是考虑到我前文中提出的关于直觉自动化的研究问题，即“人类到底擅长什么？”我们是否可以利用这些线索来训练计算机（而不是专家用户）执行智能实验选择。“疼痛西服”没有真正地自动化直觉：它可以将信息自动呈现给人类专家，而专家的工作是建立（然后释放）直觉。我们应该考虑如何端到端地自动化该过程，以便为我们永远无法自动化的任务节省宝贵的人力周期。

跟踪链驱动的故障注入

尽管这绝不是唯一实现此目标的方法，但 Disorderly Labs[译注6] 对跟踪链驱动的故障注入[译注7]（以下简称 LDFI）的研究表明，只要稍加创新就可以回答实验选择的直觉是否可端到端自动化。LDFI 填补了我在本章其余部分描述的 SRE 专家角色，涉及可跟踪基础设施提供的解释能力，还能构建由故障注入基础设施执行的实验。

LDFI 背后的第一个关键思想是，系统跟踪通常使用各种冗余形式来揭示分布式系统如何围绕故障工作。在我看来，容错和冗余是同一件事：如果一个系统为分布式计算成功提供了足够多的不同方法，而某些计算的部分失败并不影响成功，那么这个系统就是容错的！这种冗余体现在多个维度上：复制、故障转移、重试、检查点和上游备份，以及提前写日志。第二个关键思想是，这种冗余经常在系统跟踪所提供的解释结构中表现出来。例如，超时和故障转移到冗余的无状态服务实例，或者回退到替代服务，在解释中会显示一个新的“分支”。类似地，当软依赖失败时，调用链跟踪图会告诉我们，计算成功与否并不依赖该子模块。随着时间的推移，形成一系列成功的调用链跟踪图，其历史记录可以揭示各种可选的计算方法，哪些方法单独就能使计算成功，以及哪些关键的计算方法会影响整体的成功。作为一个规则，前者给我们关于可以不做哪些实验的提示，而后者告诉我们哪些实验应该优先进行。

在这之后，剩下的就是建模和工程化了。我们选择了一种特殊的、相当简单的方法，对包含在系统跟踪中的信息建模：布尔公式。这是相对简单的，将成功执行的跟踪信息转换成公式，一旦我们这样做了，选择“好实验”的问题（可能会发现 bug 或尚未建模的冗余状况），就可以变成一个决策问题，放在高效、现成的布尔可满足性问

译注 6：Disorderly Labs 的官方网站 *http://disorderlylabs.github.io*。

译注 7：跟踪链驱动的故障注入（Lineage-driven Fault Injection，LDFI）是一种自上而下的方法，它使用跟踪链和故障注入来仔细发现分布式系统中的容错 bug。如果找到了错误，则会向用户提供该 bug 的跟踪链，以帮助发现该 bug 的根本原因。如果未发现错误，则 LDFI 会提供某些保证，即该特定配置没有可能的 bug。

题[译注8]的求解上。同样，为了确定实验的优先级，我们可以根据调用链跟踪图的拓扑结构，或特定服务或硬件出现故障的可能性进行排名，并对排名信息进行编码。使用该排名，我们可以将相同的布尔公式提供给整数线性规划（ILP）[译注9]求解器，并要求其找到最佳解决方案（实验），使排名最大化。通过微调排序函数，我们可以使用试探式编码，比如“首先探索最有可能的故障，但在同样可能的故障中，优先探索那些（基于拓扑信息）最有可能排除更多实验的故障”。为了让 LDFI 在各种行业合作伙伴（包括 Netflix、华为和 eBay）工作，需要一定的集成工作。例如，从特定跟踪部署中提取的相关信息，既不会是两次完全相同的工作，又不会是两个相似的自定义故障注入基础设施。将这些部分“粘合”在一起的过程，可以被认为是在建立一组抽象映射。我们在最近的一篇论文[注5]中对此进行了描述。

布尔公式只是构建模型的一种可能方法，还有其他方法。也许最适合分布式系统的不确定这个特性的是概率模型或经过训练的统计模型（例如深度神经网络）。这些都超出了我的专业领域，但是我非常想找到合作者，并招募有兴趣解决这些问题的研究生！

这里，我的目的不是宣传 LDFI 方法本身，而是提供一个示例，以说明我在“人类直觉的可传播性问题”中，提倡的那种端到端“直观自动化”在实践中是可能的。希望我已经说服了你，如果你的组织已经有一个成熟的 SRE 文化和基础设施，那么所有必备的基础已经在那里，可以开始直觉的自动化。与其通过学徒制培训 SRE 成为专业的实验选择者，不如试着花时间自动化实验选择的过程。然后它就可以独立工作，当发现错误时，就可以召集那些专家，解决这个看起来（至少在表面上[注6]）很难自动处理的问题：问题跟踪和 bug 修复。

12.3 总结

目前，直觉工程的技术是存在缺陷的。我们需要的是“直觉自动化”——针对混沌工程

译注 8：布尔可满足性问题（Boolean Satisfiability，SAT），是世界上第一个被证明的 NP- 完全问题。SAT 问题在计算机科学、复杂性理论、密码系统、人工智能等领域发挥着至关重要的作用。许多包含数以万计变量和数百万约束的组合问题都可运用 SAT 求解技术处理。SAT 求解器作为核心搜索引擎应用广泛。

译注 9：整数线性规划（Integer Linear Programming，ILP），常应用于根据有限的资源确定投资方案的顺序，使有限的资源取得最大的效益。

注 5：Peter Alvaro 等的“Automating Failure Testing Research at Internet Scale，2016 年 10 月发表在 *Proceedings of the 7th Annual Symposium on Cloud Computing* (SoCC 2016), Santa Clara, CA: ACM。

注 6：Lennart Oldenburg 等的“Fixed It For You: Protocol Repair Using Lineage Graphs”，2019 年发表于 *Proceedings of the 9th biennial Conference on Innovative Data Systems Research* (CIDR 2019), Asilomar, CA。

实验的选择，训练计算机以取代专家的角色。社区有不断改进的可观测性基础设施，使用它们训练专业的实验选择人员当然是可能的，但也是昂贵的、不可靠的，而且很难能重复进行。如果我们可以训练机器像这些人类专家一样完成出色的工作，那么应该马上开始这样做，节省宝贵人力周期完成人类唯一适合的任务，例如，对新情况做出反应并提供相应的解释。

关于作者

Peter Alvaro，加州大学圣克鲁兹分校的计算机科学助理教授，领导着该校 Disorderly Labs 实验室研究小组[译注 10]。他的研究专注于使用以数据为中心的语言和分析技术，构建和推理数据密集型的分布式系统，使其具有可扩展性、可预测性和健壮性，应对大规模分布式系统中常见的故障和不确定性。Peter 在加州大学伯克利分校获得博士学位，师从 Joseph M. Hellerstein。他是美国国家科学基金会 CAREER 奖和 Facebook Research 奖的获得者。

译注 10：Disorderly Labs 的官方网站 *http://disorderlylabs.github.io*。

第四部分

商业因素

混沌工程的存在是为了解决真实的商业需求。这个诞生于 Netflix 的学科，如今已被数千家公司所采用。其中很多公司并不是软件公司。本书的这一部分更多地讨论了混沌工程如何适应更大范围的业务问题。

第 13 章从业务角度解决了有关实践最重要的问题，即：我们如何证明采用混沌工程提供的价值能超过成本？“证明混沌工程的投资回报率并不容易。在大多数情况下，在你清楚表达实验价值之前，你几乎会立即感受到它的价值。”本章提供了一个考虑投资回报率的模型并将其应用于实践。

在第 14 章中，Russ Miles 通过强调业务领域与科学追求之间的关系，以不同的视角来看待业务问题。“就像所有科学一样，混沌工程在高度协作的情况下是最有价值的——每个人都可以看到正在进行的实验、何时开始实验，以及取得了什么发现。”他提供了充分的理由来说明运用好开源工具、实验和社区，就能从混沌工程中获得最大价值。

对于将要采用混沌工程实践的组织来说，最常见的问题是从哪里开始，以及如何进行混沌工程。第 15 章提供了有关如何评估现有混沌工程项目的路线图。这个路线图对如何改进实践以实现更高成熟度，并从中获得更多价值的方法提出了建议：“高度成熟和普遍的混沌工程，是软件行业积极主动地改善软件可用性和安全性的最佳方法。”

无论是考虑在组织中采用混沌工程实践，还是寻求改进现有的实践，本书的这一部分都将提供指导，从而将混沌工程这门科学与商业实用主义相结合，创造出更大的价值。

第 13 章 混沌工程的投资回报率

"只有事故真的发生了，才能有故事可讲。"

——John Allspaw

混沌工程是一门务实的学科，旨在为企业提供价值。要想让混沌工程实践取得成功，最难以克服的障碍就是如何证明其结果具有商业价值。本章讨论将混沌工程与商业价值建立联系的诸多困难，描述了一种有条不紊地追求投资回报率的模型——Kirkpatrick 模型，并给出了 Netflix 使用混沌工程自动化平台（Chaos Automation Platform，ChAP）建立投资回报率的实例。

13.1 减少事故所带来的好处转瞬即逝

想象你正以某种一致的方式度量服务的正常运行时长。你发现正常运行时长已经达到两个 9[注 1]。然后你实践了混沌工程，随后系统的正常运行时长变成了三个 9。此时该如何证明这个好处应归功于混沌工程实践，而不是同时期的某些其他变革呢？如何归因是一个难题。

此外，还有另一个令人困惑的障碍——混沌工程所带来的改进都具有自我限制的特点，因为其所带来的最明显的好处都是转瞬即逝的。由混沌工程所触发的改进并没有为系统安全带来持久的好处，而是倾向于引来其他业务方面的压力。比如，如果混沌工程提高了系统可用性，那么企业就很有可能会更快地发布功能。而这将提高团队应对复杂性的难度，反过来会让保持上述可用性水平更加困难。

注 1：9 的个数是度量正常运行时长的常用方法。两个 9 表示服务能在 99% 的时间内正常运行，三个 9 表示服务能在 99.9% 的时间内正常运行，以此类推。9 的个数越多，就越好。五个 9 表示系统每年的停机时长少于 5.5 分钟。请注意，即使在一定时间内，以某种一致的方式进行度量，这么短的时长也是非常难以度量的。并且，对于大多数系统而言，高于五个 9 的指标也是毫无意义的。

因此，如果混沌工程能获得成效，那么收益可能是无形的。而且，如果成效显著，那么与之竞争的业务方面的压力会将收益抵消。从表面上看，这似乎是没有赢家的局面，但所幸还存在一线希望。要想显式地可视化混沌工程的价值，就必须付出额外的努力。有时，价值可以直接与业务成效联系在一起，而有时则不能。这通常取决于可以为度量价值付出多少努力，以及可视化价值的方法。

13.2 Kirkpatrick 模型

Kirkpatrick 模型提供了一种评估投资回报率的方法。这个自 20 世纪 50 年代就被提出的模型将最常见的评估迭代分解为以下四个级别：

- 第 1 级：反应
- 第 2 级：学习
- 第 3 级：转移
- 第 4 级：结果

这 4 个级别是递进的关系。第 1 级相对简单，且价值较低。而第 4 级常常难以实现，但价值较高。

该模型用于学术界和公司培训项目等教育领域，以评估教学或培训计划的有效性。由于混沌工程向人们传授了有关他们自己系统的知识，因此可以将其视为一种教育活动。所以，Kirkpatrick 模型的大部分内容都适用于混沌工程的结果。

13.2.1 第 1 级：反应

该模型首先会进行非常基本的评估：受训人员会如何响应培训？我们可以通过问卷、访谈甚至非正式对话的方式，来评估受训者对培训的反应。在混沌工程的上下文中，系统的所有者和操作者都是要进行有关系统性漏洞方面教育的对象。他们既是系统安全性的学员，也是干系人。我们希望这些干系人告诉我们混沌工程实验是否对他们有所帮助。他们是否觉得自己已经从实验中学到了什么？他们是否喜欢 Game Day 里的练习？他们对所实施的混沌工程计划有何看法？他们是否会建议继续维持或扩大该计划？如果答案是肯定的，则可以认为 Kirkpatrick 模型中的第 1 级评价为积极，且展示了最初步的混沌工程投资回报率。如果答案不是肯定的，则 Kirkpatrick 模型会告诉我们，混沌工程计划很可能是无效的，因此对于混沌工程的实施应该终止，或应进行重大调整。当看不到培训计划的价值时，教育就起不到应有的效果。

13.2.2 第 2 级：学习

如果作为干系人的系统操作人员对混沌工程计划感到很满意，那就非常好。该模型的下一个阶段将进一步证明他们学到了一些东西。而这可能是实验引导者们在 Game Day 期间明显要承担的职责。他们可能会写下在实验中的发现，例如，“团队了解到，生产系统意外地依赖位于准生产测试环境中的 Kafka 集群”。或者，“团队了解到，两个第 2 层服务的故障将导致第 1 层服务的中断，从而引发灾难性的故障”（希望能通过适当减小爆炸半径来了解相关的组件）。在非 Game Day 的实验中可能很难识别所学到的教训。如果有一种机制可以记录将被证明的假说，那么这至少可以作为列举从混沌工程计划中所学内容的第一步。根据 Kirkpatrick 模型，列举所收获的经验教训构成了混沌工程这一级别的投资回报率。

13.2.3 第 3 级：转移

能列举出从第 2 级中所学到的经验教训，就是建立培训计划投资回报率的坚实基础。而如果能将其转化为实践，那么效果会更好。Kirkpatrick 模型中的第 3 级试图将所学到的知识转化为行为。如果混沌工程能让系统操作人员和干系人掌握系统容易受到攻击的地方，那么我们就希望能在某些地方看到所学知识对这些人员行为的影响。我们可以寻找这些人员（操作人员、工程师、其他干系人，甚至是管理人员）诸如以下的行为变化：

- 他们是否会修复漏洞？
- 他们是否改变了系统的运维策略？
- 他们是否以更健壮的方式构建服务？
- 他们是否增强了有助于系统韧性的自适应能力？
- 他们是否将更多资源分配给有关安全性的实践，例如代码评审、更安全的持续交付工具和混沌工程实践？

如果能够通过混沌工程实践而产生行为的变化，那么根据 Kirkpatrick 模型，就有充分的证据证明混沌工程计划正在发挥作用。

13.2.4 第 4 级：结果

在 Kirkpatrick 模型中，最难评估培训计划有效性的是最后一级。因为有太多因素会影响业务成果，即使将一个混沌工程特定的效果与业务成果相关联，也不能做出清晰的对比。无论目标是减少停机时间、减少安全事故，还是减少处理明显服务降级上所花费的时长，企业都首先需要有理由来启动混沌工程。企业在投资混沌工程后是否得到了所期望的结果？混沌工程计划需要投入大笔资金。可以将停机时间的减少、安全事故的减少或服务降级的减少与混沌工程计划的实施相关联吗？如果可以的话，那么就能形成商业案例。而这仅仅是将混沌工程计划的成本与商业结果价值进行比较的问题。根据Kirkpatrick 模型，这是要追求的最终也是最重要的层次。

从第 1 级到第 4 级，Kirkpatrick 模型中的级别为投资回报率提供了越来越强的证据。但执行难度也越来越大。Kirkpatrick 模型假设需要证明投资回报率的程度与在混沌工程方面的投入相对应。因此，这也能确定所追求的混沌工程的水平。例如，如果有一个非常轻量级的混沌工程计划，且并不需要花费企业太多的预算，那么第 1 级可能就足以评估投资回报率。比如，向 Game Day 的参与者发送问卷调查表，看看他们是否觉得自己能从这次活动中受益，这就足够了。而在模型的另一个极端，如果拥有一个由许多工程师组成的团队完全致力于混沌工程计划，那么就可能需要追求第 4 级。此时可能需要一种对事故进行分类的方法，并表明随着时间的推移，某些类别的事故发生的频率、持续时长或危害程度正在逐步减少。

13.3 投资回报率替代方案示例

本书的其他部分介绍了 Netflix 的混沌工程计划。其中应用程序 ChAP（详见第 16 章）是一笔巨额投资，需要对其投资回报率进行相应的展示。除了 ChAP，Netflix 还一直不断地进行其他一些改进可用性方面的工作，因此不加区分地记录可用性方面的改进是不够的。ChAP 所取得的成效必须与其他工作区分开来。

ChAP 会以下述方式生成假说——“即使在 X 条件下，用户仍然拥有良好的使用体验”。然后，ChAP 会试图推翻该假说。实际情况是，大多数假说都无法推翻，所以这让人对该系统拥有了更多信心。每隔一段时间，一个假说就会被推翻。每个被推翻的假说都是一个教训。干系人原认为系统会以一种方式来运行，但 ChAP 向他们表明事实并非如此。而这就是 ChAP 的主要价值。

每个被推翻的假说都会对应于某个业务 KPI。而这些 KPI 在变量组和对照组之间会有所不同。以 ChAP 为例，其主要的 KPI 是每秒开始流式传输多少个视频文件，称为 SPS (start-streaming per second)。对于每个推翻的假说，ChAP 记录了 SPS 所受到的影响——可能影响了 5%，也可能影响了 100%，等等。

在实际事故中，ChAP 也会记录 SPS 所受的影响。例如，SPS 下降 20% 的事故平均可能会持续 15 分钟。利用这种概率分布就可以将被推翻的假说粗略地换算为实际事故的持续时长。随着时间的推移，将损失的 SPS 进行汇总，就可以最大限度地估算漏洞所造成的影响（如果该漏洞确实出现在生产环境中）。

由于在 ChAP 中安全地发现了漏洞，从而阻止它们在生产环境中爆发并有机会影响所有用户，所以针对每个被推翻的假说，使用上述估算方法就可以预测能“挽回”多少 SPS 危害。将这些“挽回的 SPS”加起来，并随时间的推移绘制图表，就能显示该度量指标会每月持续上升（前提是至少每月要推翻一个假说）。这就表明 ChAP 正在不断增加价值。这也能表明该度量指标与混沌工程实践的意义之间存在着一个隐含的一致性。ChAP 作为 Netflix 混沌工程计划的一部分，其投资回报率就这样建立起来了。

根据 Kirkpatrick 模型，对 ChAP 的投资回报率的评估仅达到了第 2 级。因为该评估只证明了学习成果。而对于所发现的漏洞，该评估既没有去展示工程师的行为随着时间的推移而有所不同，又没有建立评估结果与更好的系统可用性之间的相关性。如果有必要为投资回报率确定一个覆盖范围更广的案例，那么就必须为第 3 级找到并记录工程师的行为所发生的变化，并且为第 4 级找到下述相关性——从被推翻的假说中所吸取的教训，与更好的系统可用性或其他业务目标之间的相关性。就目前而言，用“挽回的 SPS”来建立投资回报率的方法还是令人信服的。

13.4 附带投资回报率

通过从业务目标角度出发的基本指标，上述 ChAP 示例显示了混沌工程切实的结果。但从混沌工程中汲取的许多教训却与混沌工程演练的主要目标无关。这些教训与混沌工程相关，但通常在之前的假说评估时未曾想到。我们将其称为“附带投资回报率”，即所产生的收益与混沌工程演练的主要目标不同，但仍能为投资带来“回报”。

在混沌工程 Game Day 演练之前的对话中就可以看到这一点。在 Game Day 的设计阶段中，参与者需要事先挑选出来。需要确定演练相关系统中的干系人，并将其聚集在一起。然后对这群人首先提出一个问题——当满足 X 条件时，你认为会发生什么？

这样的提问在“附带投资回报率”方面会带来两个好处。第一个好处很明显，就是能构想出潜在的场景。以往被孤立的一些知识会浮出水面——因为对某个人显而易见的结果通常能对另一人产生启示。在此阶段，许多 Game Day 的安排都会被修改。因为 Game Day 的引导者所认为值得进行分析的假说最后很可能会被认定将导致系统故障。此时，进行这些实验就没有任何意义。此时应解决潜在的漏洞，然后在后面的 Game Day 再进行验证。之后，就可以为这次 Game Day 换另一个假说来分析。

相比第一个好处，第二个更加难以描述。通常情况下，聚集在一起进行混沌工程演练的人们以前从没有进行过合作，甚至素未谋面。而演练提供了让知识孤岛浮出水面的机会，还为人与人之间的互动打下了基础，从而让他们朝着改善系统安全性的目标共同努力。这就是演练要达到的效果。通过对协同工作进行演练，能让团队面临真实事故时可以更好地协作。

再看前面的示例，想象一下，这些人第一次见面，发生在生产系统正在出现事故的情况下。而此时，彼此进行自我介绍，并适应个别人的沟通特点，这要花费大量时间。这就是在“附带投资回报率”方面的另一个来源。

事故响应令人生畏，并且常常会令参与者感到困惑。由于人类是基于习惯的动物，因此演练就是让工程师为生产系统做好技术支持值班的最佳方法。就像消防演练、心肺复苏术或其他更彻底的演练（如运动训练）的成效一样，让人们在模拟的状况下经受锻炼，能为他们处理真实事件打好基础。这些演练不能全部记录在文档中。仅依靠执行手册还是不够的。接触事故处理的工具和过程，以及应对随之而来的响应，会构建一个无法言说的上下文。这种无法言说的上下文比任何写出来的东西都能更好地传达出对系统安全性的期望。

与所有混沌工程实践一样，Game Day 的目的并不是引发混沌，也不是要引起人们的不适。事故响应本身就充满了混沌。这里的“混沌工程”的目的是提供一种可控的情况。在此情况下，人们可以学会应对混沌，并朝着他们想要的结果（在上述示例中，就是快速且持久的事故补救措施）前行。

13.5 总结

要展示混沌工程的投资回报率并不容易。在大多数情况下，虽然可以立即体验到混沌工程实验所带来的价值，但在具体描述时却发现难以落笔。如果这种感觉足以证明混沌工程计划的合理性，那么设计更客观的度量方式就变得没有意义。如果需要进行客观地度量，那么可以按照本章所介绍的 Kirkpatrick 模型来进行。该模型的 4 个级别提供了一个框架，以逐级构建更具吸引力的投资回报率的证据，并付出相应的努力，来揭示混沌工程的价值。这会是一项艰苦的工作，但其间所使用的工具可以为揭示混沌工程的投资回报率奠定坚实的基础。

第 14 章

将心态、科学和混沌开放

Russ Miles

混沌工程这门科学要寻找系统存在弱点的证据。面对正在快速演化的现代化系统，这些弱点会隐藏在这些系统的本质复杂性中。寻找弱点需要通过基于经验主义的实验来完成。这些实验会将动荡但受控的条件注入以下因素的组合中——基础设施、平台、应用程序甚至人员、过程和实践。

像所有科学一样，混沌工程在高度协作的情况下最有价值——每个人都可以看到哪些实验正在进行、何时进行实验以及实验发现了什么。但是，就像科学一样，如果以某种方式阻碍了其协作的性质，那么这一切都会像纸牌屋一样崩塌。

14.1 协作心态

想象下面的两种心态。第一种心态的工程师会遵循以下思路思考："我只是想发现弱点。我迫不及待地想要拿到所有人的系统，给它们注入各种有趣的伤害，向所有人展示为什么他们应该改善自己的系统。"

具有这种心态的团队，会专注于对其他人的系统制造混沌。虽然目标仍然是学习，但是当混沌工程团队开始针对其他人的系统进行实验时，双方很可能会形成冲突关系，而学习的目标很容易被人遗忘。而针对其他人的系统来做混沌工程才是问题的关键。怀有这种心态的混沌工程团队通常会指着其他人的系统说："这里有问题！"即使能更进一步对实际拥有这些系统的团队说："这里有一些潜在的解决方案。"仍然会遭到强烈的抵制[注1]。

注 1：确实，当质量保证团队与开发团队之间存在重重矛盾时，这种冲突关系就很常见。如果将质量变为"别人的工作"，让开发人员专注于功能实现，让测试人员专注于质量保证，那么通常会让相关人员、代码质量和功能交付速度遭受损失！这就是为什么质量应该是开发团队的责任，因为质量是功能开发的核心实践，而不是辅助措施。

是否会听到这样的抱怨："混沌工程团队正在让我们的开发速度变慢。"在这种冲突关系下，事态会迅速恶化，以至于混沌工程又被视为需要规避的一件事，最终甚至会遭到团队拒绝。如图 14-1 所示。

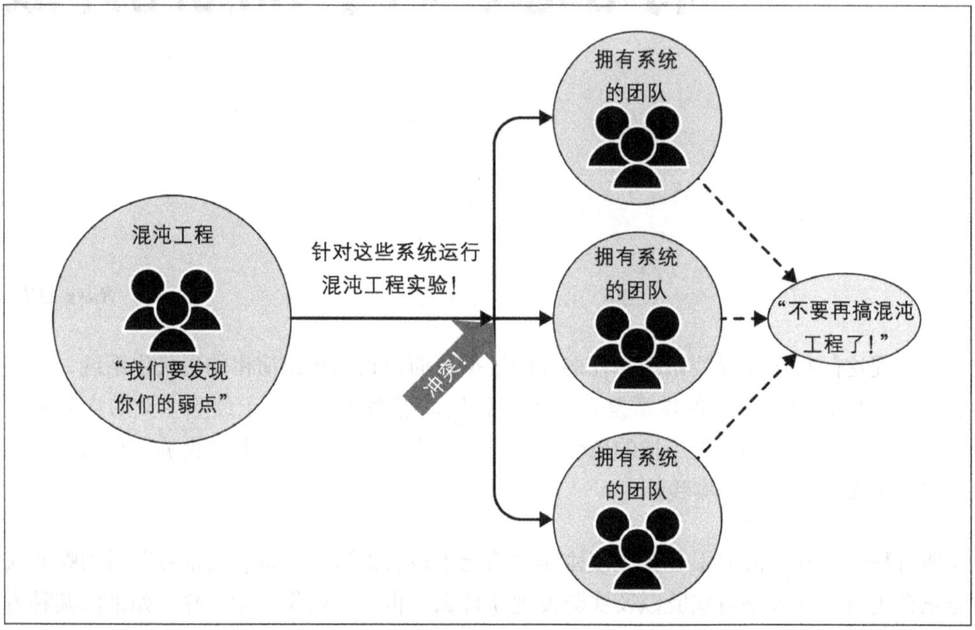

图 14-1："混沌工程师与我们"之间冲突的关系

与之相反，第二种心态是："我迫不及待地想帮助团队改进他们的系统。他们的系统难以正常运行。因此，我期待着帮助他们发现系统中的弱点，以便他们可以从相关证据中学习，并构建更具韧性的系统。这会使他们的生活更轻松一些。"

在上面第二种心态的例子中，混沌工程师正在与工程团队合作。他们正在探索自己系统的弱点，而混沌工程实践可以提供帮助，并通过工具提供支持。当每个人都参与揭示"暗债"和提供解决方案时，就能大大降低"混沌工程师与我们"之间产生冲突关系的机会。如图 14-2 所示。

上述两种做法截然不同，两者之间的差异描述乍一看很主观。你想使用哪种做法在公司启动混沌工程计划？一旦启动，采用第一种做法的团队很容易让混沌工程在组织中陷入失败，而第一种做法有助于使混沌工程取得成功。健康的混沌工程计划必须具备协作和对系统可靠性的共同所有权。

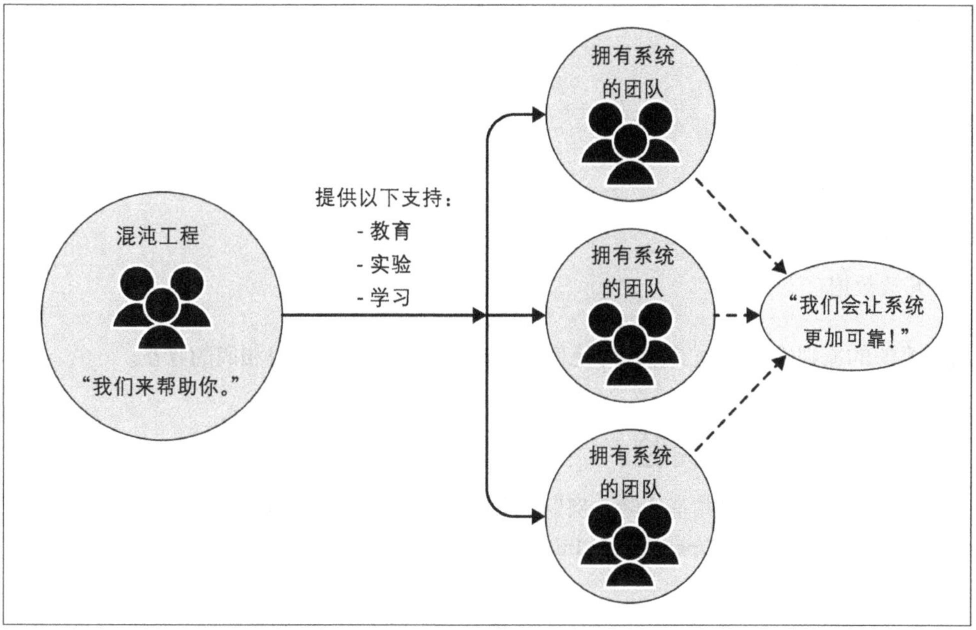

图 14-2：混沌工程能力与负责发现和应对系统弱点挑战的团队之间的支持关系

14.2 开放科学与开放源代码

超越共同所有权的是合作。即使设法搜集系统漏洞的证据，但如果这些证据被锁定在专有系统或专有协议中，或以专有格式存储，则其真实价值就会受到损害。使混沌工程能在组织中蓬勃发展，其实也是使科学本身能在社会中蓬勃发展，仅确保任何人都能实践混沌工程还是不够的。

混沌工程需要开放到有可能发挥其真正潜力的程度。混沌工程的全部价值取决于针对人们所设计并选择执行的实验。进行开放学习，进而可以在团队、部门、组织乃至整个世界公开分享这些实验的结果。

科学也有同样的需求。就开放而言，科学在克服商业和社会约束方面有着悠久的历史，各个领域都已面临和应对过各种挑战。开放科学运动“使科学研究（包括出版物、数据、实物样本和软件）及其传播可被社会上所有感兴趣的阶层（无论业余或专业人士）所使用”[注2]，并且通过以下六个原则来做到这一点：

注 2：参见 Ruben Vicente-Saez 和 Clara Martinez-Fuentes 的文章“Open Science Now: A Systematic Literature Review for an Integrated Definition”，*Journal of Business Research*，第 88 期（2018 年），第 428-436 页。

- 开放教育资源
- 开放获取途径
- 开放同行评审
- 开放方法论
- 开放源代码
- 开放数据

遵循类似的原则实践混沌工程，可使你和你的组织从开放中获得相同的收益。

14.2.1 开放混沌实验

为了在所有相关方之间共享实验，实验中包含的内容需要定义下来。我协助发起的一个称为“开放混沌计划”(Open Chaos Initiative) (*https://openchaos.io*) 的小组，定义了如下实验中要包含的内容：

实验说明

对于混沌工程来说，实验是头等大事和顶级概念。一个实验包含一个贡献列表、一个稳态假说、一套方法，以及一些回滚措施（可选）。说明中可能还包含一个标题、一些用于标识的标签，以及有助于实验执行且标明出处的配置信息。

贡献表

贡献表定义了此实验要针对系统的哪些重要关注点，以帮助建立对系统的信任和信心。

稳态假说

稳态假说描述了系统的“正常状态”。当测量值与系统所声明的“正常”耐受值相比后，实验就能揭示出有关系统弱点的信息。通常，稳态假说包含探测。而探测与耐受性度量一起，能够指出系统是否运行在耐受范围内。

方法

方法会产生混沌工程实验探索所需的动荡条件。通过一系列活动，正确的动荡条件能以受控或随机的方式产生。此处的活动既可以是“行动”，也可以是“探测”。

探测

探测是观察正在进行实验的系统中一组特定条件的方法。

行动

行动是在实验条件下，施加到系统上的特定活动。

回滚

回滚包含一系列行动，这些行动可以回退实验期间尚未完成的操作。

虽然上述概念的实现方式取决于上下文，并且可能有很大的不同，但是在现实世界也有参考实现[注 3]。

实验的执行如图 14-3 所示。

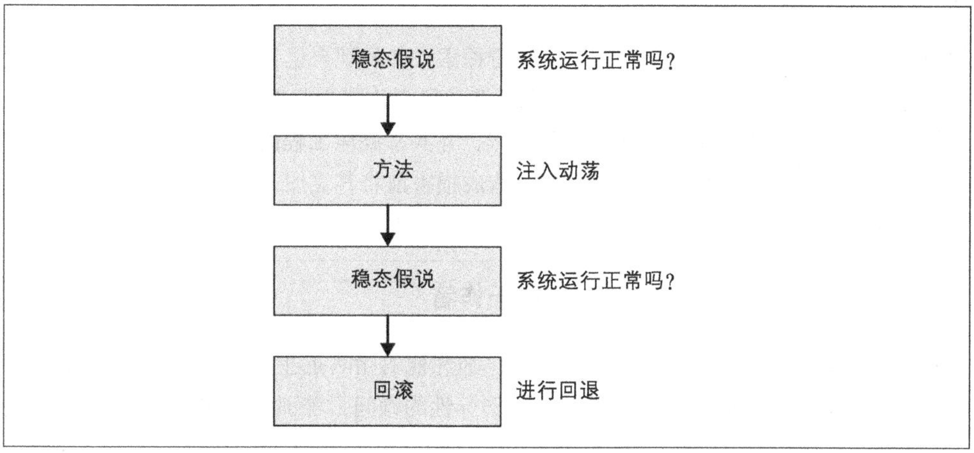

图 14-3：开放式混沌工程实验执行流程

上述实验执行流程的一个有趣部分是两次使用了**稳态假说**。在实验开始时使用一次稳态假说，以确保在继续进行实验之前，系统可识别为“正常”状态。然后，当应用了动荡条件，利用实验进行探索时，再次使用稳态假说。对**稳态假说**的第二次评估至关重要，因为这样做要么表明系统经历动荡条件后已经“幸存”了下来，因此系统是健壮的；要么表明系统已偏离正常状态，此时有证据表明系统存在潜在的弱点。

14.2.2 实验的发现，可共享的结果

定义便于执行和共享的实验只成功了一半。如果无法分享实验的发现和潜在的弱点证据，那么协作将再次受到阻碍。

因此，“开放混沌计划”还定义了实验执行日志中应出现的概念。其中的关键概念是：

注 3：这些概念在实践中的具体示例，可以在“开放混沌公共实验目录”中找到：*https://oreil.ly/dexkU*。

- 有关实验本身的信息。
- 实验执行的状态和持续时长。

这里没有提供真实世界中实验执行日志的示例，但即使是实验的简单记录也有助于开放式协作，即使每种情况都是特定于上下文和具体实现的。

通过互相分享以及协作学习，我们可以在探索各种系统的交互时发现其弱点。在混沌工程周围所形成的社区就是这样一个例子。

14.3 总结

混沌工程需要自由，以便每个人都可以进行探索，并发现自己系统中的弱点的证据。这需要开放的工具和开放的标准，此时可以从开放科学的概念获得帮助。通过“开放混沌”的标准，甚至可以通过开放的 API 进行协作，并共享混沌工程的实验和发现。从彼此的经验中学习，就可以在系统的弱点对用户造成损害前将其克服。混沌工程所提供的可靠性不应作为差异化竞争优势。共同努力，我们都会更加强大。

关于作者

Russ Miles 是 ChaosIQ.io 的首席执行官。他和他的团队正在开发产品和服务，以帮助客户验证系统的可靠性。 Russ 是一位国际性的顾问、培训师、演讲者和作者。他的最新著作 Learning Chaos Engineering（O’Reilly 出版社）探讨了如何通过应用混沌工程技术，在系统弱点影响用户之前就发现它们，从而建立对现代复杂系统的信任和信心。

第 15 章

混沌成熟度模型

当 Netflix 的团队撰写有关混沌工程的第一本书[注1]时，他们引入了“混沌成熟度模型”。这最初只是个玩笑，来取笑 20 世纪 80 年代末和 90 年代初的 CMM（Capability Maturity Model，能力成熟度模型）。而 CMM 是卡内基 · 梅隆大学开发的“能力成熟度模型”，用于分析软件开发过程。该框架描述了一个非常烦琐的过程，与 Netflix 的文化形成鲜明反差。在 Netflix，“过程”是一个坏词儿。

然而随着 Netflix 的团队接触了该模型后，切实看到了它的意义。上面说到的玩笑已不再是玩笑。混沌成熟度模型实际上可以提供价值，尤其能为那些寻求评估，并想增加对混沌工程实践投资的组织提供价值。

从广义上讲，整个软件行业的同质性不足以支持混沌工程行业标准的产生。对于不同公司而言，它们的基础设施、文化、期望和成熟度相差太大，以至于无法给出一个现成的解决方案，来让它们在某些基本的特性上做对比。舍弃了制定行业标准，混沌成熟度模型提供了一种可以滑动的级别，可以在此基础上评估不同的混沌工程实践，以进行对比和完善。

本章将讨论混沌成熟度模型框架。该模型框架可用于标出团队或组织在框架地图上的位置。如果其他实践混沌工程的人所走的路线有可能取得进展，那么该地图就能从视觉上展示团队可以往哪个方向改进。混沌成熟度模型地图有两个坐标轴：采用度和复杂性。这两个方面都可以独立探索。

15.1 采用度

混沌工程最常见的问题是如何使管理人员接受这一概念。Winston Churchill 说过一句名言：“不要浪费每一场好危机。”把这句话用在混沌工程上非常贴切。如本书导言所述，

注 1：参见 Ali Basiri 等人所著的报告“混沌工程”（Sebastopol, CA: O'Reilly，2017 年）。

混沌工程这门学科诞生于 Netflix 的危机。2008 年 Netflix 将数据中心迁移到云期间的停机事故促成了混沌猴的发明。而混沌金刚是在 2012 年平安夜停机事故之后发明的。

虽然感觉就像是在出事后追在救护车后面，去招揽人身伤害案件生意的律师那样，但有时帮助某人的最佳机会，就是在他们事前没有寻求帮助，但事后感受到切肤之痛之时。我们已经看到一些这样的实例，直到发生可用性或安全事故后，管理层才一改之前不情愿的态度，开始积极实践混沌工程。为了防止发生类似的情况，管理层会紧接着实施强有力的调整措施，并制定预算。作为提高可靠性的少数积极主动的方法，混沌工程在此时引入通常是最佳时机。

随着混沌工程整个学科的成熟，最终我们将达到这样的程度，即公司会在策略上要求自身达到混沌工程的特定水平。仅凭健壮性的验证就能对合规过程产生重大影响。但是在达到这种程度之前，对混沌工程的“采用度”通常都是从零开始的。

“采用”混沌工程需要考虑 4 件事：

- 谁接受混沌工程？
- 组织中有多少人参与？
- 前提条件是什么？
- 有什么阻碍？

15.1.1 谁接受混沌工程

出于明显的原因，在“采用”混沌工程的早期，那些对停机事故或安全事故的后果有着切肤之痛的工程师，最有可能采用混沌工程这门学科。之后他们通常会在组织内部为混沌工程奔走呼号，而其倡导者常常有 DevOps、SRE 和事故管理团队的身影。在更传统的组织中，这些倡导者常常是运维或 IT 部门。这些团队十分理解因要应对可用性事故，而随时佩戴值班寻呼机时所面临的压力。

当然，停机事故后让系统重新上线的紧迫性为学习设置了障碍。很多组织为优化事故审查或学习回顾的过程付出了很多努力。但很少有组织已经走上通往韧性工程的康庄大道——从实际已完成的工作中学习，以使人们在社会技术系统中提高适应能力。

相反，通常一些组织持续关注减少故障检测时长和修复时长。进行减少这两方面时长的工作当然很好，且有必要，但这终究是被动的。最终，通过理性的论证、举例或总结，高级管理层会在持续增大的压力下，选择积极主动的战略，以减少事故的发生。

在一些有前瞻性的机构中，混沌工程已成为法令。这种自上而下的推行，会由高级副总裁、首席信息官或首席信息安全官级别的高管发起。而组织中负责系统技术运维的特定部门通常会有强烈的采用动机。

这就说明了采用混沌工程的最常见过程——从受事故影响最大的那些人员（特指那些佩戴寻呼机以备处理线上事故的人员）一直到管理层，然后形成组织的策略性指令进行颁布。

15.1.2 组织中有多少人参与了混沌工程

无论将混沌工程引入组织的方式如何，该实践的传播程度是可以用来衡量混沌工程采用度的另一个指标。组织层面的行为一致性可以由团队承诺反映出来。而团队承诺则反映在资源分配中。

混沌工程可以从应用开发团队或集中式运维团队中的个人开始。也许一开始混沌工程甚至可以不必是全职工作，而是为了改善特定系统的运维特性而采用的一种做法。随着采用度的提高，混沌工程将会在多个应用程序或系统中使用。这需要更多的人参与其中。

最终可以设立混沌工程全职职位或成立混沌工程团队。然后，该职能要么隐含具有跨业务功能域的特点，要么将完全融入一个团队中。向混沌工程团队分配资源的方式会向更广泛的组织发出一个信号，即积极主动地进行事故恢复是头等大事，而且混沌工程的采用度很高。

由于混沌工程可以应用于基础设施、应用程序间的调用、安全性以及社会技术系统的其他级别，因此有很多机会可以将该实践传播到组织的不同部门。即使一个集中式团队提供了使混沌工程易于实现的工具，但采用混沌工程的最终状态，是整个组织各个层级的所有人都将实践混沌工程作为自己的职责。这类似于在一个实践 DevOps 的组织中，即使集中式的团队可能专门为改善系统某些属性做出了贡献，但每个团队还是要负责其所维护的软件的运维属性。

15.1.3 前提条件是什么

实践混沌工程的前提条件比大多数人想象的要少。对于一个考虑采用混沌工程实践的组织来说，要问的第一个问题可以是“一旦系统处于服务降级状态，你们能否知道？”大多数组织还是可以轻松识别其系统是否离线的。但当系统处于服务降级状态或即将离线时，并非所有组织都可以及时了解到。

如果组织不能区分服务降级的程度，那么来自混沌工程的任何结果都将灰飞烟灭。如果不能辨别两个服务降级的差异，那么就无法对比对照组和实验组的实验数据，这样实验的价值从一开始就要画上问号。同样重要的是，如此一来，就无法对实验结果进行优先级排序。如果无法根据后果不同来区分服务降级的级别，那么就无法搞清“混沌实验”所揭示的系统弱点是否值得进一步探究。

此时，监控和可观测性就是解药。幸运的是，针对改善洞察系统内部和周边能力的工具链，这种探究会为其带来意想不到的重大影响。

当改善了任何可观测性方面的工具时，就是一个传播混沌工程实践意识的好时机。并非每个实验都应该有告警。理想情况下，实验会成为常规，如果实验没有推翻假说，那么没人会想起它们。即使假说被实验推翻，对系统的 KPI 也几乎没有影响，同时也应该能教给系统操作人员一些有关系统属性的新知识。

在首次将混沌工程引入任何系统或子系统时，应积极进行讨论。重要的是要明确地告诉所有参与方，正在进行什么工作，要达到什么目的，以及对成效有什么期望。混沌工程经常会教给我们一些未曾想到的新事物，但惊讶本身并不是美德。通过实验使参与方感到惊讶，只会造成敌意和摩擦。

导致摩擦的另一种方法，是在明知实验结果将很不理想的情况下，仍然引入变量进行实验。除非待检验的假说诚实可信，且经得起考验，否则混沌工程将无法发挥作用。如果假说不能以如下形式陈述：“即使在数据层发生高延迟的情况下，此服务也将满足所有 SLO。”那么首先就不应进行实验。如果该过程仅确认有可能失效的组件确实失效了，那么就不会产生新知识。而对于已知的系统失效问题，应该在实施混沌工程之前解决。

最后，混沌工程要求组织能够协调一致地响应混沌工程所产生的新信息。如果发现了漏洞，但人们对此无动于衷，那么所发现的并不是真正的信息，而只是噪声。

实践混沌工程的前提条件摘要如下：

- 能够检测服务降级状态的观测工具
- 让所有参与方积极讨论的社会意识
- 建立起假说能经得起考验的期望
- 协调一致地响应所发现的新信息

15.1.4 采用混沌工程所遇到的障碍

在混沌工程学科名称中的“混沌”一词，有可能会吓跑公司高管，阻碍该实践的采用。根据作者的经验，这种情况很少发生。人们似乎从直觉上能够理解“混沌”一词，是指发现系统已经固有的复杂性，而不是制造额外的麻烦。

但是，对混沌工程的采用也存在一些合理的障碍。主要反对意见是，业务模式无法承受在生产流量中进行实验而产生的副作用。从心理学的角度来看，这是一个有效的论点，因为引入改变和风险都是令人不舒服的。如果系统不存在可用性或安全性的事故，那么也许这也是一个合理的论点。无须搞砸一个永不失效的系统。

如果系统确实发生了停机或安全事故，那么此时再避免实践混沌工程就不再合理。此时的选择是：(a) 继续采用被动式的方法，遭受不可避免的事故，并不断重复；(b) 采取积极主动的方法，通过限制爆炸半径控制潜在的损害，从而避免继续发生事故。严格来说，后一种解决方案会更好。混沌工程能将不受控制的风险转换为受控制的风险。

然而，混沌工程实验并不总是必须在生产环境中进行。通常，更复杂的实验程序最终会在生产环境中运行，但这是高级原则。许多团队已经首先在准生产或测试环境中运行了混沌工程实验，并从中获得了重要的洞察。当实验能以更安全的方式进行后，则应考虑在生产环境中运行。

合规性是实践混沌工程的另一个潜在障碍。在制定有关引入可控的小风险的规则时，那些制定过时的合规性需求的人，并不总是能认识到防止不可控的大事故大有好处。在线上真实的环境中测试系统安全性控件时，这尤其棘手。

系统当前的稳定状态也是很常见的障碍。人们经常开玩笑说，他们不需要混沌工程，因为系统本身就提供了足够多的混沌。如果系统确实不稳定，那么去学习系统不稳定的新方式就不是在有效利用资源。这会引起人们对于工作优先级的困惑，并可能对团队士气产生负面影响。如果需要处理的系统漏洞队列的增长速度，总是超过工作人员能够处理队列中漏洞的速度，那么就没有理由让问题变得更糟。

采用混沌工程实践最棘手的障碍是如何确定混沌工程计划的投资回报率（详见第 13 章）。对于从未发生过的事故，没有人想急于了解其中的故事。同样，对于或许能以“润物细无声”的方式显著改善系统可用性的实践，也难以从干系人那里获得相应资源。

障碍摘要：

- 在生产环境中进行实验会带来某些风险
- 在某些情况下，合规性会阻碍实验的进行
- 现有系统存在无法克服的不稳定性
- 难以衡量投资回报率

15.2 复杂性

衡量组织内部混沌工程实践的复杂性的坐标轴，类似于表达复杂性位于下面两极之间的哪个位置——提供咨询性服务与提供一组工具。当混沌工程团队在 Netflix 创建时，就存在于一个咨询性组织中。团队经理 Casey 做出了明确的决定，以促使团队朝着工具产品化的方向发展。这反映了混沌工程的高级原则，例如使实验自动化。

无论是提供咨询性服务，还是提供一组工具，都可以由一个小的集中式团队来启动。在整个行业中，软件基础设施是如此的多样化，以至于不存在一个预制的工具，能够在所有这些异质的环境中满足复杂的混沌工程实验用例。很自然，混沌工程实践始于大量的人力投入，并逐渐发展定制化的解决方案。

发展的进程通常如下所示：

1. 举办 Game Day
2. 提供故障注入咨询
3. 提供故障注入自助服务工具
4. 实现混沌工程实验平台
5. 实现平台自动化

15.2.1 Game Day

“Game Day”是组织“试水”混沌工程的绝佳方法。从技术角度来看，它们易于创建，并且在实施方面也不必很复杂。引导者或项目经理可以通过执行以下步骤来开展 Game Day：

1. 让负责一个或一组系统的一群人聚在一个房间里。
2. 关闭一个组件，前提是上述系统应足够健壮，能在该组件关闭时照常运行。
3. 记录所学到的结果，并使上述组件重新上线运行。

这种演练的好处是巨大的，尤其是在完成前几次演练之后。但是，其负担则几乎完全由人来承担。Game Day 的干系人是拥有系统的工程师。如果在实验过程中出现了一些异常的现象，那么这些工程师就需要去修复系统。Game Day 的协调工作完全交由引导者负责：安排活动的日程、预览整个过程、记录学习成果、传播相关信息等。所有这些都是非常有价值的，但是同时也消耗了组织中最宝贵的资源——人的时间，并且无法在大量服务上规模化地执行。

15.2.2 故障注入咨询

在 Game Day 活动初步取得成功后，下一步就是构建一些可在整个组织中重复使用的工具，以执行手动实验。这通常采取故障注入框架的形式。理想情况下，故障注入框架会干扰系统的 IPC（Inter-Process Communication，进程间通信）层。围绕 IPC 操作所构建的实验的绝佳示例，包括集中发起请求、延迟请求、连接断断续续以及切断下游消息传递。

> **实验类型示例**
>
> 在实验类型中增加复杂性的其他方法，包括返回错误、更改响应信息头中的状态码、更改请求的顺序，以及更改请求数据的有效载荷。所有这些方法并不总是有用。具体使用哪种方法取决于系统的功能。与可用性相关的实验变量一般是增大延迟、返回错误和响应失败。可以说，响应失败即延迟无限增大。
>
> 还存在一类不适合归入故障注入领域的实验。这也是要把混沌工程与故障注入进行明确区分的一个原因。向集群中的一个实例发送比平时更多的流量是一项很好的实验。在现实世界中，其导致原因可能包括资源整备不足、意外的哈希算法模式、异常的负载均衡、不一致的分片策略、被误解的业务逻辑，甚至是用户流量的突然激增。在每种情况下，将增加的流量称为“故障”，都是对实验行为的错误描述。

与举办 Game Day 类似，在故障注入咨询中，引导者会与团队一道使用故障注入框架启动实验，并记录所学内容。如果发现了系统健壮性方面的漏洞，则该过程通常会循环地重复进行，反复针对新的解决方案进行实验，直到验证漏洞已被消除为止。与 Game Day 一样，这一步骤也很有效。另外，其附加好处是一种工具可供多个团队进行实验。在这里，我们能进行更多跨功能性的学习。因为使用故障注入框架，就可以将对一个团队卓有成效的实验轻松地复制给其他团队来进行。

15.2.3 故障注入自助服务工具

在上述故障注入框架工具成功使用一段时间后，将其自动化的过程就可以开始了。故障注入框架可以被封装在一个自助服务界面下，以供多个团队同时使用，而引导者无须总是在一旁提供帮助。在这一阶段，咨询通常会继续进行，但以创建实验和解释实验结果为主。由于引导者不需要在实验进行期间与每个团队一道工作，所以他们现在可以更好地将混沌工程进行规模化。

15.2.4 实验平台

复杂性的发展可以有以下两种方向：更高的自动化程度和更好的实验。在大多数情况下，工具链的建设会首先满足进行更好实验的需求。实验会在对照组和变量组之间进行。用户访问流量的子样本会发送给这两个组。仅为变量组实现最小化爆炸半径。此时通常会实现请求粘连（request-stickiness），以强制让发起请求的代理设备始终将请求发给对照组或变量组。这不仅可以使实验更安全，还可以获得更深刻的洞见。因为若针对整个系统进行实验，则可能会失去这些洞察。而进行小样本的实验，并与对照组的实验结果进行对比后，其中的洞察通常会引起人们的注意。

此时，混沌工程团队可能仍要为团队提供咨询，以创建和开始实验，并解释实验结果。实验平台的功能允许同时运行多个实验，甚至实验可以运行在生产环境中。现在，正在运行的实验数量可以随着咨询师数量的增加而成倍数增加。而每个实验都必须要进行创建和监控。

15.2.5 平台自动化

实验平台的自动化为我们带来了一些崭新的技术挑战。比如，可以在诸如KPI监控之类的实验平台特性中，启用“机器人停止开关”[译注1]功能。这样当在实验中发现异常时，可以立即停止实验。这样就无须人工监视每个实验，但是仍然需要有人能随后查看实验结果，并对任何异常情况做出解释。能够“自我反省”的系统允许平台构建实验，而无须实验引导者的干预。例如，当一项新服务上线时，实验平台会自动检测到该服务，并将其排队进行实验。当然，平台也需要了解上下文，以便只运行那些对实验假说有可量化期望（例如，在代码中设有应急后备语句）的实验。这样就无须人工创建每个实验。

最终会以编码的方式实现实验假说，以对假说进行优先级排序。这样就可以将时间和资源花在最有可能教给人们有关系统未知知识的实验上。至此，自动化已经足够完整，混沌工程可以完全自动化运行——创建、优先级排序、执行和终止实验。在混沌工程工具的最新技术中，这已达到非常高阶的复杂性。

实验优先级排序示例

在构建用于确定实验运行优先级的算法过程中，要牢记一个重要事项——让团队能够洞察正在运行的实验内容，以及优先级是如何确定的。提供这种级别的可观测性可以帮助团队了解其思维模型在哪些地方偏离了系统中实际发生的情况。

让我们来看一个例子。想象你在一家以流媒体形式播放电视和电影的公司工作。让我们做以下假设：

译注1：为保护操作员的安全，在操作工业机器人时，操作员可以手持一个按压式的“机器人停止开关”，来控制机器人是否能够运行。当用手按压开关并保持住时，机器人开始运行。一旦出现异常情况，操作员的手松开开关，机器人就会立即停止运行。

- 公司的 KPI 是能为用户传输流媒体视频的能力。
- 此 KPI 是通过每秒能够启动传输的流媒体数量来衡量的。
- 流量相对来说具有可预测性，这意味着如果每秒能够启动传输的流媒体数量开始出现偏移（比预期高或低一个数量级），则无论是否存在问题，团队都会收到短信提醒，并对实验优先级进行分类。

想象一下，你在一个流媒体播放“书签”服务的团队中工作。“书签”服务负责记录一个人当前正在观看的流媒体视频的位置。这样当他中途离开并返回后，能回到之前停下来的地方继续观看。如果有人问你“书签”服务是否会影响每秒能够启动传输的流媒体数量（即“书签”服务是否被视为“关键”服务），你会说“否”。实际上，你对此很有把握，因为当用户中断观看并返回后，且服务未能获取用户之前正在观看的流媒体视频的正确位置时，“书签”服务能够实施后备应急机制——即如果获取位置失败，则从头开始启动该流媒体的播放。

现在，让我们回到实验优先级排序算法。为了正确设计实验，该算法应首先牢记某些服务是否“可以安全地失败”。为了简化示例，我们假设该算法浏览了系统中存在的所有服务，并凭经验确定了它们是否具有后备应急机制。如果服务不存在后备应急机制，则可以假定它们不能安全地失败。

我们有“书签”服务，还有实验优先级排序算法。该算法已确定“书签”服务可以安全地失败，所以就能成功地设计和运行实验。在实验期间，请务必根据公司的 KPI（每秒能够启动传输的流媒体数量）来衡量实验成功率，这一点很重要。

这个实验被自动地设计和运行。然而实验失败了[译注 2]，中间发生了什么？

还记得“书签”服务的后备应急功能可以将用户重定向到视频的开头吗？事实表明，许多用户仍然希望能找到他们中断视频观看时的位置。而这意味着当他们不得不从头开始寻找视频位置时，使得 KPI（每秒能够启动传输的流媒体数量）下降了[译注 3]。

这是重新校准思维模型的一个很好的例子。重要的是，设计混沌工程自动化的团队必须考虑到思维模型的重新校准和可观测性。在实验进行时，可以收集会话数据，以显示用户的行为。并且请服务所有者在给定文档中记录其假设是如何发生变化的。

译注 2：即“书签”服务不应被视为“关键”服务这个实验假说被推翻。

译注 3：实验假说是“书签”服务不应被视为能影响 KPI 的关键服务，即使“书签”服务中断，也不会影响 KPI。但实际情况是，“书签”服务的中断触发了该服务的后备应急机制——用户从头开始播放流媒体视频，从而占用了 KPI 所依赖的资源，导致 KPI 下降。

混沌工程在复杂性方面的发展并没有到此终止。实验平台可以通过多种方式进行扩展和打磨：

- 当发现漏洞时，自动且正确地识别该通知的人员。
- 实施“混沌预算”，以便在给定的时间段内仅有一定数量的KPI没有达成，从而确保实验永远不会因疏忽而导致越过企业愿意承受的范围。这可以增加人们的下述信心——实验平台是受控的，专注于识别混沌，而不是制造混沌。
- 使用组合实验变量构建实验。当大多数组件形成很小的故障窗口时，尽管这种情况极为罕见，但可以发现诸如公共资源用尽所引起的故障模式。
- 自动修复漏洞。从理论上讲这是可能的。实际上，这可能需要另一本完全不同的书来探讨该主题。

在上述发展过程中的某个时刻，进行安全性实验以及传统的可用性实验是有意义的。第20章将深入探讨安全领域中的混沌工程。

混沌工程复杂性的反模式也是存在的。最常见的反模式是开发使实例失效的新方法。然而无论实例是否死亡、内存耗尽、CPU利用率被完全占用或磁盘已满，这些很可能会表现为延迟增加、出现错误或响应失败。通过多种方式使实例失效通常学不到新的东西。这是复杂软件系统的共同特征，因此通常要避免进行上述类型的实验。

理解混沌工程复杂性发展的另一种方法，是考虑那些引入实验变量的系统层级。实验通常始于基础设施层。众所周知，混沌猴是从关闭虚拟机开始实验的。混沌金刚则在更宏观的层面采取了类似的方法——关闭了整个AWS区域。随着工具越来越复杂性，工具会进入应用程序逻辑，从而影响服务之间的请求。除此之外，当实验变量影响业务逻辑时，我们会看到更复杂的实验，例如，给服务返回可行但出乎意料的响应。实验在系统层级上发展的自然过程，会从基础设施层发展到应用程序层，再从应用程序层发展到业务逻辑层。

15.3 总结

如果将采用度和复杂性这两个属性绘制到坐标轴上，就得到了图15-1。从此图的左下象限开始，可以有由SRE工程师或其他感兴趣的人所开展的Game Day。取决于首先从哪个坐标轴开始发展，混沌工程要么通过故障注入框架来实现更高的复杂性，要么通过获得混沌工程专用资源来达到更高的采用度。通常，采用度和复杂性将一同发展。但会存在一种张力，能阻止工具在尚未广泛采用的情况下变得过于复杂。而当没有更好的工具时，混沌工程也无法被广泛采用。

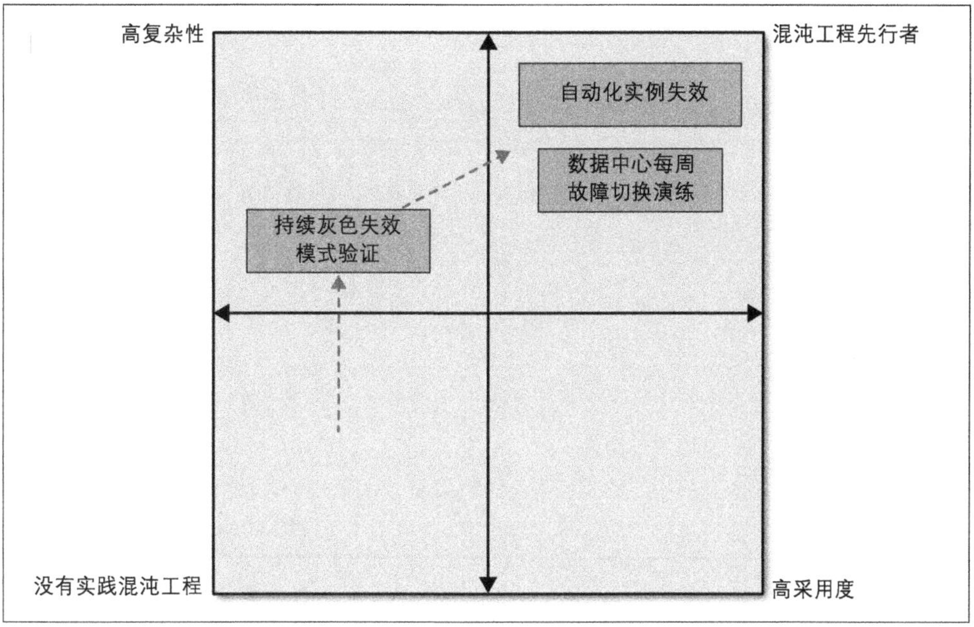

图 15-1：混沌成熟度模型示例

在坐标轴中绘制组织所处的位置，可以帮助你了解混沌工程的应用情况，并有助于提出投资领域的建议，以实现下一个飞跃。任何这一切的最终目标是为组织带来价值回报。如图 15-1 所示，先提升复杂性，后扩大采用度，能让混沌工程创造最大价值。高复杂性和无所不在的混沌工程是主动提高软件行业可用性和安全性的最佳方法。

第五部分

持续演进

人类无法充分理解一个复杂的系统，无法对其输出做出准确的预测。混沌工程确实已经存在于一个相互作用的实践、需求和业务环境的复杂系统之中。也就是说，如今业界已经出现了明确的趋势，该趋势勾勒出了混沌工程的未来方向及其在更广泛行业中的地位。本书的这一部分将阐述了这些趋势。

第 16 章将混沌工程置于一个更大的软件实践类别之中。“就像 CI/CD（持续集成 / 持续交付）一样，该实践源于对运维日益复杂的系统的需求。组织没有时间或其他资源来验证系统的内部计划是否如预期的那样，因此他们只好验证系统的输出是否符合预期”。许多公司已经接受了“持续验证”（CV）这个术语，人们对“CI/CD/CV”的完整实践越来越感兴趣，尤其是那些致力于大规模软件系统运维的公司。

第 17 章中显示，从软件到具有信息物理系统（CPS）[译注1]的硬件领域仅有半步的距离。“事实证明，当你在足够长的时间里，让很多经验丰富、跨学科的人在一起，从事故障模式和影响分析等活动时，实际上他们能把工作做得很好，因为他们有足够的经验，迭代了足够多的次数，能消除大量的不确定性。”Nathan Aschbacher 探讨了 CPS 需要克服的因素，这对我们周围的世界有着直接的影响，甚至事关生死。

在第 18 章中，Bob Edwards 将把我们从软件世界带进制造业。人与组织绩效[译注2]方法旨在改善制造业系统，与混沌工程有许多共同的基础，这种重叠可以帮助我们了解该领域的实践方法。“混沌工程方法教会我们修改模拟控制室的参数和软件，以便在模拟中更好地展示站点的实际退化状态。”

译注 1：信息物理系统（Cyber-Physical System，CPS），强调各个实体装置和计算网络的连结，借用技术手段实现人在时间、空间等方面的控制延伸。CPS 系统的本质就是人、机、物的融合计算。所以，国内又将 CPS 称为人机物融合系统。可用于航空、汽车、化学制程、基础建设、能源、健康、制造、交通控制、娱乐和消费性电子产品等领域和行业。

译注 2：人与组织绩效（Human and Organizational Performance，HOP），是一种基于科学的方法，用于了解人们如何以及为什么犯这些错误，以及作为组织或个人如何处理这些错误。

对于软件工程师来说，大多数混沌工程实践都集中在应用层上。我们将从另一个层面看第 19 章，作者是数据库公司 PingCap 的唐刘和翁浩。该章包含了本书中最深入的技术探索，带我们了解混沌工程在数据库 TiDB 上的应用，如何提高其容错性能。“在 TiDB 中，我们应用混沌工程来观察我们系统的稳态，做出假设，进行实验，并用真实的结果来验证这些假设。”

本书的最后一章将我们带入网络安全的领域。在 Aaron Rinehart 的第 20 章中，我们看到了混沌工程在安全方面的应用。从系统安全看，这是可用性的另一角度。如今，当人们讨论混沌工程时，他们大多谈论可靠性和运行时间。随着 Aaron 进入这个领域，这种情况可能很快就会改变。在不久的将来，混沌工程可能发现它的大部分活动是在安全方面。

跨越行业和学科，混沌工程正在找到立足点，影响人们如何理解其复杂系统的安全特性。第五部分的这几章涵盖了上述内容。

第 16 章

持续验证

持续验证是对软件进行主动实验的一门学科，被实现为验证系统行为的工具。

——Casey Rosenthal

复杂系统带来的挑战，鼓励了从持续集成到持续交付再到持续验证的自然演进。后者是本章的主题，首先介绍了这个新生领域及其未来的机会，紧接着分享了一个现实世界的例子——Netflix 在生产中使用的一个名为 ChAP 的系统。尽管业界决定进行持续验证的地方已经很多，但本章结尾还是回顾了持续验证未来发展的重点领域。

16.1 持续验证从何而来

当两个或更多单独编程的工程师之间对预期实现存在差距时，该代码的交互可能会产生意想不到的不良结果。这种预期差距的捕获速度越快，下次可能产生的就越少。相反，如果没有及早发现这个预期差距，那么下次可能会出现更大的问题，增加产生不良结果的机会。

发现预期差距的最有效方法之一就是将代码放在一起运行。作为 XP 方法[注1]的一部分，CI 作为实现这一目标的方法得到了大力推广。CI 现在是一种常见的行业规范。CI 流水线鼓励集成测试，具体用来测试由独立开发人员或团队编写的交互功能。

将每次编辑后的代码发布到公共存储库后，CI 流水线将新代码合并编译，并运行集成测试套件，以确认未引入破坏性更改。这种反馈环提高了软件的可逆性：能够快速发布代码，若改变主意则快速还原更改。可逆性[注2]是用于复杂软件系统运维的有利优化。

CD 的实践建立在 CI 成功的基础上，通过自动化代码打包的步骤，并将其部署到环境

注 1：*https://oreil.ly/I5XIS*。

注 2：有关软件工程中可逆性优点的更多信息，参见 2.2 节。

中。CD 工具允许工程师选择一个通过 CI 阶段的构建，并通过流水线将其推广到生产中运行。这为开发人员提供了额外的反馈环（在生产中运行新代码），并鼓励频繁部署。频繁部署破坏生产运行的可能性很小，因为通过频繁部署才更有可能捕获到额外的预期差距。

在 CI/CD 建立的优势基础上出现了一种新的做法，即持续验证（CV）。CV 是一门主动实验的学科，同时被实现为验证系统行为的工具。这与以前软件质量保障中的常见做法形成了鲜明对比，以前的软件质量保障倾向于采用被动测试[注3]，作为清查[注4]软件已知特性的方法来实施。这并不是说先前的常用做法是无效的或应该被弃用。告警、测试、代码审查、监控、SRE 实践等都是很好的实践，应予以鼓励。持续验证专门建立在这些常见的做法之上，以解决复杂系统特有的问题：

- 很少有主动的方法来解决系统特性的优化问题。
- 复杂系统实践需要探索未知的方法（实验）而不是已知的方法（测试）。
- 为了实现规模化，工具是必需的，而方法论（敏捷、DevOps、SRE 等）则需要数字化转型和文化变革的支持，并需要投入大量人力来实施。
- 验证针对的是业务成果，在运维复杂的系统时，业务结果比确认更注重实效，而确认关注的是软件的正确性。
- 复杂系统特性是开放式的，处于不断变化的状态，这就需要不同的方法来理解软件的已知属性，比如输出约束[译注1]。

持续验证并非旨在构建软件工程的新范例。相反，这是一种共性解决方案，也是对其开发工作和运维实践融合的认可。我们注意到，这个新类别的出现，与迄今为止我们对软件开发和运维的普遍认识有本质上的不同（见图 16-1）。

就像混沌工程一样，持续验证平台也可以包括可用性或安全性（见第 20 章）组件，并且常以假设的方式描述这些组件。与 CI/CD 一样，该实践源于对运维日益复杂的系统的需求。组织没有时间或其他资源来验证系统的内部计划是否如预期，因此他们只好确认系统的输出是否符合预期。这是验证优于确认的地方，也是复杂系统成功管理的标志。

注 3：参见 3.1.1 节。

注 4：参见 3.1.2 节。

译注 1：输出约束，英文 output constraint，定义在活动发生后立即持有的约束，包括权限、条件、资源等。

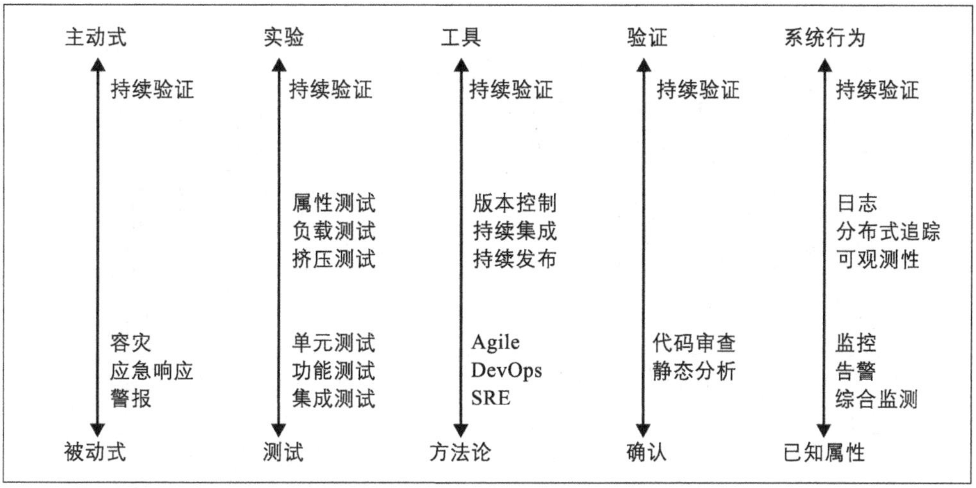

图 16-1：持续验证（顶部）与软件质量保证中的常见做法（底部）

16.2 持续验证系统的类型

此类系统仍处于新生阶段。一方面，我们拥有复杂的混沌工程自动化平台（ChAP），通常在工作时间运行实验。下一节将讨论 ChAP 的具体例子。

灰度测试也属于这一类系统的范畴，可以被认为是混沌工程自动化平台的一个子类。灰度测试运行一个实验，其中引入的变量是一个新的代码分支，而对照组是当前部署的分支。假设如下：即使在新代码的条件下，客户也会有良好的体验。如果假设被证明是无误的，那么持续发布系统会自动发布新代码以替换在生产环境中运行的当前代码。

另一方面，我们提供了系统的整体视角，其中一些属于直觉工程学科。Netflix 的工具 Vizceral（见图 16-2）就是一个很好的例子，该工具可以向人们提供可视化的实时系统总体状态。

在 Vizceral 的例子中，可视化界面本身支持系统持续更新，并从整体上提供了系统健康状况。这样一来，人们就可以一目了然地验证关于系统状态的假设，从而获得运维状况的更多上下文信息。Vizceral 本身并不运行实验，但可以与故障模拟交互，而且确实为系统行为验证提供了一个主动工具。

在持续验证范围的一侧，我们有通过实验提供系统行为验证的经验工具。另外，我们还有定性工具，可辅以人工分析来提供验证。目前正在探索这两极之间的空间，为工业研究和实用工具开发提供了广阔的领域。

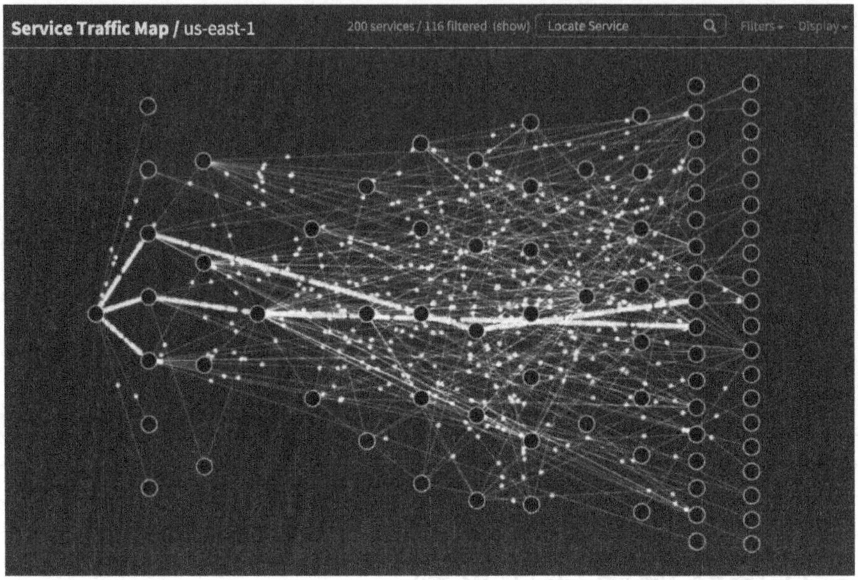

图 16-2：Vizceral[注5] 的截图

16.3 持续验证示例：ChAP

到目前为止，ChAP 是 CV 中最突出的例子也是这个行业中最复杂的混沌工程例子。混沌工程自动化平台（ChAP）[注6] 在 Netflix 开发，其中 Nora 是工程师，Casey 是混沌工程团队的经理。ChAP 例证了本书中强调的混沌工程高级原则，以及我们期望在持续验证中出现的反馈环。

ChAP 是完全自动化的，对微服务架构进行自省，选择要检查的微服务，为该微服务构建实验，并在工作时间内运行该实验。实验假设采用以下形式：对于微服务 Y，在条件 X 下，客户仍然能观看正常数量的视频流。X 通常是下游延迟量，正常值是由对照组定义的。

16.3.1 ChAP：选择实验

ChAP 推出了一款名为 Monocle 的产品。Monocle 提供了对实验进行优先级排序的能力，

注 5：Vlad Shamgin 的“Adobe Contributes to Netflix's Vizceral Open Source Code”，2017 年 12 月 6 日发表在 Adobe Tech Blog，*https://oreil.ly/pfNlZ*。

注 6：Ali Basiri 等的“ChAP: Chaos Automation Platform”，发表在 The Netflix Tchnology Blog，*https://oreil.ly/Yl_Q-*。

还允许用户了解优先级排序的过程。

Monocle 调用 Netflix 服务来收集有关其依赖项的信息。在这种情况下，依赖项指的是已配置的 RPC 客户端或 Hystrix 命令。Monocle 集成了多个来源的数据：采集系统、跟踪系统（概念上基于 Google Dapper 的自研系统），并通过直接查询运行中的服务器，获取超时值等配置信息。

Monocle 通过一个 UI 汇总并展示了上述依赖关系信息。对于每个 Hystrix 命令，Monocle 都会显示超时和重试行为等信息，以及 ChAP 是否认为故障注入是安全的。具体来说，这意味着系统所有者在安全运行混沌工程实验之前，要确认是否有需要修复的内容。如果可以安全地进行故障注入，则将该微服务添加到列表中，并优先进行实验。

16.3.2 ChAP：运行实验

通过与 Netflix 持续交付工具 Spinnaker 的集成，ChAP 能够在 Monocle 提供的优先级排序过程中，对所选微服务部署的代码进行内部检查。该微服务所在的集群中运行着许多实例。ChAP 将启动另外两个实例，一个作为对照组，另一个作为变量组。生产流量中的少量请求被平均分配到这两个实例中。

对变量组（或称实验组）进行处理，通常是向下游依赖注入延迟。

当响应从系统发出回到客户端时，将检查响应，以确定它们是否参与了对照组或变量组。 如果它们确实参加了，那么将针对该请求调取 KPI。Netflix 的默认 KPI 是每秒启动的视频流数量（SPS）。

只要对照组和变量组的 KPI 一起跟踪，ChAP 就会有一个有力的监控指标来支持该假设。实验通常进行 45 分钟（至少 20 分钟）。

另外，如果 KPI 偏离，则实验将立即关闭。没有更多的请求被路由到实验中。对照实例和变量实例将被销毁。最重要的是，负责该微服务的团队将被告知，在条件 X 下，该微服务的客户将忍受一段糟糕的时间。这一发现将让团队了解他们自身的安全边界，并且由他们来弄清楚为什么客户在这种情况下会遇到糟糕的状况，以及未来如何应对。

16.3.3 ChAP 的高级原则

注意 ChAP 如何应用第 3 章中的高级原则：

建立一个关于稳态行为的假说

Netflix 使用每秒启动的视频流数量作为 KPI 来建模稳态行为。这是所有工程师都可以轻松访问的指标，并且与服务的健康状况和业务价值密切相关。经常观看 Netflix 的用户倾向于向其他人推荐这个指标。“在条件 X 下，对于微服务 Y，客户仍然能观看正常数量的视频流”这一假设定义了我们所需的稳态行为假说。

多样化地引入现实世界的事件

在复杂的分布式系统中，大多数事件都可以使用延迟来建模，因为在现实世界中，大多数节点故障都是这样出现的。与建模一个 100% 的 CPU 利用率或内存溢出[译注 2]故障相比，后者并不是真正有用的，因为在系统级别上，它们会表现为服务变慢或不响应。

在生产环境中进行实验

ChAP 在生产环境中运行。Netflix 分布式系统太大、太复杂、变化太快，以至于在预生产环境中无法提供准确的替代方案。在生产环境中运行支撑了这种确定性，使我们对所关心的系统更有信心。

持续运行自动化实验

ChAP 在工作时间内持续运行，而无须人工干预。可以手动添加实验，但这不是必需的，因为 Monocle（如前所述）可以每天生成优先实验列表。

最小化爆炸半径

启动新的对照和变量实例，并向其分配少量的生产流量，可以安全地减小爆炸半径。如果假设被推翻，并且变量组中的请求出现可怕的错误，那么实验不仅会立即停止，而且只有少量流量会受到影响。这样做还有一个好处，就是可以同时进行许多不同的实验，因为每个实验都可以安全地与其他实验隔离开来。

16.3.4 ChAP 作为持续验证工具

关于将 ChAP 用作持续验证工具，还有一些重要功能需要注意：

- 在工作时间内持续运行，每当一个假说被证明是错误时，就会产生新的知识。
- 可自动运行，在 Monocle 中使用试探法和静态代码分析对实验进行优先级排序，从而最大限度地提高产生洞见的速度。
- 稍加修改，可将 ChAP 配置为 CI/CD 流水线中的一个阶段，实现 CI/CD/CV 的深度集成。

译注 2：内存溢出，（Out Of Memory，OOM）是指应用系统中存在无法回收的内存或使用的内存过多，最终使得程序运行要用到的内存大于能提供的最大内存。此时程序就运行不了，系统会提示内存溢出。

16.4 持续验证的未来用例

对于持续验证的未来用例，至少有三种类别：性能测试、数据制品和正确性。

16.4.1 性能测试

沿着性能的多个维度（速率、延迟偏差、并发性等），可用来负载测试（压测）的工具不计其数。其中没多少是与平台绑定的，这些平台在不断变化的状态下持续运行。其中的大多数用于确定整个系统在特定的使用率模式下能够承受的流量。基于对实际生产流量的观测，并没有多少系统会实时地改变其使用率模式。也很少有人测试子系统的性能，或者压测单个微服务来建立预置和容量数据。越来越多的智能工具会应运而生，将为运营方提供有关其系统的更多信息。

16.4.2 数据制品

数据库和存储应用对写入和检索的特性提出了许多要求，这为其产品提供了很多保证。Jepsen[注7]是用来验证这些声明的一个很好的例子。Jepsen 建立了一个实验平台，在数据库上生成负载，然后查找各种事物，比如在最终一致的数据库中违反交换性、线性化违规、不正确的隔离级别保障等。对于此类系统，需要保留事务属性的关键支付处理服务，持续关注数据副作用的出现是很重要的。

16.4.3 正确性

并非所有形式的“正确”都表现为某种状态或理想属性。有时，一个系统的不同部分必须通过契约或逻辑，甚至在某些情况下通过关系达成共识。在 1.2.1 节中，我们看到，当服务 P 收到它原以为存在的对象的 404 响应，这是一个破坏正确性的示例。发生这种问题的原因是，不同级别代码的逻辑在内部是一致的，但各层之间不一致。软件中正确性的三个常用表现层分别是：

基础设施

这有时被称为“无差别的繁重工作[译注3]”。常见基础设施的正确性场景包括满足 SLA 内的资源分配、自动扩展和服务开通。

注 7：Jepsen 的官方网站 *https://jepsen.io*。

译注 3：Undifferentiated Heavy Lifting，该术语起源于 Jeff Bezos 在 2006 年发表的主题演讲，描述了公司所需的所有辛勤的 IT 工作，但这些工作并没有增加公司使命的价值。相反，所有的云提供商正在激烈竞争以降低成本来扩大优势，提供满足客户需求的高质量 IT 服务，借此希望客户上云并卸下这些无差别的繁重工作。

应用程序

在大多数情况下，基础设施不知道在其上运行了哪些应用程序。应用程序的正确性可以通过服务之间的API契约、编程语言类型或协议缓冲区的接口描述语言来捕获。这些正确性规范可以严格地用于应用程序逻辑，比如，使用求解器可以证明一段代码是否正确。不幸的是，即使一个复杂系统的所有组件都被证明是正确的，系统作为一个整体仍然会产生意外的行为。

业务逻辑

这通常隐含在用户界面显式的假设中。为了使企业具有竞争力，它必须常常创新。因此，严格指定业务逻辑是不切实际的，因为在不确定的环境中，它可能会随着条件的变化而变化。因此，业务逻辑是最难以验证的，在任何有资源约束的情况下，业务逻辑、应用程序和基础设施之间的不匹配都是不可避免的。

如果以上三层无法保证同步，那么随着时间的推移，正确性问题将会显现出来。这可能很快导致安全性和可用性方面的事故。

随着这些类别和其他新用例的开发，持续验证将随之成熟。整个行业都会发现应用持续验证的新机会。混沌工程是这项工作的基石，在许多方面，持续验证都建立在混沌工程领域的工具之上。

第 17 章

介入信息物理系统

Nathan Aschbacher

目前，人们对混沌工程的关注主要集中在基础设施和应用程序的创建、部署和管理上，这些基础设施和应用程序支撑着各种以互联网为中心的产品和服务，比如 Netflix、AWS 和 Facebook。在这些领域中，创新的、大规模的、复杂的、互联的软件系统占主导地位。

在这些以 IT 和云为主的生态系统中，混沌工程的目标是发现和消除有关系统行为的问题，以实现更可靠、更健壮的系统。通过将混沌工程实践应用于复杂的系统，试图了解你对系统认知的盲点在哪里。有时，你发现实际上无法检测到系统何时出现了问题。其他时候，你会发现关于系统行为的假设根本站不住脚。你可能也会发现你正在对已实现的实际模型进行逆向工程，并找出与你想象的设计的差距。

在本章中，我们将探讨四个主题：

- 传统功能安全实践的各个方面。
- 功能安全与混沌工程之间存在重叠的地方（如执行故障模式和影响分析）。
- 对于目前正在开发的新一代以软件为主的系统，功能安全实践在哪些地方仍有很大的改进空间。
- 可以应用混沌工程原理来填补这些空白，让工程师在追逐下一个重大创新突破的同时，安全地推进技术边界。

我们将在信息物理系统的背景下考虑这些主题。

17.1 信息物理系统的兴起

大多数软件工程师都不知道在许多生态系统中，软件仍然是推动创新的核心。信息物理系统（CPS）包含了这样的生态系统。CPS 是一个互联的软硬件系统，已部署到周围的物理环境中并与之交互。此类系统的示例包括航空电子系统或自动驾驶汽车，以及传统的操作技术部署，例如化工厂的工业控制系统。通常，它们由大量的传感器、嵌入式设备、通信传输和协议，以及多种不同的复杂操作系统组成，并且通常对许多专有的黑盒组件具有关键的依赖性。

现代 IT 和基于云的系统已经被必要的复杂性所限制。即使把部署限制在 x86 服务器上，通过公共的 TCP/IP 接口进行一致通信，哪怕只有一两个目标操作系统时，情况也非常复杂。CPS 的多样性和不透明度增加了多层复杂性。似乎这还不够，越来越多的人要求将 CPS 更紧密地集成到企业 IT 和云运维中。所以，把你现在知道的所有的复杂性加上一些疯狂的排列，然后将其部署到现实世界中，在那里故障的风险可能真的是一个生死攸关的问题。

在这种背景下，如果你认为混沌工程的目标是为了寻求对系统复杂性及其影响的理解，从而消除问题和挑战假设，以产生更可靠、更具韧性的系统，那么 CPS 在各个方面为混沌工程提供了沃土。

混沌工程的某些原则与这个需求非常吻合，即在与环境交互的系统中去除未知的未知。混沌工程的各个方面已经在古老的工程实践中得到体现，我们称之为“功能安全”[译注1]。功能安全学科试图消除这些不可接受的风险，即机器、流程和系统对人身和财产造成物理的伤害。CPS 的设计人员和开发人员，尤其是部署在关键环境中的人员，经常利用功能安全实践来评估和管理与创建内容相关的风险。

17.2 功能安全遇上混沌工程

功能安全标准和实践有多种形式，也有多个特定于行业的标准。例如，我是 SGS-TÜV 认证的汽车功能安全专家，这意味着我已被证明具有 ISO 26262 标准的工作知识。你可能从冗长的证书名称中猜到了，这是汽车行业的标准。该特定标准专门用于客用车辆中的汽车电气和电子系统。“电子系统”部分恰好就是软件为何在此标准下会出问题的原因，因为这些电子系统中有很多是嵌入式计算机，运行诸如以下任务：协调自动紧急制

译注 1：国际电工委员会 (International Electrotechnical Commission, IEC) 于 IEC61508-0:3.1 标准中，针对功能安全的定义如下：“功能安全是整体安全的一部份，取决于系统或设备能否因输入而正确运作。”在《阐释 IEC 61508》一文中，IEC 进一步解释：“功能安全是指检测潜在危险情况，并实践保护或纠正措施，借此避免危险事故发生或缓解危险事故发生的后果。”

动（AEB）或通过车载“信息娱乐”系统在长途旅行中安抚孩子。

其他行业也有自己的标准，例如航空（DO-178C 和 DO-254）和核电（IEC 61513）。所有这些无数的标准往往源自一个共同的根源，即《IEC 61508：与电气 / 电子 / 可编程电子安全相关的系统的功能安全性》。这里最重要的是要认识到这些标准中没有任何特殊的魔法或科学。总的来说，它们就是几十年来积累起来的工程最佳实践的汇编，有时甚至是在悲剧、争论或两者兼而有之的情况下产生的。因为这些是最佳实践的集合，在这些标准中有一些东西可以在正常的工程流程中去做，而不管所创建的东西是否受合规约束。

其中一项活动叫作故障模式和影响分析（Failure Mode and Effects Analysis，FMEA）。你可能已经在想，这听起来表面上与混沌工程有关。毕竟，在实践混沌工程时，你要做的一件事就是促使系统性能退化，然后试图分析这样做的影响。让我们回顾一下 FMEA。

以下是进行 FMEA 的典型步骤：

1. 定义你要分析的范围（例如，整个系统、子组件、设计、开发流程等）。
2. 确定该范围内的所有功能。
3. 集思广益，详尽列出每项功能可能故障的所有事情。
4. 列举每种功能的每个潜在故障模式带来的所有影响。
5. 为每个潜在故障模式的严重性、可能性和可检测性（故障之前）分配编号排名。
6. 将每种故障模式的排名相乘，计算出风险优先级数字。
7. 将其全部记录在电子表格中，并在系统中进行迭代时重新访问。

该理论认为，风险优先级数字越高，就越应该关注那些故障模式，直到在设计或实现中考虑到这些模式。然而，当你看到前面的步骤时，有一些事情可能会对 FMEA 的有效性和实用性产生严重影响：

- 无论你选择什么范围来分析，实际上都很可能漏掉了一些关键考量因素。
- 在给定范围内识别每一个功能非常具有挑战性。
- 除了一些琐碎的情况，你不太可能已经把可能出错的事情都列举完了。
- 你更不可能已经完全探索了故障的影响，对于你从未想到的故障模式，当然更不可能。
- 排名本质上是任意的，即使有指导原则也是如此，因此不一定代表现实情况。
- 排名的随意性意味着计算出来的优先级数字也可能是错的。

• 一份充斥着你最好的想法和意图的电子表格，实际上并没有运行你的真实系统。因此不能确保你写下的任何内容都是真实的。

这个过程本身很容易遭受各种各样的失败，由于对分析内容的过简误算、想错可能出的问题、评估故障后果的规模和深度的局限性、相当随意的排名，以及与多点故障有关的更微妙的问题（我们将在本章稍后讨论）。不过在大多数情况下，当你在做 FMEA 时，你是在做一大堆有根据的猜测。

在我们建立可靠韧性系统的历史尝试中，一个具有众多潜在缺陷的流程为什么如此重要？首先，对于真正关键的系统来说，执行类似 FMEA 的操作只是众多不同过程中的一个。为了符合标准要求，需要进行许多审核以及二重和三重检查。其次，要低估流程中一个最重要的价值是很困难的：它会让你保持故障优先的心态。

事实证明，当你在足够长的时间里，让很多经验丰富、跨学科的人在一起，从事诸如故障模式和影响分析之类的活动时，实际上他们能把工作做得很好，因为他们有足够的经验，迭代了足够多的次数，能消除大量的不确定性。

17.2.1 FMEA 和混沌工程

如果到目前为止，功能性安全实践（如 FMEA）都做得很好，那么在这些系统中采用混沌工程技术将获得什么价值？最明显的可能性是，混沌工程实验可用于验证或否定在 FMEA 中所做的每个假设：

• 你可以召集多个不同的专家小组来独立执行 FMEA，并寻找其结果中的差异。
• 你可以在范围外注入故障，并观察是否应将其视为范围内的故障。
• 你可以触发列举的故障，并尝试衡量其实际而非预期的影响。
• 你可以使用混沌工程实验的发现，直接为 FMEA 的修订提供依据。

在更正式的开发流程中，通常需要你制定测试计划并出示测试证据来验证 FMEA，然后再将产品投放到市场。目前市场上有一些非常复杂的方法来测试系统的组件。有许多设备供应商出售各种故障注入单元，能够完成诸如模拟电气接口短路、机械连接器故障等工作。

混沌工程帮助功能安全和系统工程师更好地了解复杂软硬件之间相互作用的影响，为创建可靠且有韧性的 CPS 增添了重要的意义。对于高度自动化的系统尤其如此，在该系统中，人工操作员要么完全从反馈环中删除，要么通过内部的关键接口（通常通过多个系统抽象）进行更远距离的交互。

17.3 信息物理系统的软件

软件往往具有独特的属性，当其实现中存在残留故障（已知问题），其实现中存在潜在故障（你不知道的 bug）或设计中存在系统性错误（需要解决的问题）时，该问题尤其棘手，需要你从根本上重新考虑一下有关系统的规格信息。

软件被广泛地重用，而机械或电子组件无法做到这一点。你可以从 1000 个不同的地方调用一个软件函数 1000 次。相比之下，一个电阻器的单个物理实例并不能在 1000 个不同的电路板上以 1000 种不同的方式使用。你的电阻器坏了，就只有一个故障。你的软件功能不佳，所有依赖它的功能都会出现问题。

软件独特性的一面是功能的实现按照所期望的方式执行。但是，当出现问题时，情况正好相反。你的系统中会同时出现多组完全相同的意外行为。更严重的是，这意外的行为可能对系统其余部分产生的影响，不仅取决于发生的位置，还取决于问题发生时系统其余部分的可能状态。

我们在非常高级的抽象上与软件进行交互。因此必须使用大量的基础模型，才能推理出实时系统运行中软件实际上将会做什么。为了方便起见，每个抽象都混入了复杂性，但是这种混入也引入了新的不确定性。在软件中，很容易在还没有意识到的情况下，意外地在不同功能之间创建紧耦合的依赖关系。

最后，软件不仅可能显示出软件问题特有的症状，还可能对系统行为产生类似于硬件失效的影响。考虑这样一种常见的情况：一个互联的系统具有不正常的 TCP/IP 栈或配置错误的网络接口。根据问题的性质，对于系统的其他部分，可能看起来像一个拜占庭式行为者或恶意行为者，也可能看起来像一个断开的网络电缆，或者两者兼而有之。所有这些因素加在一起，使得引入潜在的故障模式变得太容易了，而创建多个同时发生的故障模式（也称为多点故障）也很容易。

值得强调的是，关于传统 FMEA 流程有一个微妙的关注点：通常情况下，当执行 FMEA 时，你不会在分析中考虑同时发生的多点故障。对于每个枚举的功能，你都假设系统的其余部分完全没有故障，并且在你要分析的区域中一次只有一个故障发生。当你认为执行 FMEA 是一个为达到更好（不是完美的）理解而设计的框架时，那么这似乎是一个合理的方法。在任何具有多点故障的非常规系统中，解决故障模式和影响组合的复杂性可能是比较棘手的。

这不是对 FMEA 之类的典型方法进行系统风险完整评估的手段。毕竟，考虑到即使在功能安全领域，这种期望也是“消除不可接受的风险”，并且从机电系统的角度来看，认为系统同时发生独立的多点故障是极不可能的。从这个角度来看，对 FMEA 的自我约束是完全有意义的。在系统中经历多个同时发生的独立故障的可能性不大，因为你可能没有两个完全独立的机械或电气组件同时会随机发生故障。最重要的是，这种重叠故障的结果被认为是不可恢复且具有灾难性的，因此不值得花精力进行分析。这有点像你要评估身份验证系统脱机的影响：由于服务器遭受雷击、数据中心遭受洪水以及小行星撞击了地球，身份验证系统处于脱机状态这一事实变得无关紧要，因为你对此无能为力。

但是，大量使用软件会改变游戏规则。与单个故障的电气组件不同，软件问题像传染病一样容易传播，具有令人讨厌的副作用，即在评估故障模式以及其影响、严重性、可能性和可检测性时，使正确性变得很难甚至不可能。这就是混沌工程所能提供的实际验证，通过实验和探索获得新的洞见。

17.4 混沌工程超越 FMEA

FMEA 流程具有混沌工程原理[注1]的必然结果：

定义范围和功能	==	关于稳态的假设
关于可能出问题的头脑风暴	==	改变现实世界中的事件
为严重性、可能性分配分数	==	最小化爆炸半径

FMEA 流程提供了指导和优先级，以便确定在何处可以更深入地研究，并创建实验来验证假设。看一看最高的风险优先级数字，你可能会从引入混沌实验中获得最大的价值，以探索你的假设和系统中潜在的真正风险。

然而，经历这一切需要大量的开销。还有其他一些有价值的方法可以用来确定实验点，以最大化信息和洞见。也可以通过思考我们是如何设计事物的，以及我们主要依赖哪些假设和保障来做到这一点。

例如，在未定义或不确定的行为背后，创建一些东西会遇到难以置信的困难。比方说，我给你一个任务，用一种编程语言开发一个系统，其中唯一能确定可用的运算符是“加法”和“赋值”，但其他一切都不确定。如果你不拒绝这份工作，就会竭尽全力地只使用加法和赋值来完成所有能做到的事情。最终，要想完成任何有意义的事情，就需要建造一座由聪明的技巧和抽象构成的巨塔，而这只建立在加法和赋值之上，因为它们是你唯一有信心的部分。

当人们开始设计混沌工程实验时，他们倾向于先去寻找最大的“黑盒子”。一开始，这

注 1：参见官网：*https://principlesofchaos.org*。

似乎是合理的：一方面，你有一堆完全信任的东西；另一方面，你有一堆不透明的不确定性。但是，请在刚刚讨论过的示例中考虑此决定。考虑到你对所使用的编程语言的期望，最终的系统设计会在对系统正常运行至关重要的地方使用加法和赋值，并且如果结果或副作用模糊不清，你可以方便地使用其他运算符。实际上，你可能会隐含地偏向系统的某些部分，使其对不确定性具有韧性，而偏向于其他部分时则不能。

鉴于此，在你充分相信不稳定的东西上进行实验是没有意义的。相反，要首先探索那些你认为绝对正确的事情中是否存在潜在的不确定性。未验证的已知的已知实际上只是最糟糕的未知的未知，因为你没有意识到它们的存在，但在任何地方都严重地依赖它们。在前面的例子中，一个好的初始混沌工程实验可能看起来像是故意打破了你笃定会成功的信念。如果你在加法和赋值的基础上构建了一个复杂系统，它总是如你所期望的那样工作，那么在你的系统中，在不同的位置和不同的层次上引入错误，则这个假设就不再成立了。修改源代码、破坏编译器的代码生成，模拟一个 CPU，让它做一些看起来不可能的事情。然后就可以看到你所面临的风险有多大——仅仅是通过你的基本假设和关键依赖中潜在的未知因素。

为了构建一个健壮的系统，工程师倾向于尽可能多地建立在可信赖的系统之上。在前面的示例中，严重依赖编程语言中的加法和赋值引入了大量的脆弱性。为了使一切都能正常工作，我们要避免使用加法和赋值做任何奇怪或意外的事情。对于系统的其他部分，我们预期会出现故障，将工作可靠性隐含到我们的设计、用例或两者之中。我们最终会得出这样一个奇怪的悖论：如果系统中我们认为可靠的部分真的出现故障了，它们就会成为巨大的风险载体，而最不可靠的其他部分反倒成为最健壮的。

CPS 领域加剧了这一问题，因为组件必须在非常严格和一致的容忍度内工作，以便任何在它们之上的系统都能按照预期工作。这里着重讲讲有关时间的问题，特别是围绕“硬实时”约束。在大多数 IT 系统中，定时容许误差有相当大的范围，而 CPS 与此不同，通常都有严格的操作边界和容许误差要求，因为当超出容许误差时，某些事情的最终发生是不可接受的。在真实世界中，我们可能不允许犯错。到那时，你可能真的处于水深火热之中了。

好消息是，电气工程师非常擅长制造可靠的本地时钟和定时电路。坏消息是，他们太擅长于此，以至于完全依赖这些行为作为系统设计和构建的基础。当设计系统时，我开始考虑定时，就像我在编程语言示例中考虑加法和赋值一样。我让我的设计依赖于时间，因为我对那个部件的可靠性更有信心。

这种假设即使在实际行为中有细微的偏差，也会产生灾难性的级联反应问题。因此定时需求得在控制循环中慎重考虑。现在，定时上的小错误会给我的系统带来麻烦，影响 CPS 物理部件的激活功能。他们陷入了定时安排的问题中，看起来像是在错误的时间运行不必要的流程，但是这也可能意味着没有按需运行必要的功能。定时错误可能会导致看门狗在不应该触发的情况下触发，或者触发紧急故障响应，比如对某个组件或整个系统进行重新上电。持久的时序问题会导致子系统往复，就像不停地插入和退出的状态循环。

分布式系统工程师对时钟有一种固有的不信任。他们明白，在一个分布式软件系统中，时钟不太可能在相同的时间和频率上达成一致。这种深度的不信任和怀疑并没有在其他类型的系统工程师中得到广泛的认同，所以他们在假设时钟一致性能够保障的基础上，来构建非常庞大和复杂的系统。历史上确实如此：系统更小，功能更简单，本地时钟也非常可靠。全局时钟通常不会在长距离或不同需求之间共享。不过，嵌入式工程师和安全关键系统工程师逐渐意识到，他们不再是那种组件工程师，只要在一个盒子中构建自包含的局部功能就好。我们现在都是分布式系统工程师。混沌工程起源于分布式软件系统，可以帮到 CPS，因为分布式系统工程师担心的那些事，现在成了嵌入式工程师的工作范围。

与自动驾驶汽车开发领域的工程师合作时，我经常建议将定时限制作为混沌工程和实验的首要目标。对于那些在关键的软件密集型系统上工作的人来说，这是一个寻找开始应用混沌工程实践的地方：从定时开始。你可能要使用的许多组件已经非常擅长处理数据损坏、位翻转、消息丢失等问题，或至少已注意到这些问题。定时问题可能是微妙的，经常是级联反应，并且可能是生死之间的区别。

17.5 探针效应

嵌入式和生命关键系统对可靠性的极端容忍度和期望，为将混沌工程应用到设备和系统本身提出了实际的挑战。为了在系统中创建故障而准备的东西和为了采取措施来评估影响而准备的东西，通常都不是免费的。考虑一种情况，你正在使用一个非常敏感的电子设备。与地板噪声相比，信号电平非常低。你想要测量这个系统来验证一些东西，所以你把示波器连接到信号通路上。不幸的是，没有完美的探测器。探头尖端存在电阻、电容，接地夹之间会有一定量的电感。探针的存在会影响测量结果。

这个现象通常称为“探针效应”：由于尝试进行测量而产生的意外副作用的情况。在混沌工程领域，这给我们带来了双重打击。进行测量时存在探针效应，在系统层注入故障或其他变量也存在探针效应。考虑一个软件系统，你想要在 Linux 内核的某种低延迟 IO 接口上进行一些混沌工程实验。可以在 IO 接口的“信号路径”中的某处连接某个软件，以使自己成为中间人。在输出端，你需要翻转一些比特位，以便依赖此接口的任何上游应用程序都将受到混沌探针的影响，但是你不希望它一直处于活动状态，因此你需要对其进行开和关的操作。运气不好时你就卡在中间。现在，对于这个接口的所有输出，在关键路径中插入了一个问题条件，“我现在是否在运行一个混沌工程实验？”这有什么成本，系统中的副作用是什么，这些副作用的副作用是什么？这个是否会与 CPU 中的优化硬件交互，比如分支预测器？如果是这样，那么当需要刷新管道时，是否会影响其他东西的性能？

系统中的层次和抽象越多，这些探针效应就会发挥越多的作用。注意，我们甚至还没有注入故障。现在想象一下，我们开始注入故障来翻转第三个比特位。这不仅会造成计算的混乱，而且每翻转一次，都会不断地进行计算，使得在该分支下引入了更长的代码路径，所以肯定会对时序和 CPU 缓存产生影响。我做了一些事情来注入一种故障，以查看其将如何影响系统的行为，但实际上，除了此 IO 接口之外，我还将各种意外故障注入了系统中的其他资源。

17.5.1 处理探针效应

系统越接近极限运行，设计和实现就越依赖那些真正严格的公差[译注2]，这种探针效应本身就可能成为一个重大问题。幸运的是，有很多方法可以解决它。不幸的是，如果寻求绝对精确地理解系统行为的细微差别，这些方法都不能令人满意。

这个问题的解决方案听起来既陈腐又不可能。你需要注意了解探针将会产生什么影响。借助示波器，我们能受益于物理学，了解探针的电学性质，从而帮助我们解决问题。在从 CPU 微架构一直到应用程序堆栈的多层泄漏中，这些泄漏可能分布在 N 个设备中，极具挑战性。

当然，有很多方法可以理解探针的初始影响。例如，你可以做一个正式的验证软件，确保探针消耗的内存总是在一定范围中，或者确保探针不会突然崩溃，或确定探针路径总是花 4 条 CPU 指令就能完成其功能。这都是有用的数字，知道探针的足迹范围，还可以通过对探针的经验度量来实现这一点，从而在没有相关验证的情况下获得对其行为的某种信心。你不知道的是，如果系统并没有故意制造混乱，探针在系统中留下的足迹将是什么。为了解决这个问题，你可以制作虚拟探针，在系统上放置类似的负载，即使你没有注入混沌。一旦这样做了，你就可以用虚拟探针负载来描述系统的特性，从而在一定程度上了解探针本身对系统行为的影响。然后你就可以放入真正的探针来进行真正的实验并进行真正的测量。通过对比分析，完成实质性调整。

为了方便起见，另一种方法以精度为代价。考虑系统中你最感兴趣的评估属性。例如，

译注 2：公差是机械和建筑工程行业基础标准中所规定的一系列数值范围，即规定了误差的允许范围，给出了与标定值相偏差的极限容许量。

如果你确实关心系统在通信问题方面的可靠性，那么探针对 CPU 利用率造成的副作用可能并不重要。只要相信你的系统对 CPU 使用的变化不敏感，那么这将提供一个有趣的实验方法。另一个例子，你可能想了解当进程不能分配更多内存时会发生什么。在这种情况下，测量收集功能是否达到网络容量的饱和状态可能无关紧要。通过关注系统最敏感的维度或操作约束，可以衡量探针效应是否可能影响测量结果。可能在某处有显著的效果，但这不是你感兴趣的。通过实验，你有理由相信探针本身的效果与试图通过使用探针将变量引入系统进行测量的效果是完全独立的。

综上所述，总有一种简单的方法：用内置的所有探针来构建系统，并始终对其进行部署，即使它们没有采取任何措施故意改变系统行为，也总是在系统上施加被动负载。将所有的探针放入其中，为它们设置静态内存分配，让所有的代码路径执行实际工作或无意义的伪工作（这些工作是对实际工作的适当近似），并让整个系统在稳态下运行，就资源利用率而言，这相当于最坏情况。这就像一直在调试模式下运行整个系统，对于效率至上的系统显然不适合这样做。

正如俗语所说，天下没有免费的午餐。

17.6 总结

作为一名曾经的机械和制造工程师，我的偏见可能会显现出来，但我对以前的生活一直很怀念的一件事就是“材料属性”这个概念。这些属性包括拉伸强度、磁阻、表面张力、闪点等。在软件工程的世界里没有这样的属性。这极大地阻碍了软件密集型的复杂系统构建、理解和集成的可靠性。第一次让我震惊的是听了两场混沌工程的演讲：一场是 Nora Jones 在 Netflix 工作时的演讲，另一场是 Heather Nakama 在微软工作时的演讲。

听了这两位的演讲，我意识到他们都建立了关于各自系统非常有价值的知识。除了通过混沌工程来获取知识的专有技术外，实际上并没有多少方法可以直接从 Nora 和 Heather 每天处理的系统中获得知识。当然，这些系统中也有一些类似的组件，但如果 Nora 想采用 Netflix 子系统，并将其放入 Heather 的微软的基础设施中，期望提供相同的功能，那么他们中的任何一个都很难提前知道这是否可行。这会带来什么影响？这会对 Heather 的基础设施的其他方面带来什么压力？当我们今天处理软件系统时，理解它们很大程度上取决于上下文情境。

另一方面，“材料属性”在跨用例和跨情境中是稳定的。我们在材料测试实验室中测量钛的行为。我们弯曲它，打破它，摇动它，迅速对其进行加热和冷却。我们对它的行为进行了一致的测量，并了解了一系列有关钛的知识，以指导我们如何在一个给定的应用中使用钛。但是，有了足够多的测量值，我们也可以在没有实际制作时间和费用的情况下，预测模型的故障模式、压力和影响。

这就和有限元分析工具使机械工程师能够进行的工作一样。他们可以设计一个虚拟模型，参数化零件的模型材料，定义在实际中应用于设计的载荷源和应力，并且由于我们已经以可重复且一致的方式，表征和测量了许多材料的特性，因此可以预测材料的工作方式，保证在实际生产之前就表现良好。由于一致的测量方法和材料属性，我们可以虚拟地创建整个飞机框架，模拟车辆碰撞中的褶皱区变形，设计水下涡轮机，以最小限度地破坏部署到其中的环境。这从根本上提高了机械工程师能可靠制造的事物的复杂程度。

我认为混沌工程实践是通向软件密集型系统领域的一条路。在某种程度上，基本的属性和特征已经出现在软件系统领域的各个角落。我们考虑像“可用性”这样的属性。我们注意到一些指标，比如 CPU 利用率和网络吞吐量。如果开始定义更多相关的指标，通过混沌工程为软件密集型系统创造相当于“材料属性”的东西，并创建经验方法，就能发现各种系统的与环境无关的测量值。这时混沌工程就像材料测试实验室的工具，当我们把系统推向极限时，我们就了解了系统的行为。如果我们做得正确，那么混沌工程将把后期运维的影响转移到早期的设计考虑上。软件密集型系统已经拥有足够的复杂性，而复杂性本身阻碍了软件系统的创新。混沌工程提供了一条途径，可以让我们找到问题之外的答案。

关于作者

Nathan Aschbacher 的职业生涯开始于为数控机床编写程序，该程序中忽视边缘情况会导致大量金属变形、工具损坏，以及持久的灾难性故障。职业生涯的早期，他就开始设计容错的分布式数据平台和全局事务处理网络。Nathan 首先将混沌工程原理应用于金融科技领域，后来将其实践转移至自动驾驶汽车平台开发，现在通过他的公司 Auxon 致力于开发产品和技术，该公司利用正式和复杂的故障注入技术，使工程师能够验证和清查复杂的高度自动化系统。

第 18 章

当 HOP 遇上混沌工程

Bob Edwards

18.1 什么是 HOP

HOP 是一种改进组织结构和功能流程的方法，以优化对业务至关重要的属性，比如安全性。也许是因为它起源于制造业，所以 HOP 经常被误认为是一个流程，但它并不是传统的理解。根据本章将要提到的五项原则，HOP 是具有灵活性和技巧性的。

作为一种在制造业中普遍使用的方法，我们有机会向混沌工程学习，并结合软件系统中有价值的技术。混沌工程和 HOP 都起源于安全科学中所谓的“新观点”[注1]哲学。这是我们对事故和人为因素认识的根本性转变。HOP 是一种新的方法，为了建立更安全的系统，将新的视图模型应用于事故调查和组织变更中。

18.2 HOP 的主要原则

我们从人员绩效技术[注2]研究领域中提取了五条关键原则，并将其应用于一般工业领域的实际应用。这些原则是我们在制造业、公用事业、化工、石油和天然气，甚至医疗领域提高操作可靠性和恢复能力的指南。这五个原则适用于任何组织：

注 1：“新观点”是一种粗糙的哲学（没有严格定义），与西德尼·德克尔的许多著作，及其合作者所宣扬的安全科学的“旧观点”，形成了对比。这一理念大致符合本世纪初以来安全科学和韧性工程领域的最新研究和趋势，包括在学术和大众文献中普及的“安全 2 型”和“安全差异”等概念。参见西德尼·德克尔的对“新观点”安全的早期阐述，“Reconstructing Human Contributions to Accidents”，*Journal of Safety Research* 33 (2002), pp. 371-385。

注 2：考虑流程管理和流程改进的方法，例如精益、六个标准差、知识管理和培训等。在软件领域中，这将包括 XP、Agile 和 DevOps，但术语 HPT（*https://oreil.ly/U_7Tm*）通常用于制造业，在软件领域并不常用。

- 错误是正常的。
- 责备不能解决问题。
- 上下文情境驱动行为。
- 学习和改进至关重要。
- 自发的反应很重要。

18.2.1 原则 1：错误是正常的

人都会犯错误。很多时候，犯最多错误的正是那些工作做得最多的人。有一次，我在一家机器店里看到一块牌子，上面写着："不犯错误的人将一事无成。"如果我们期望工作环境中的人能完美地完成任务，那我们就是在把自己推向失败。我们需要尽可能地避免错误。然而，我们还需要建立安全失效的能力。汽车制造商采用了这种思维方式，他们建立了防御措施，帮助防止司机发生事故，同时制造出非常安全的汽车。汽车设计师希望司机尽可能安全，但他们也知道，所有的事故都是不可避免的。车中内置了预警系统，甚至还有自动转向修正和刹车辅助，以帮助防止事故的发生。除了这些类型的预防策略之外，汽车制造商还设计和建造了褶皱区、安全气囊，以及预防措施不起作用时的生存空间。这些措施的改进基于事故必会发生，并为此预先计划，这样才能使汽车既不容易撞毁，一旦发生车祸也能保证安全。

18.2.2 原则 2：责备不能解决问题

责备不仅不能解决问题，还导致重要的对话机会和必要信息的丢失。如果一个人感觉可能会因为某事而受到责备，他们会非常不愿意谈论这件事，尤其是当他们认为自己可能会把事情搞砸的时候。这并不意味着我们不用为自己的行为负责。我们需要自己负责。是时候用一种不同的方式来思考责任了。很多时候，当人们说，"我需要让员工负起责任来"，实际上是在说，他们需要有人来承担责任。当我们不再专注于责备，而是开始专注于学习、改善和恢复时，我们就开始了建立这样一个工作环境：人们不害怕谈论问题，即使问题的发生和他们有关。责备无法避免，因为我们是人，而人特别善于推断事物之间的联系，即使这种推断没有客观证据的支持。HOP 不能阻止责备的发生。但是责备并不能让你或你的组织变得更好。如果你的目标是改进，那么你需要做出深思熟虑的努力，引导你的组织走向学习和改进，远离责备和惩罚。

18.2.3 原则 3：上下文情境驱动行为

许多不同的条件和组件创建了围绕工作的上下文情境。其中一些组件是我们日常使用的系统，如安全、质量、生产、环境、指标等。随便挑一个，看看它们引起的行为。如果安全部门告诉你必须达到零伤亡，这就造成了低报的压力。系统越努力驱动这个数字的降低，报告自己受伤的人就越少。如果围绕生产压力的上下文情境，要求在班次结束前生产 1000 个零件，那么如何实现目标将变得不重要，而实现目标本身将变得越来越重要。围绕工作设置的上下文情境常常会驱动与业务目标脱节的行为。我们需要这些系统和指标。然而，对这些系统正在驱动的行为保持开放和诚实是非常重要的。如果我们发现它们的行为是正确的，那很好，如果不是，我们应该做一些不同的事情。我们还应该意识到，昨天或去年驱使某种行为的上下文情境，现在可能已经变成不那么令人满意的了。举个例子，如果我们实施了一个观测项目，目的是让领导们到现场看看发生了什么，这似乎是一件好事。我们可以添加一个指标，以确保每周至少进行一定数量的观测。与我们去做观测工作时所学的内容相比，每周的指标更容易成为关注的焦点。

18.2.4 原则 4：学习和改进至关重要

在组织中，很多人都体会过某种持续改进的流程。流程可能运行良好，可能需要调整。

学习和改进的方法需要被参与者使用，并在实践中有效，而不仅仅是理论上的。我们为这个学习过程创造的方法之一就是所谓的“学习团队”。学习和改进的过程中，有一部分需要通过核对结果和预先计划的目标确保有所帮助。在某些情况下，甚至可能不是一个完整的修复，而是基于当前工作的情况的改进。为了知道我们所采取的措施是否有效，需要对改进做有效的测试或分析。这就是混沌工程方法能够真正起作用的地方：验证系统产生的所需输出。

18.2.5 原则 5：自发的反应很重要

五项原则中的最后一条是关于我们如何看待自己的反应。当事件发生或即将发生，当不清楚某个流程，或当不确定结果好坏时，我们需要做出反应。我们需要开始学习，这将引导我们更深入地了解我们的工作场所，并鼓励改进。这都需要深思熟虑和自发地去做。同时，我们的处理方式应指导我们的组织不要责备工人、主管或经理。请记住：“责备不能解决任何问题。”当我们对某个事件或问题做出积极的反应时，它将为周围的人定下整个基调。讨论在整个组织的各个层次如何应对，这非常重要！

18.3 HOP 遇上混沌工程

在制造业领域中，当某些问题（如安全问题、质量问题，或者操作上的问题）发生时，我们会想办法解决。我们希望确保我们的行动项目实际上得到了及时的执行，并且发挥了作用。我们通常会跟踪这些行动项目，与所有者联系并确定目标日期，并召开会议，讨论为何有些项目尚未结束。听起来是不是很熟悉？我并不是说这很糟糕，只是我经常看到人们把更多的精力放在结束项目上，而不是集中在有效性和可持续性上，尤其当这件事被认为是合规的需要时。

这个过程在大多数组织中都存在，它确实有一定的价值。也就是说，我想把重点更多地转移到解决方案的有效性和韧性、修复和改进上来，这些都来自我们的学习和努力。我希望我的团队和领导层有信心，所做的改进将真正增加工作场所的可靠性和适应性。我们所做的工作真的在工作环境中会有所作为吗？这种想法很大程度上是我从混沌工程人员的工作学习和总结而来。

以下是我从 Nora Jones、Casey Rosenthal 和他们的同事那里了解到的。他们在混沌工程方法中应用了一些关键原则，能更好地理解产品的可靠性。我想通过投入改进来更好地理解防御和技能的原则。如果你采用这些原则，并将它们更广泛地应用到流程和组织中，看看我们是否可以用这种思维方式，以更好地描述我们在工作场所建立的防御和技能。

我们从这里开始有关对混沌工程整体实验原理的理解。其目的不是要废除这些标准测试，用来确保产品或流程符合监管要求和基本操作标准。混沌工程用来影响产品或流程超出其正常预期条件，并通过观察系统在“混沌干扰下”的运行情况，来了解我们是否可以学到有关产品或过程可靠性的新知识，或者发现其不足之处。我们正在尝试学习新知识。

尝试学习新东西，而不只是为了测试已知的东西，这是非常明智的。

这让我想起了一个简单的例子。假如，作为学习和改进工作的一部分，我们决定需要安装一个安全轨道。我把它漆成黄色。我通过每条腿底部的锚板用混凝土锚栓将其固定下来（确保每个板有四个螺栓）。它必须是 42 英寸高，并有一个中轨和一个抬起脚尖的护脚板。它必须能承受一定的侧向载荷力。这个栏杆需要满足这些要求，应该进行测试。这些是“已知的”需求。混沌工程教会我的是，我还需要知道这条轨道在实际使用时的工作情况。它会碍事吗？是否堵塞了阀门或仪表的通路？是否会导致工人不得不走到其他危险区域以避开它？是否会减慢工作流程？当设备频繁发生故障、警报器响起或进行消防演习时，我们对该区域的栏杆工作情况了解多少？这些事情对我而言变得越来越有趣，不仅仅是它是否通过了监管要求，或者是否会在 30 天之内被行动跟踪器关闭。

现在，借助混沌工程方法进行系统实验、防御和技能建设，事情起了变化。当我开始思考这种理解产品和流程的新方法时，我意识到，我们在 HOP 上所做的工作可能会真正改变游戏规则。当学习团队提出改进和解决方案时，我们可以通过混沌工程进行验证。学习小组会议结束后，我们对工作的混乱情况有了更多的了解。现在有了这些信息，当我们将改进构想落实到位时，就可以验证它们。这将使我们更好地了解我们所做的改进是否会使流程、产品或操作处于更可靠的状态。无可否认，在撰写本文时，我们还处于这种新思维的早期阶段。但是，我想分享我们已经在做的事情和计划做的想法。

18.3.1 混沌工程和 HOP 实践

这里有一个关于 HOP 领域的混沌工程的例子。许多与我们合作的公司都有模拟培训室。它们通常被设置得尽可能接近真正的控制室。作为培训的一部分，操作员要像在现实生活中工作一样，在模拟室中花费数不清的时间。培训师可以把问题抛给新的操作员，看他们如何解决。他们会失败，学习，然后再尝试。这个过程可以为他们即将开始的工作建立信心和能力。比如，在模拟控制板上出现了一个问题，操作人员关闭了阀门 3，并将流量通过旁路分流到溢流槽中，问题解决了。

现实生活中的问题是，3 号阀门一直挂着，只关闭了 80% 的管道，这不会完全分流流量，还会继续让大流量流向问题所在的管道。这是现实，但不在模拟器中。混沌工程的方法教会我们修改模拟控制室的参数和软件，以便在模拟中更好地反映实际的退化状态。现在，当新的操作员试图关闭阀门 3 时，它显示关闭了。然而，他们仍然看到下游阀门的流量。现在，他们必须实时地思考其他选择和解决方案，因为系统已无法实时解决问题。这是工作中固有的混乱。我们正在团队会议中学习这些信息，并可以将它们应用到模拟器的软件中。

我认为我们甚至可以创建将问题随机化的代码，用于不同的模拟。也许某种“衰减”算法会使不同的组件磨损，而不能像最初设计的那样发挥作用。这将在电力公司的控制室或化工厂或任何由计算机系统控制的地方增加实际操作的混乱感。

现在考虑一下这个例子是如何与 HOP 的原则相关联的：

错误是正常的

我们期望受训者在模拟中做出次优的决定。实时解决问题是困难的，特别是当你还在建立基础经验的时候。不要害怕失败。

责备不能解决问题

当人们的决定没有带来预期的结果时，模拟中的我们更容易抑制责备别人的冲动。因为在这种环境下，业务结果不会受到真正的影响，风险较低。

上下文情境驱动行为

模拟的真实性建立了上下文情境，模拟的界面与人的行为之间的交互作用为训练者和受训者提供了一个很好的学习平台。这也是用户体验（UX）设计师的机会，可以更好地理解人工操作员和系统技术部分之间的相互作用。将采取的行动（关闭阀门 3）

和看到的结果（流量仍在有问题的管道中存在）之间的差异通知操作员，当然这也预示着改进工具的机会。

学习和改进是至关重要的

模拟的全部目的是提供一个安全的学习环境。这是 HOP 方法的核心。

自发的反应很重要

在真实的模拟中，训练者可以寻找和鼓励自发性，以促进决策过程更好的对话。

混沌工程和 HOP 的目标完美契合。关注经验数据，实际尝试在动荡的条件下运行该系统，直接体现了 HOP 的原则。

18.4 总结

HOP 旨在帮助我们结合人和组织共同协作的最佳方法，从而建立一个更好的工作场所。它还鼓励组织挑战当前正在做的事情，看看正在做的事情是否让他们变得更好，还是可能给了他们一种错误的安全感。我们是否从系统中获得了想要的东西，以及输出结果是否与假设一致，通过对上述问题的验证，混沌工程在哲学上和实践上对这种方法进行了补充。

关于作者

Bob Edwards 是 HOP 的从业者。他在各级机构工作，教授 HOP 基础知识，培训和指导学习团队。Bob 拥有田纳西理工大学的机械工程学士学位，并拥有阿拉巴马州伯明翰大学的高级安全工程管理硕士学位。他的工作经验很丰富，担任过维修人员、美军士兵、设计工程师、维护和技术支持负责人、安全负责人以及工厂副厂长。

第 19 章

数据库的混沌工程

唐刘，翁浩

19.1 为什么我们需要混沌工程

自从 2011 年 Netflix 开源 Chaos Monkey[注1] 以来，这个项目变得越来越受欢迎。如果你想构建一个分布式系统，那么让 Chaos Monkey 在你的集群上稍微疯狂一点，就可以帮助构建一个容错、健壮和可靠的系统[注2]。

TiDB[注3] 是一个开源、分布式、混合事务 / 分析处理（HTAP）[注4] 的数据库，主要由 PingCAP 开发。它存储了我们认为对任何数据库用户来说最重要的资产：数据本身。我们的系统最基本和最重要的要求之一是容错。传统上，我们运行单元测试和集成测试以确保系统可以投入生产，但这些测试只是冰山一角，因为集群规模、复杂性和数据量都随着 PB 级别的增加而增加。混沌工程很适合我们。在本章中，我们将详细介绍我们的实践，并介绍为什么像 TiDB 这样的分布式系统需要混沌工程的具体原因。

19.1.1 健壮性和稳定性

为了在新发布的分布式数据库（如 TiDB）中建立用户信任，其中数据保存在相互通信的多个节点中，我们必须在任何时候防止数据的丢失或损坏。但在现实世界中，失败可以发生在任何时间、任何地方，我们永远无法预料。那么，我们如何才能在它们面前生存下来呢？一种常见的方法是使我们的系统具有容错能力。如果一个服务崩溃，另一个容

注 1：Chaos Monkey 官网 *https://oreil.ly/H2ouw*。

注 2：本章的某些内容先前已发布在 PingCAP 博客上 *https://oreil.ly/-P8tK*。

注 3：TiDB 官网 *https://oreil.ly/n5xBc*。

注 4：HTAP 意味着单个数据库具有执行实时业务智能处理的在线事务处理（OLTP）和在线分析处理（OLAP）的能力。

错服务可以立即接管，而不会影响在线服务。在实践中，我们需要警惕容错增加分布式系统的复杂性。

我们如何确保容错是健壮的？测试故障容忍度的典型方法包括编写单元测试和集成测试。在内部测试生成工具的帮助下，我们已经开发了超过 2000 万个单元测试用例。我们还使用了大量的开源测试用例，如 MySQL 测试用例和 ORM 框架测试用例。然而，即使是 100% 的单元覆盖率也不等于一个故障容错系统。同样，在设计良好的集成测试中生存下来的系统，也不能保证它在实际生产环境中能足够好地运作。在现实世界中，任何事情都可能发生，比如磁盘故障，或者网络时间协议（NTP）不同步。为了使像 TiDB 这样的分布式数据库系统更加健壮，我们需要一种方法来模拟不可预测的故障，并测试我们对这些故障的响应。

19.1.2 一个真实的例子

在 TiDB 中，我们使用 Raft 共识算法将数据从领导者复制到追随者，以确保副本之间的数据一致性。当一个追随者被新添加到一个副本组中时，它很有可能会落后于领导者的多个版本。为了保持数据的一致性，领导者会发送一个快照文件以供追随者使用。这是一个可能出错的地方。图 19-1 显示了我们在生产环境中遇到的典型情况。

```
[root@10-180-0-22 data]# ls -lt snap/* | grep 16986
-rw-r--r-- 1 ops ops      58 Jul 18 23:42 snap/rev_1129386_18_16986.meta
-rw-r--r-- 1 ops ops       0 Jul 18 23:42 snap/rev_1129386_18_16986_write.sst
-rw-r--r-- 1 ops ops       0 Jul 18 23:42 snap/rev_1129386_18_16986_lock.sst
-rw-r--r-- 1 ops ops 8499200 Jul 18 23:42 snap/rev_1129386_18_16986_default.sst
```

图 19-1：在 TiDB 快照中发现的真实 bug，根据 .meta 文件中的信息，_write.sst 和 _lock.sst 不应该是 0 字节。

如图 19-1 所示，快照由四个部分组成：一个元文件（后缀为 *.meta*）和三个数据文件（后缀为 *.sst*）。元文件包含所有数据文件的大小信息和相应的校验和，我们可以使用它来检查接收到的数据文件是否适用。

对于一个新创建的副本，图 19-2 显示了如何在 Raft 领导者和追随者之间验证快照的一致性。正如你在日志中看到的，一些大小为零的数据文件实际上在元文件中不是零。这意味着快照已损坏。

那么这个 bug 是怎么发生的呢？在 Linux 调试消息中，我们在 Linux 内核中发现了一个错误：

```
[17988717.953809] SLUB: Unable to allocate memory on node -1 (gfp=0x20)]
```

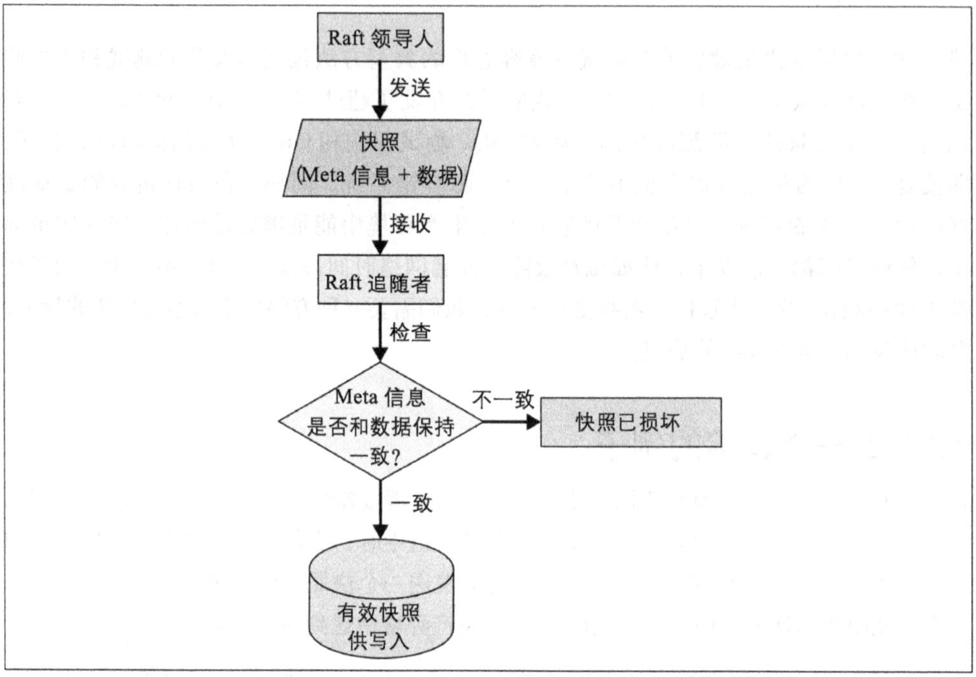

图 19-2：Raft 组中的快照一致性验证。领导者向追随者发送了一个快照，然后将元文件与数据文件进行比较，以决定它们之间是否一致。

这个错误是在 Linux 操作页面缓存时发生的[注5]，页面缓存是内核在读写磁盘时引用的主磁盘缓存。当我们在 Linux 中不使用直接 IO 模式向文件写入数据时，数据将首先写入页面缓存，然后通过后台线程刷新到磁盘。如果刷新过程由于系统崩溃或停电而失败，我们可能会丢失写入的数据。

这个失败是很棘手的，因为它不是独立于 TiDB 本身。它只能在生产环境的完整上下文中遇到，而生产环境具有更大的复杂性和不可预测性。解决这个问题很容易，但是无论我们编写多少单元测试或集成测试，仍然不能涵盖所有的情况。我们需要一个更好的方法：混沌工程。

19.2 应用混沌工程

Netflix 不仅发明了 Chaos Monkey，还引入了混沌工程的概念，这是一种帮助我们识别故

注 5：Marco Cesati 和 Daniel P. Bovet 的 *Understanding the Linux Kernel*，第 3 版 第 15 章，2005 年 由 O'Reilly 出版。

障模式的系统方法。为了应用混沌工程，我们将以下实验指南[注6]与具体方法结合起来：

- 将“稳态”定义为系统显示正常行为的可测量输出。
- 基于稳态发展假设。
- 引入反映真实世界事件的变量。
- 通过检测与稳态的偏差来证明假设是错误的。

19.2.1 我们拥抱混沌的方式

在 TiDB 中，我们应用混沌工程来观察系统的稳态，进行假设，进行实验，并用真实的结果（详见第 3 章）来验证假设。以下是基于核心原则的五步混沌工程方法论：

1. 基于指标定义稳态。我们使用 Prometheus 作为监视器，通过观察和收集稳定集群的关键指标来定义系统的稳态。通常，我们使用 QPS 和延迟（P99/P95）、CPU 和内存。对于像 TiDB 这样的分布式数据库，这些是服务质量的关键指标。
2. 列出一些假设的故障场景和我们预期会发生的事情。例如，如果我们将一个 TiKV（TiDB 的分布式键值存储层）节点从一个三副本集群中分离出来，QPS 首先应该下降，但很快就会恢复到另一种稳态。另一个例子是我们将一个节点上的区域数量（TiKV 中的存储分割单元）增加到 40 000 个。CPU 和内存利用率应该保持正常。
3. 选择一个假设来验证。
4. 向系统中注入故障，监控指标，并验证指标的更改是否符合预期。如果有偏离稳态的重大偏差，一定是出了什么问题。继续 QPS 假设（见图 19-3），在 TiKV 节点故障中，如果 QPS 从未返回到正常级别，则意味着由网络故障导致领导者永远不会重新选上，或者客户端不断地请求失踪领导者的响应。这两种情况都表明系统中存在缺陷，甚至是设计缺陷。

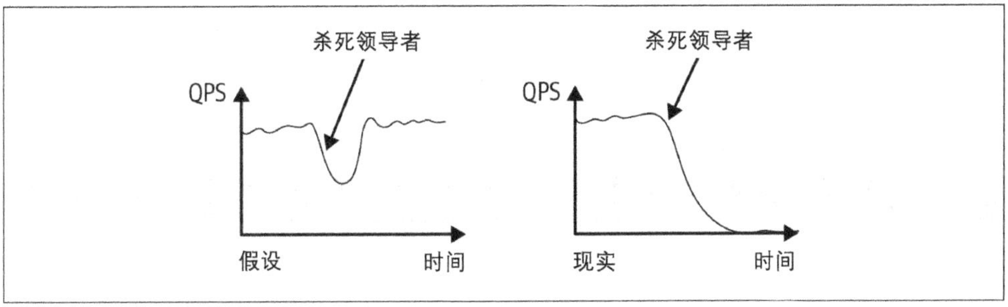

图 19-3：假设和现实

注 6：官方网站 *http://principlesofchaos.org*。

5. 清理和重复列表中的另一个假设，并通过一个名为薛定谔的测试框架自动化这个过程。

19.2.2 故障注入

故障注入[注7]是一种通过向测试代码路径（特别是错误处理代码路径）引入故障来提高测试覆盖率的技术。在开发 TiDB 的过程中，我们积累了许多执行故障注入的方法，以干扰系统并更好地理解其复杂性。在进行故障注入时，重要的是隔离系统的各个部分，并了解其组成部分，以最大限度地减小爆炸半径。根据影响范围，我们将故障注入方法分为四大类：

- 应用程序中的故障注入
- CPU 和内存中的故障注入
- 网络中的故障注入
- 文件系统中的故障注入

应用程序中的故障注入

在应用程序级别，终止或挂起进程是测试容错和并发处理能力的好方法（参见表 19-1）。

表 19-1：应用中的故障注入

目的	方法 / 步骤
容错 / 恢复	强制（使用 SIGKILL）或优雅地（使用 SIGTERM）随机终止一个进程，然后重新启动该进程
并发 bug	用户可以更改进程的优先级
	使用 `pthread_setaffinity_np` 更改线程的亲和性

CPU 和内存中的故障注入

由于 CPU 和内存是紧密相关的，并且都对线程操作和性能有直接影响，因此我们将 CPU 和内存归为一类。表 19-2 列出了 CPU 和内存中故障注入的步骤和目的。

表 19-2：CPU 和内存中的故障注入

目的	方法 / 步骤
饱和度和性能问题	运行 `while (true){}` 之类的实用程序，以最大限度地利用 CPU(100% 的利用率)
限制条件下的性能	使用 `cgroup` 来控制某个进程的 CPU 和内存使用

注 7：见 *https://oreil.ly/84uqP*。

CPU 和内存是故障注入的通用部件。由于我们正在构建一个分布式数据库，其中数据保存在相互通信的多台机器上，因此我们更关注网络和文件系统中的故障注入。

网络中的故障注入

在分析了 25 个著名的开源系统之后，Ahmed Alquraan 等人[注8] 确定了 136 个归因于网络分区的故障。在这些错误中，80% 是灾难性的，其中数据丢失是最常见的（27%）。这对于分布式数据库尤其重要。网络分区不能掉以轻心。通过网络中的故障注入，我们可以检测到尽可能多的网络问题，以便在数据库部署到生产环境之前建立对它的理解和信心。

网络分区有三种类型，如图 19-4 所示。

a. 完全分割：组 1 和组 2 不能完全沟通。

b. 部分划分：组 1 和组 2 不能直接通信，但可以通过组 3 通信。

c. 单工分区：组 1 可以连接组 2，但组 2 不能连接组 1。

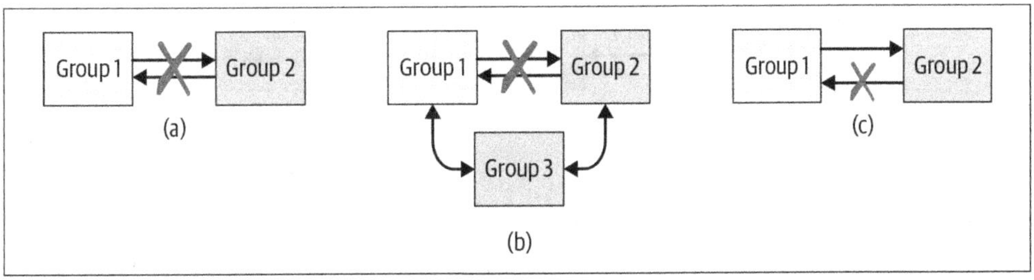

图 19-4：网络划分类型

对于 TiDB，我们不仅使用基本的网络分区类型来模拟网络故障，还添加了几个其他变体：

- 使用 `tc`[注9] 增加网络延迟。
- 使用 `tc` 重新排序网络数据包。
- 启动一个应用程序，以耗尽带宽。
- 使用代理控制特定的 TCP 连接。
- 使用 `iptable` 限制特定连接。

使用这些向网络中注入故障的方法，我们能够检测主要与分布式数据库相关的网络问

注 8：Ahmed Alquraan 等 “An Analysis of Network-Partitioning Failures in Cloud Systems”，发表于 *13th USENIX Sym - posium on Operating Systems Design and Implementation* (OSDI 18), USENIX Association。

注 9：tc（流量控制）是用于配置 Linux 内核数据包调度程序（*https://oreil.ly/d8uOy*）的用户空间实用程序。

题，如延迟、包丢失、网络分区等。当然，这并不是我们探索的所有条件。例如，有时我们拔下网络电缆，在指定的一段时间内立即形成完整的网络分区。

文件系统中的故障注入

Pillai[注10] 等人发现文件系统可能会因为崩溃而导致数据不一致，就像我们前面提到的快照问题一样。为了更好地理解文件系统并保护数据不受文件系统故障的影响，我们还需要对它们进行混沌工程实验。

因为很难直接向文件系统中注入故障，所以我们使用 Fuse（见图 19-5）挂载一个目录，并让我们的应用程序操作这个目录中的数据。任何 I/O 操作都将触发一个钩子，因此我们可以进行故障注入以返回错误，或者将操作传递到实际目录。

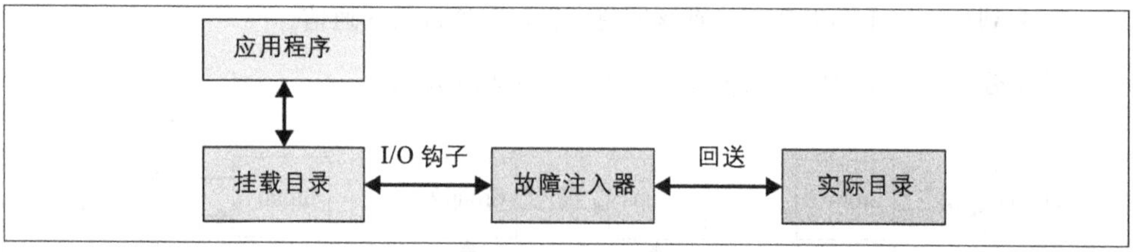

图 19-5：Fuse 架构

在故障注入器中，我们定义了像路径 /a/b/c 这样的规则，对每个读 / 写操作施加 20 毫秒的延迟。或者对于路径 /a/b/d，在每个写操作上强加一个 `return NoSpace error` 操作。根据这些规则，通过挂载的目录注入故障。不匹配的操作将绕过这些规则，并与实际目录交互。

19.3 检测故障

发展实验假设并在此基础上向系统注入故障是有启发性的，但它们只是理解系统复杂性和不可预测性过程的开始。为了使实验实际有效，我们需要在生产中有效、准确地检测故障的方法。与此同时，我们需要一种方法来帮助我们自动检测生产中的故障。

检测故障的一个简单方法是使用 Prometheus 的警报机制。我们可以定义一些警报规则，并在出现故障时接收警报并触发该规则。例如，当每秒给定的错误数超过预先定义的阈值时，警报就会触发，我们就可以做出相应的响应。

注 10：Thanumalayan Sankaranarayana Pillai 等的“All File Systems Are Not Created Equal: On the Complexity of Crafting Crash-Consistent Applications”，2014 年 10 月发表于 *Proceedings of the 11th USENIX Symposium on Operating Systems Design and Implementation*。

另一种方法是从历史中学习。我们有很长时间跨度的用户工作负载指标。根据这些历史数据，我们可以推断当前的指标（如保存持续时间的激增）是否正常，因为用户工作负载在大多数时候是固定的（参见图 19-6）。

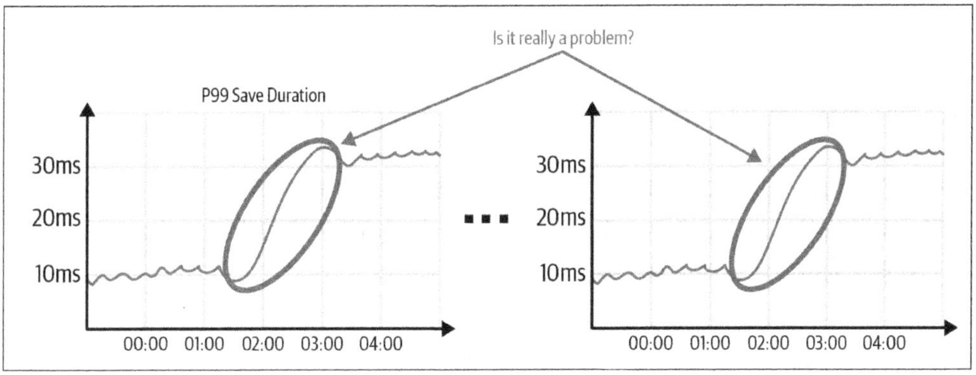

图 19-6：历史指标

对于严重错误，我们使用 Fluent Bit[注 11]（一种开源日志处理器和转接程序），用于跨 TiDB 组件收集日志，以后会在 Elasticsearch 中处理和调试之前解析日志。为了结构化地简化日志的收集、解析和查询，我们定义了一种统一的日志格式，称为 TiDB 日志格式，其结构如下：

```
Log header: [date_time] [LEVEL] [source_file:line_number]
Log message: [message]
Log field: [field_key=field_value]
```

下面是一个日志示例：

```
[2018/12/15 14:20:11.015 +08:00] [WARN] [session.go:1234]
["Slow query"]
[sql="SELECT * FROM TABLE WHERE ID=\"abc\""] [duration=1.345s]\n
[client=192.168.0.123:12345] [txn_id=123000102231]
```

在本例中，我们有一个关键字“Slow query”。从日志消息部分，我们可以知道有问题的 SQL 语句及其 txn_id（SQL 查询的唯一 ID），根据它，我们可以获得所有相关的日志，并知道 SQL 为什么很慢。

19.4 自动化混沌工程

2015 年，当我们刚开始开发 TiDB 时，每次承诺一个特性，我们都会做以下事情：

注 11：官网 https://fluentbit.io/。

1. 构建 TiDB 二进制文件。
2. 要求管理员分配一些机器进行测试。
3. 部署并运行 TiDB 二进制文件。
4. 运行测试用例。
5. 注入故障。
6. 在所有测试完成后，清理一切并释放机器。

尽管这在当时是可行的，但所有这些任务都涉及手工和烦琐的操作。随着 TiDB 代码库和用户群的增长，越来越多的实验需要同时运行。手动的方式根本无法伸缩。我们需要一个自动化的流水线来解决这个痛苦。

19.4.1 自动化实验平台：薛定谔

著名的思想实验薛定谔的猫[注 12]，假设一只猫可能同时活着和死了，通过与一个可能发生也可能不发生的亚原子事件联系起来。除了各种各样的解释，我们发现了实验中的不可预测性，以及产生这种不可预测性的设备，它们完全适用于我们的混沌工程实践。有了这个灵感，我们建立了薛定谔——一个自动执行混沌工程的实验平台。我们所需要做的就是编写实验并配置薛定谔来执行特定的测试任务，然后它就会把其他的一切都从那里带走。

在物理机器上创建一个干净环境的开销是运行这些实验所涉及的更大的痛点之一。我们需要一个解决方案来运行混沌工程实验，这样我们就可以把精力集中在最重要的事情上：理解系统。薛定谔是基于 Kubernetes（K8s）的，所以我们不依赖于物理机器。K8s 隐藏了机器级别的细节，并帮助我们为正确的机器安排正确的工作。

如图 19-7 所示，薛定谔由以下部分组成：

猫

指定配置的 TiDB 集群。

盒子

用于为集群和相关实验生成配置的模板。它是对实验或者要运行的测试的封装。

克星

故障注入器注入故障以干扰系统，目标是“杀死猫”，或使测试失败。

注 12：官网 *https://oreil.ly/eV42N*。

测试用例

指定测试程序、输入和预期输出。

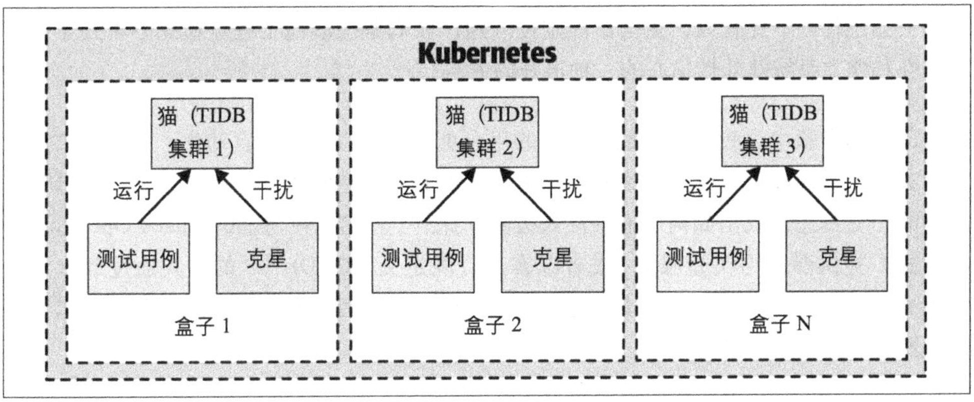

图 19-7：K8s 上的薛定谔架构

有了薛定谔平台，我们简化了混沌工程工作流程的方法论，这样我们就可以根据需要自动地扩大实验规模。

19.4.2 薛定谔的工作流

现在，如果我们想用薛定谔来实验我们新开发的特征，只需要：

1. 准备测试用例：
    a. 通过 git 克隆下载测试代码，编译并指定运行参数。
    b. 指定多个实验的运行顺序，例如串行或并行，并根据实验场景决定是否使用“克星”随机注入故障。
2. 创建一个猫。Cat 是我们想要测试的 TiDB 集群。在配置文件中设置集群中不同 TiDB 组件的数量、代码分支和组件的配置。
3. 添加盒子，并将配置的 TiDB 集群和测试用例放入盒子中。

在完成这些步骤之后，薛定谔开始准备资源、构建相应的版本、部署并运行集群。然后它将运行实验（无论“克星”注入故障与否），并最终给我们一个报告。

在薛定谔之前，即使是像账号转移这样的简单实验，我们也需要手动部署 TiDB 集群、配置测试、注入故障并最终检测故障。在薛定谔的实验中，无论是像这样的简单实验还是复杂得多的实验，这些手动的步骤只需单击几下鼠标就能自动运行。薛定谔现在可以同时在七个不同的集群中进行实验，24 小时不间断。

19.5 总结

我们对混沌工程平台（薛定谔）的实现，帮助我们在 TiDB 的所有组件（包括 RocksDB 等第三方组件）中更有效、更全面地定位问题。我们坚信混沌工程是检测分布式系统不确定性和建立系统健壮性信心的一种很好的方法。

在接下来的步骤中，我们将通过使我们的平台更加灵活、智能和自动化，来继续扩展现有的实现。例如，我们希望能够进行内核级故障注入，并使用机器学习让薛定谔"研究"集群的历史日志，找出如何智能地注入故障。此外，我们也在考虑以 Chaos Operator[注13] 的方式，提供薛定谔实验服务，或者以客户资源定义（CRD）[注14] 的方式通过 K8s 定义 Chaos。这样除了 PingCAP 之外，更多的用户可以使用我们的方法检测问题，只需要提供自己的 Helm charts[注15] 即可。

关于作者

唐刘是 PingCAP 的首席工程师。自 2015 年 TiKV 项目启动以来，他一直担任项目组组长和资深维护人员。他也是混沌工程的长期倡导者和实践者。在 PingCAP 之外，他是一个开源爱好者，也是 go-ycsb 和 ledisdb 的作者。

翁浩是 PingCAP TiKV 项目的内容策划师和国际化项目协调员。他曾在 Spirent 和 Citrix 等科技公司有多年的技术写作经验。除了用通俗易懂的语言传达复杂的技术外，他还热衷于马拉松和音乐剧。

注 13：在本书发布之时，PingCAP 已经开源了混沌工程平台 Chaos Mesh（*https://oreil.ly/pPDLn*），用于在 K8s 上编排混沌工程实验。

注 14：官网 *https://oreil.ly/eV42N*。

注 15：官网 *https://oreil.ly/iH4Ca*。

第 20 章

安全混沌工程的案例

Aaron Rinehart

> 安全混沌工程的定义：通过主动的实验来识别安全控制的故障，以建立对系统可以抵御生产中的恶意场景[注1]的能力的信心。

隐私权信息中心[注2]（一家追踪数据泄露的机构）称，安全事件发生的频率和受影响的用户数量正在呈指数级增长。未能正确实施基本配置以及不当的技术控制，是导致一系列安全事件的因素[注3]。组织被要求使用少量的资源来维持安全现状。而且，一直以来，我们处理安全工程的方式和系统同步构建的方式存在着冲突。

在向复杂的分布式系统迈进的过程中，这威胁到了安全能力的协同发展，因此必须对信息安全进行不同角度的思考。工程实践已经达到了这样一种状态，即我们所设计的系统无法被人类的思维所建模。现在，我们的系统分布广泛，运行时间短。云计算、微服务和持续交付等变革性技术，都给客户价值方面带来了新的进步，但反过来也带来了一系列新的未来挑战。这些挑战中最主要的是我们无法理解自己的系统。

如果我们对系统行为了解不多，那么如何能够给系统带来良好的安全性呢？答案是通过有计划的、经验指导的实验。本章将混沌工程应用于网络安全领域。我们称之为安全混沌工程（Security Chaos Engineering，SCE）。

SCE 是发展学习文化的基础，围绕组织如何构建、运维、测量和保护其系统而建立的一种学习文化。这些实验的目的是将实践中的安全性从主观评估转变为客观测量。正如在 DevOps 领域中所做的那样，混沌工程实验让安全团队能够减少“未知的未知”，并用能

注 1：Aaron Rinehart 的“ Security Chaos Engineering: A New Paradigm for Cybersecurity”，发表于 2018 年 1 月 24 日 Opensource.com，*https://oreil.ly/Vqnjo*。

注 2：官网 *https://www.privacyrights.org*。

注 3：IBM/Ponemon Institute, “2018 Cost of a Data Breach Report” , 2018, *https://oreil.ly/sEt6A*。

够推动安全态势改进的信息替代“已知的未知”。

通过有意地引入故障模式或其他事件，安全团队可以发现实际安全系统的可测量性、可观察性和可度量性的情况。团队可以观察安全功能是否像每个人假设的那样正常工作，客观地评估其能力和弱点，稳定前者并消除后者。

SCE 提出，理解这种不确定性的唯一方法是通过引入受控信号来客观地应对它。如果通过向系统中注入事件来引入客观的受控信号，那么就有可能评估团队处理不同类型事件的能力、技术的有效性、运行手册或安全事件流程的一致性等。现在你能够真正地了解事件何时开始，测量、跟踪和比较不同时段的结果，甚至评估和鼓励不同的团队更好地了解应对攻击的准备情况。

20.1 现代安全手段

混沌工程是唯一在可用事件发生之前就对其进行检测的主动机制。按照这种传统，SCE 允许团队在破坏业务成果之前主动安全地发现系统缺陷。这就需要一种全新的网络安全方法，该方法必须与快速发展的软件工程领域保持同步。

20.1.1 人为因素与故障

在网络安全领域，“分析事件的根本原因”仍然是一个广泛接受的文化规范。

> 所谓的“根本原因”只是你停止进一步调查的借口。
>
> ——Sydney Dekker[注4]

失败没有单一的根本原因，就像成功没有单一的根本原因一样。根本原因分析（Root Cause Analysis，RCA）方法导致不必要和无益的责任归咎，孤立所涉及的工程师，最终导致整个组织内的恐惧文化。

错误总是会发生。传统的 RCA 方法不鼓励实验和试错，而是强调事后分析，这削弱了更深层次地了解引发不良错误的事件和行为的能力。归根结底，RCA 并没有减少产品中安全缺陷的数量或降低严重性。反倒是我们当前的思维方式和流程使问题变得更糟，而不是更好。

行业的保守状态意味着我们很快将“根本原因”作为归因和转移责任的对象。后见之明的偏见经常使我们混淆个人叙述与真相，而真相是我们作为调查者永远无法完全了解的

注 4：Sydney Dekker 的 *The Field Guide to Understanding "Human Error"*，第 3 版，2014 年 Abingdon and New York, NY: Routledge 出版。

客观事实。自我反思的糟糕状态、人为因素的知识以及资源限制的性质，进一步加剧了这种恶性模式。

大多数报告提到，数据泄露[注5]的“根本原因”不是恶意或犯罪活动。波耐蒙研究所称“恶意攻击”是“由黑客或内部犯罪分子（雇员、承包商或其他第三方）造成的”。换句话说，“恶意或犯罪攻击”的定义可以相当广泛，其攻击来自包括：盟友或敌对民族国家、黑客行为、有组织犯罪、网络恐怖主义、企业间谍活动和其他破坏性犯罪行为。然而，如果“人为因素”和“系统故障”是数据泄露的“根本原因”，那么为何忽略这些问题，容忍上述的犯罪破坏行为呢？

英国广播公司（BBC）报道了一则反映复杂网络罪犯的故事[注6]：

> 这样的攻击确实发生过。但通常情况下，登上新闻头条的黑客和网络罪犯并没有做什么神奇的事情。事实上，他们通常只是狡猾的机会主义者——就像所有的罪犯一样。

事实上，绝大多数恶意代码，如病毒、恶意软件、勒索软件等，都习惯性地利用唾手可得的果实。这可能以弱密码、默认密码、过时的软件、未加密的数据、系统中薄弱的安全措施的形式出现。而且最重要的是他们利用了人们毫无防备的弱点，即对面前复杂系统的实际运行方式缺乏了解。我们的行业需要一个新的方法。

20.1.2 摘掉唾手可得的果实

如果大多数恶意代码的目标是那些毫无戒心、准备不足或没有觉察的人，即“唾手可得的果实”，那就应该问：有多少数据泄露是由犯罪和恶意攻击引起的，如果没有这么大的攻击面，那还会成功吗？

如果“唾手可得的果实”实际上是最甜的，怎么办？考虑一下刚才描述的情况，罪犯通过弱者的事件、失误和错误来捕食他们。有没有可能这种“唾手可得的果实”是主动了解我们系统的关键，也是了解这些构建和运维系统的人员行为的关键？

如果我们始终期望在人和系统以非预期方式行事的文化中运作，也许我们会采取不同的行动，并对系统行为产生更有用的看法。我们可能还会发现，社会技术系统内在的固有故障可能正是我们将安全趋势推向相反方向发展所需的。假设会发生故障，然后设计系统预期的故障。

注5：IBM/Ponemon Institute, “2018 Cost of a Data Breach Report”。

注6：Chris Baraniuk 的“It’s a Myth that Most Cybercriminals Are ‘Sophisticated’”，2017年7月26日发表在 BBC.com，*https:// oreil.ly/qA1Dw*。

我们应该把重点放在从系统故障中学习的能力。通过这种思维上的转变，我们可以开始理解构建更具韧性的系统需要什么。通过在这种情况下构建有韧性的系统，而不是试图捕捉所有错误，让经验不足的罪犯和攻击者投入更多的精力。

波耐蒙研究所将“系统故障”作为一个影响因素：“系统故障包括应用程序故障、意外数据转储、数据传输中的逻辑错误、身份或身份验证失败（错误访问）、数据恢复失败等。”

这些“系统故障”背后的冷酷现实是，故障是我们系统及其安全性的正常行为。毫无疑问，故障是令人不快的意外，但真正的意外是，我们的系统从一开始就能工作。如果“系统故障”和突发事件的发生频率高过正常水平，那么系统将每天都在混乱的边缘摇摆。

SEC 不仅仅是简单地对故障做出反应，安全行业忽视了进一步理解和发现事件的宝贵机会和主动加强系统韧性的机会。如果有可能的话，在事件发生前主动识别出它们会怎样？如果我们不只是依靠希望，而是主动、有目的地采取安全措施，该怎么办呢？

20.1.3 反馈环

即使现代软件变得越来越分布式、快速迭代且以无状态为主，安全方法仍主要是预防性的，并取决于具体的时间点。当今的安全实践缺乏像现代产品持续交付这种快速的迭代反馈环。同样的反馈环应该存在于生产环境的变更和安全机制之间。

安全措施应具有足够的迭代性和敏捷性，根据软件系统的变更频率来更改其行为。安全控制通常在设计时会考虑特定的状态（即第 0 天的生产版本）。同时，围绕这些安全控制的系统每天都在迅速变化。微服务、机器和其他组件在不断被创建和销毁。通过持续交付，组件每天发生多次更改。外部 API 会根据自己的交付时间表不断变化，以此类推。

> 为了提高安全性，重要的是要评估你擅长做什么，学会做得更少和做得更好。
>
> ——Charles Nwatu，Netflix 安全工程师（Stitch Fix 前 CISO）

Charles Nwatu 认为，SCE 其实是组织主动评估其安全防范措施有效性的一种机制。无论是由于日益增长的合规性要求还是不断发展的攻击环境，越来越多的安全组织被要求建立、运行和维护数量不断增加的安全控制。作为 Stitch Fix 的前 CISO，Charles 的任务是建立一个高效的网络安全组织。在建立公司安全机构的过程中，他表示需要“做得更少，做得更好”，而不是一味按数字方式盲目部署安全措施。“做得更少，做得更好”是他积极主动的回应，包括不断核实所建立的安全措施（“做得更少”），以及渴望有效执行其预期的功能（“做得更好”）。

Charles 非常清楚，安全工具和方法必须足够灵活，适应环境中的不断变化和迭代才会有效。没有安全的反馈环，系统的安全性就会最终陷入未知的故障状态，就像没有开发反馈环的系统会陷入不可靠的运行准备状态一样。

发现安全故障的最常见方式就是触发安全事件。安全事件不是有效的检测信号，因为此时已经太晚了，损害已经造成。如果我们希望主动地检测安全故障，就必须找到更好的工具和可观测性的方法。

SCE 引入了可观测性和严格的实验来说明系统的安全性。可观测性是产生反馈环的关键。测试是对已知结果的验证或二元评估。在去寻找之前，要知道我们在寻找什么。实验旨在获得以前未知的新洞见和信息。这些新的洞见完成了反馈环并继续学习。这是更高级别的安全成熟度。

将安全事件注入我们的系统中，可以帮助团队理解他们的系统是如何工作的，并增加提高韧性的机会。SRE[注7]、产品团队和安全团队都需要实现安全性，都应该将自己的服务编码为能够承受潜在的故障，并在必要时优雅地降级，而不会影响业务。通过不断地运行安全实验，我们可以在未知的漏洞变成危机之前，评估和提高我们对它们的理解。当 SCE 被正确地实现时，它会变成一个反馈环，告知系统的安全状况。

20.2 安全混沌工程与现有方法

SCE 解决了当代安全方法中的许多空白，如红紫队演习等。我不是故意忽视红紫队演习或其他安全测试方法的价值。这些技术仍然很有价值，但是在目标和技术方面已有所不同。与单独实施相比，与 SCE 的结合提供了更客观、更主动的反馈机制，能为系统应对不良事件做好准备。

红队[注8]起源于美国武装部队[注9]。多年来，它被定义为不同的方式，但今天可以描述为一种“对抗的方法，以最真实的方式模仿攻击者的行为和技术”。企业中常见的红色团队有两种形式，分别是道德黑客攻击[注10]和渗透测试，这通常包括内部和外部参与。在这些演习中，蓝队是红队的防守对手。

注 7：Betsy Beyer, Chris Jones, Jennifer Petoff 和 Niall Richard Murphy, *Site Reliability Engineering* (Sebasto - pol: O'Reilly, 2016)。

注 8：Margaret Rouse 的“What Is Red Teaming”，2017 年 7 月发表于 WhatIs.com，*https://oreil.ly/Lmx4M*。

注 9：Wikipedia,“Red Team”，*https://oreil.ly/YcTHc*。

注 10：道德黑客攻击，英文 ethical hacking，专门模拟黑客攻击，帮助客户了解自己网络的弱点，并为客户提出改进建议。

紫队[注 11]是红队演习的一种进化，可以在进攻和防守队伍之间提供更有凝聚力的经验。紫色组队中的“紫”字反映了红蓝组队的混合或凝聚力。

这些演习的目标是通过进攻和防守战术的协作提高双方在事件中试图妥协的有效性。这样做的目的是增加透明度，并为安全机构提供一个渠道，使其了解在进行实弹演习时，其准备工作是否有效。

20.2.1 红队的问题

红队的问题包括以下几点：

- 结果通常由报告组成。这些报告完全共享后，很少有可采取的后续行动的建议，也没有向工程团队提供调整或激励来改变他们的优先级。
- 主要关注恶意攻击者和不当利用，而不是更常见的系统漏洞。
- 红队因击败蓝队而不是形成共识而受到激励：
  - 红队的成功常常看起来像一个巨大的、可怕的报告，表明存在很大且脆弱的攻击面。
  - 蓝队的成功通常看起来像是发出了正确的警报，表明预防控制措施全部起效。
- 对于蓝队来说，许多警报可能被误解为探测能力正在有效运行，而实际上情况可能比这要复杂得多。

20.2.2 紫队的问题

紫队的问题包括以下几点：

- 进行紫队练习需要大量资源，这意味着：
  - 仅解决了业务组合中一小部分应用程序的问题。
  - 练习不能经常进行，通常每年或每月进行一次。
- 产生的工件缺乏一种机制来重新应用过去的发现，从而实现回归分析的目的。

20.2.3 安全混沌工程的好处

SCE 解决了这些问题，并提供了一些好处，包括：

注 11：Robert Wood 和 William Bengtson 的“The Rise of the Purple Team”，RSA Conference (2016), *https://oreil.ly/VyVO0*。

- SCE 对系统有更全面的关注。主要的目标不是欺骗其他人员或测试警报。相反，它是为了主动识别由复杂自适应系统所引起的系统安全故障，并建立对运维安全完整性的信心。
- SCE 利用简单的隔离和受控实验，而不是涉及数百甚至数千次更改的复杂的攻击链。当你同时进行大量更改时，很难控制爆炸半径，也难以将信号与噪声区分开。SCE 大大降低了噪声。
- SCE 提供了一种协作式学习体验，其重点是构建更具韧性的系统，而不是对事件做出反应。在混沌工程中，最好的做法是在活动的持续事件或中断期间不执行实验。不难理解，这样做可能会破坏响应团队的工作，但重要的是要认识到，由于时间、认知负担、压力和其他因素，人们在事件中的操作方式有所不同。突发事件不是理想的学习环境，因为重点通常是恢复业务连续性，而不是了解可能导致不良事件的因素。当系统被认为处于最佳运行状态时，我们在没有不良事件和停机的情况下执行 SCE 实验。由于团队专注于构建更具韧性的系统，以替代对事件做出的反应，因此，这将营造更好、更协作的学习环境。

SCE 不一定与红队或紫队的发现或意图竞争。然而，它确实增加了一层有效性、透明度和可重复性，可以显著提高这些实践的价值。红队和紫队的练习根本无法跟上 CI/CD 和复杂的分布式计算环境的步伐。现在，软件工程团队在 24 小时内往往能交付多个产品更新。在红队或紫队练习中获得的结果，其相关性很快就会降低，因为在此期间系统可能已经发生了根本的变化。有了 SCE，我们可以发出一个安全态势的信号，该信号与软件工程师不断对底层系统所做的更改保持同步。

20.3 安全 Game Day

备份几乎总是有效的。你需要担心的是恢复。灾难恢复和备份 / 恢复测试提供了一个经典示例，说明了未执行的流程具有毁灭性的潜力。其他的安全控制措施也是如此。与其等待发现有问题的系统，不如主动地将条件引入系统中，以确保系统的安全性与我们认为的一样有效。

一种常见的开始方法是使用 Game Day 练习来计划、构建、协作、执行和实验的事后审查。Game Day 练习通常持续 2 ~ 4 个小时，涉及开发、运维、监控和保护应用安全的跨职能团队。理想情况下，来自不同领域的成员需要进行协作。

Game Day 练习的目的是在受控安全实验中引入故障，以确定：

- 工具、技术和流程如何有效地检测到故障。

- 哪些工具提供了导致故障发现的洞见和数据。
- 数据在识别问题方面的作用。
- 系统是否按预期运行。

你无法预测未来事件的表现，但可以控制自己的能力，了解自己如何应对无法预测的情况。SCE 提供工具和流程来实践事件响应。

20.4 安全混沌工程工具示例：ChaoSlingr

越来越多的安全专业社区，既提倡 SCE，又通过开放源码和其他社区计划开发实验。随着通用混沌工程工具的成熟，这些实验库将包括更多与安全相关的实验。今天，安全专业人员应该利用脚本或现有的开源软件工具集（如 ChaoSlingr）作为框架，设计和构建他们自己的实验。

20.4.1 ChaoSlingr 的故事

如图 20-1 所示，ChaoSlingr 是由联合健康集团（United Health Group，UHG）的 Aaron Rinehard（本章作者）领导创建的安全实验和报告框架。这是第一个展示了混沌工程应用于网络安全的价值的开源软件。它以开放源码的形式设计、引入和发布，目的是演示一个用于编写安全混沌工程实验的简化框架。

联合健康集团的一项实验涉及错误配置端口。该实验的假设是防火墙应该检测并阻止错误配置的端口，并且应为安全团队记录该事件。有一半的时间防火墙做到了。另一半时间，防火墙却无法检测到并阻止它。但是商用的云配置工具始终可以捕获并阻止它。不幸的是，该工具没有对其进行记录，安全团队无法确定事件发生的位置。

想象一下，你在那个团队中。这个发现会动摇你对安全态势的基本认识。ChaoSlingr 的力量在于实验证明了你的假设是否正确。你不需要对安全设备猜测或假设。

该框架由四项主要功能组成：

Generatr

标识要注入故障的对象并调用 Slingr。

Slingr

注入故障。

Trackr

记录实验发生时的详细信息。

实验描述

提供实验文档，以及 Lambda 函数注 12 适用的输入和输出参数。

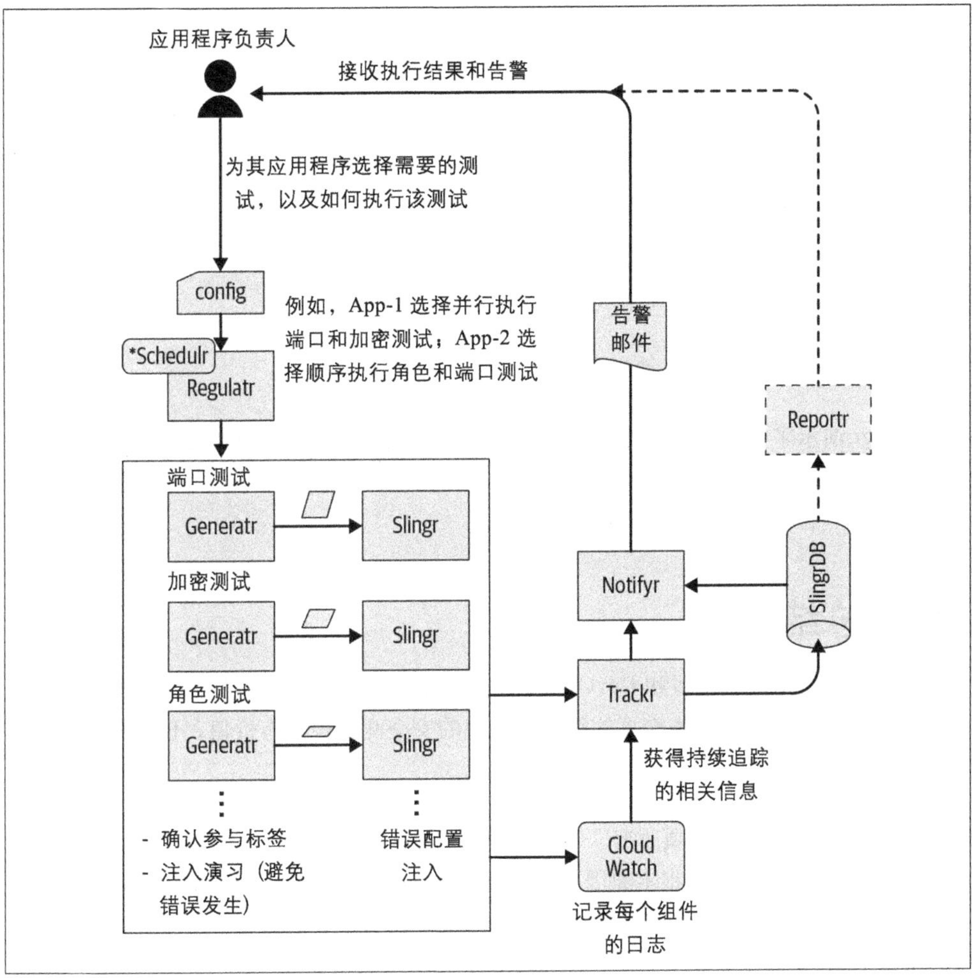

图 20-1：ChaoSlingr 高层上下文情境和设计

ChaoSlingr 最初设计用于亚马逊 AWS 服务。通过一系列实验主动引入已知的安全故障条件，以确定如何有效地实现安全性。这一努力背后的高层业务驱动因素，提高了公司快速交付高质量产品和服务的能力，同时尽可能保持最高级别的安全和保障。

注 12：AWS Lambda 是一项亚马逊 AWS 计算服务，无须预置或管理服务器即可运行代码。

当今正在构建的安全关键系统变得如此复杂和分散，以至于没有任何一个实体能够说明其整个运行本质。即使分布式系统中的所有单个服务都正常运行，这些服务之间的交互也会导致不可预测的结果。不可预测的结果加上影响生产环境的罕见但具有破坏性的现实事件[注13]，激发了这些分布式系统固有的混乱。开发 ChaoSlingr 的目的是在影响生产客户之前，主动发现、沟通和解决重大漏洞。

ChaoSlingr[注14] 的功能包括：

- 开放源码
- 红色大按钮：如果 ChaoSlingr 不正常或正在发生事件，自动关闭 ChaoSlingr
- 可配置的时间范围和实验运行频率
- 用 Python 编写
- 作为 Lambda 函数运行
- 以 Terraform 脚本编写自动配置

ChaoSlingr 演示了如何构建和执行混沌工程实验可以在分布式系统中提供安全价值。大多数使用 ChaoSlingr 的组织都克隆了该项目的代码仓库，并使用该项目提供的框架作为指导，构建了自己的安全混沌工程系列实验。

20.5 总结

随着企业采用云原生技术栈和 DevOps 模型，其安全流程必须不断发展以满足新的需求，例如通过持续部署加速系统变更的频率。传统的安全测试虽然有价值，但不足以应对这些新挑战。

对待安全问题的观念也必须改变。“系统故障”是复杂系统的正常运行状态。在安全性方面，关注“人为错误”“根本原因”或复杂的攻击者，并不能让你更好地了解基本的安全态势，只有通过持续地测量反馈环才能让你更好地了解安全态势。SCE 创建了这些反馈环，并且暴露了“未知的未知”，从而限制了系统的攻击面。

ChaoSlingr 工具证明了混沌工程可以应用于网络安全。联合健康集团使用 ChaoSlingr 的经验证明了这种方法的价值。当应用于安全上下文情境中时，混沌工程有可能揭示关于

注 13：David Woods 和 Emily S. Patterson 的 “How Unexpected Events Produce an Escalation of Cognitive and Coordinative Demands”, *Stress Workload and Fatigue*, Hancock 和 Desmond, (Hillsdale, NJ: Law - rence Erlbaum, 2000)。

注 14：官网 *https://github.com/Optum/ChaoSlingr*。

安全控制如何运作的有价值的、客观的信息，允许组织更有效地投资安全预算。考虑到这些好处，所有的组织都应该考虑何时以及如何实现这一方案，特别是那些大规模运维复杂系统的组织。

撰稿人 / 审稿人

Charles Nwatu, Netflix

Prima Virani, Pinterest

James Wickett, Verica

Michael Zhou, Verica

Grayson Brewer

Chenxi Wang, Ph.D., Rain Capital Jamie Lewis, Rain Capital

Daniel Walsh, Rally Health

Rob Fry, VP Engineering JASK (former Netflix security lead)

Gerhard Eschelbeck, CISO, Google（已退休）

Tim Prendergast, Chief Cloud Officer Palo Alto (founder, Evident.io)

Lenny Maly, VP Security Engineering, TransUnion

DJ Schleen, Aetna

Enrique Salem, Bain Capital Ventures

Rob Duhart, Cardinal Health

Mike Frost, HERE Technologies

关于作者

Aaron Rinehart 是 @Verica.io 的 CTO 和联合创始人。他致力于将混沌工程应用扩展到 IT 安全关键领域，尤其是网络安全领域。在他担任世界上最大的私人医疗保健公司 UHG 的首席安全架构师期间，他率先开始在混沌工程中应用安全技术。在 UHG 工作期间，Aaron 发布了 ChaoSlingr，这是第一个专注于在网络安全中使用混沌工程来构建更有韧性的系统的开源软件版本。Aaron 住在华盛顿特区，是该地区的作者、顾问和演讲者。

第 21 章

结语

系统韧性是由人创造的。编写功能代码、操作和维护系统的工程师，甚至为系统分配资源的管理人员，都是复杂系统的一部分。我们每个人都在创造韧性方面发挥作用。

工具可以帮助你完成这个任务。混沌工程是这样一种工具，我们可以使用它来提高系统的韧性。作为这个行业的从业者，我们的成功并不取决于消除系统的复杂性，而是要学习如何与之相处，并针对其他业务的关键属性进行优化，尽管这些属性具有潜在的复杂性。

当我们说明工具与工具使用人员之间的区别时，我们将工具称为“线下”。使用这些工具的人员和组织都在“线上”。作为软件专家，我们通常会专注于线下发生的事情。因为在那里更容易发现问题，也更容易指出这些问题。在线下能够将事件减少到一行代码，然后进行修复，这是一种心理上的满足感。这种诱惑让我们止步于此，我们必须抵制它。

在本书中，我们深入研究了线下和线下的工作。我们阐述了这项工作如何有助于建立更好的体系。人、组织、人与人的交互、工具、自动化、架构、创新和数字化转型都已经被探讨过了。我们认为，在一个“社会技术”系统中，人和技术结合在一起，如果不探索硬币的两面，并把它们如何相互作用纳入上下文情境，就无法完全理解这个系统。

这可能会产生一些意想不到的副作用。例如，不可能总通过编写更多的代码使系统更加可靠。通常，改善系统健壮性的最佳策略是围绕如何对危险作出反应进行对齐。对齐不能编程，或者至少，它不能像软件那样编程实现。

经过几十年的研究，涵盖了社会学、决策理论、组织社会心理学、人因工程学等各个领域，Jens Rasmussen 写道：

改善风险管理最有希望的一般办法似乎是确定安全操作的边界，并努力使执行者看到这些边界，并使他们有机会学习如何处理这些边界。除了提高安全性外，使边界可见还可以提高该操作的系统效率，接近已知边界可能比要求过多的边界更安全，因为在压力下，过多的边界可能会以不可预测的方式恶化[注1]。

这一结论的结果是，与寻找“根本原因”或强制执行规则相比，事件审查和韧性的上下文情境更具实用性和可操作性。

事实上，为了提高可靠性而强制执行规则可能会让你误入歧途。例如：

- 直观上，向系统添加冗余可以让系统更安全，这是有道理的。不幸的是，经验告诉我们这种直觉是不正确的。冗余本身并不能使系统更安全，在许多情况下，它使系统更有可能故障。想想挑战者号航天飞机固体火箭助推器上的冗余 O 形环。由于有冗余的 O 形环，随着时间的推移，从事固体火箭助推器工作的工程师认为主 O 形环的故障也没问题，使得挑战者号在规格之外运行，最终导致 1986 年的灾难性故障[注2]。
- 直观上，从系统中去除复杂性可以使其更安全，这是有道理的。不幸的是，经验告诉我们这种直觉是不正确的。当我们构建一个系统时，可以对各种事情进行优化。我们可以优化的一个特性是安全性。为了做到这一点，我们必须增加一些功能。如果从一个稳定的系统中去掉复杂性，那么就有可能去掉使系统安全的功能。
- 直观上，高效地操作一个系统会更安全是有道理的。不幸的是，经验告诉我们这种直觉是不正确的。高效的系统是脆弱的。允许低效率是一件好事，低效率使系统能够吸收冲击，并允许人们有足够的时间针对未预期故障制定补救决策。

构建安全系统的一些直观但不正确的规则可能还有很多。这是一个很长的清单。不幸的是，我们没有很多通用的规则。

这就是为什么人类在这个等式中如此重要。只有人类才能把每一种情况联系起来。只有人类才能在突发事件中即兴发挥，在不可预知的情况下找到创造性的解决方案。这些都是我们在复杂系统中需要考虑的人为因素。

作为软件工程师，我们通常认为自己的行为符合逻辑。人类是没有逻辑的。往好了说，我们是理性的。但大多数时候，我们只是习惯性地重复过去对自己有效的模式。本书探讨并举例说明了允许混沌工程发挥作用的社会技术系统中，所需的丰富习惯、模式、交互和内部工作方式。

注 1：Jens Rasmussen，“Risk Management in a Dynamic Society: A Modelling Problem”，Safety Science，Vol. 27，No. 2/3 (1997)，*https://lewebpedagogique.com/audevillemain/files/2014/12/maint-Rasmus-1997.pdf*。

注 2：Diane Vaughan，*The Challenger Launch Decision* (Chicago: University of Chicago Press，1997)。

我们希望能说服你，如果要想成功提高系统韧性，就需要理解核准、筹资、观测、构建、运行、维护的作用，以及提出系统需求的人与构成技术系统的“线下”组件之间的相互作用。混沌工程可以帮助你更好地理解人与机器之间的社会技术界限。你可以发现当前的位置和灾难性故障之间的安全边界，可以改进架构的可逆性。使用混沌工程，你可以从根本上提高这个社会技术系统的质量，以支持组织或业务价值。

工具不能创造韧性，人可以做到，但工具可以帮上忙。混沌工程是我们追求韧性系统的必要工具。

作者简介

Casey Rosenthal 是 Verica 公司的首席执行官兼联合创始人。他曾任 Netflix 公司混沌工程团队的工程经理。他在分布式系统、人工智能、将新颖的算法和学术界知识转化为能落地的模型以及向客户和同事描绘宏大的愿景方面具备丰富的经验。他具备超常的能力，能将团队带出迷茫，踏上高绩效之路。他的个人使命是帮助人们看到不同和更好的可能性。他乐于使用 Ruby、Erlang、Elixir 和 Prolog 等编程语言对人类行为进行建模。

Nora Jones 是 Jeli 公司的联合创始人兼首席执行官。她是一位敬业且充满自驱力的技术领导者和软件工程师，对分布式系统中人与软件在工作中的交集充满热情。2017 年 11 月，她在 AWS re:Invent 大会上向 4 万余人发表主题演讲，分享了她帮助组织实现关键的系统可用性的经验，帮助启动了我们今天所看到的混沌工程运动。从那以后，她在许多全球会议上发表主题演讲，重点介绍了她在韧性工程、混沌工程、人因工程、站点可靠性等主题上的心得，以及在 Netflix、Slack 和 Jet.com 公司积累的经验。此外，她还创立了 www.learningfromincidents.io 运动，以开发和开源各个组织在可靠性事故方面的经验教训和分析结果。

译者简介

吾真本，乐于教会软件开发人员在难以编写单元测试的遗留代码中创造接缝，注入测试替身，从而将以秒甚至分钟计的手工软件测试缩短为几毫秒的自动化单元测试。此外，最近这 9 年，他还乐于向国内几十家大中型企业的软件开发人员，传授整洁代码、质量预警流水线以及用户故事与验收条件等敏捷实践经验，以便让这些企业的 IT 团队能够持续快速地响应业务变化。他曾在社区主持过几十次编程道场，和程序员们一起切磋极限编程技艺，人称“道长”。他有 20 余年 IT 从业经验，著《驯服烂代码》，译《发布！》第 2 版。ThoughtWorks 中国区 Lead Consultant，敏捷教练。本名伍斌。

黄帅，目前是知名公有云的资深技术专家，在软件研发领域有十多年架构设计、分布式系统运维以及团队管理经验。近年来，在混沌工程企业实战领域持续受到海内外大会和社区的邀请，分享有关混沌工程实践的方法、经验和落地案例，引起共鸣。此外，2019 年起奔走海外，力主推动了全球混沌工程云服务的立项、设计和成功发布。

封面简介

本书封面上的动物是普通狨（学名 Callithrix jacchus）。这种来自美洲新大陆的小猴子生活在巴西东北部森林的树梢之上。

普通狨的平均身高约 18 厘米，重约 250 克。它们的毛大多呈棕色、灰色和白色，长尾巴上的花纹深浅交错，耳边有独特的白色绒毛。在野外，它们的平均寿命是 12 年。它们是杂食动物，主要以昆虫和树液为食，但也吃许多其他东西，例如水果、种子、鸟蛋和小型爬行动物。

与其他灵长类动物一样，普通狨是社交动物。它们生活在包含 9 只或更多狨的狨群中。这些狨群具有复杂的社会性，例如，它们当中存在主导阶层。它们能通过发声和视觉信号进行交流。因此，它们有时被当作社会行为实验研究的对象。

世界自然保护联盟（IUCN）将普通狨列为低危物种。O'Reilly 出版的图书封面上的许多动物都濒临灭绝，它们对世界都很重要。

本书封面彩图由 Karen Montgomery 基于 *Meyers Kleines Lexicon* 的一幅黑白版画绘制而成。

推荐阅读

系统架构：复杂系统的产品设计与开发

作者：[美] 爱德华·克劳利（Edward Crawley） 布鲁斯·卡梅隆（Bruce Cameron） 丹尼尔·塞尔瓦（Daniel Selva）

ISBN：978-7-111-55143-0 定价：119.00元

从电网的架构到移动支付系统的架构，很多领域都出现了系统架构的思维。架构就是系统的DNA，也是形成竞争优势的基础所在。那么，系统的架构到底是什么？它又有什么功能？

本书阐述了架构思维的强大之处，目标是帮助系统架构师规划并引领系统开发过程中的早期概念性阶段，为整个开发、部署、运营及演变的过程提供支持。为了达成上述目标，本书会帮助架构师：

- 在产品所处的情境与系统所处的情境中使用系统思维。
- 分析并评判已有系统的架构。
- 指出架构决策点，并区分架构决策与非架构决策。
- 为新系统或正在进行改进的系统创建架构，并得出可以付诸生产的架构成果。
- 从提升产品价值及增强公司竞争优势的角度来审视架构。
- 通过定义系统所处的环境及系统的边界、理解需求、设定目标，以及定义对外体现的功能等手段，来厘清上游工序中的模糊之处。
- 为系统创建出一个由其内部功能及形式所组成的概念，从全局的角度对这一概念进行思考，并在必要时运用创造性思维。
- 驾驭系统复杂度的演化趋势，并为将来的不确定因素做好准备，使得系统不仅能够达成目标并展现出功能，而且还可以在设计、实现、运作及演化过程中一直保持易于理解的状态。
- 质疑并批判地评估现有的架构模式。
- 指出架构的价值所在，分析公司现有的产品开发过程，并确定架构在产品开发过程中的角色。
- 形成一套有助于成功完成架构工作的指导原则。

推荐阅读

关键迭代：可信赖的线上对照实验

作者：[美] 罗恩·科哈维（Ron Kohavi）等著　译者：韩玮 胡鹏娟 等译

ISBN：978-7-111-67880-9　定价：99.00元

硅谷创业教父Steve Blank、微软前执行副总裁沈向洋、脸书前首席技术官 Adam D'Angelo
谷歌高级院士Jeff Dean等37位专家联袂推荐
微软、亚马逊、谷歌和领英等公司互联网产品成功的秘诀！

获得数据很容易，获得可信赖的数据却很困难。由微软、谷歌和领英的实验领导者编写的这本实用指南将教你如何使用可信赖的线上对照实验（也就是 A/B 测试）加速创新。根据每家公司每年运行的两万多个对照实验，作者以示例和建议的方式向学生和业内人士分享了自己的实践经验，指出了需要避免的陷阱，并深入探讨了一些进阶专题，可以为希望改善自身及机构数据驱动决策方式的从业者提供参考。